JN215504

グリーン・プレス
DIGITAL
ライブラリー
50

Corel® ビデオスタジオ

VideoStudio® 2019 オフィシャルガイドブック

山口正太郎◎著

グリーン・プレス

本書の使い方

チャプタータイトル
簡略で直接的なタイトルでやりたいことがすぐにわかるようにしています。

チャプター No.

Chapter1 Chapter2 Chapter3 Chapter4 Chapter5

04 「トラック」の仕組みを理解しよう

タイムラインビューのメインストリームがトラックです。

このセクションでの解説内容を説明しています。

トラックってなんだろう?

トラックには「ビデオトラック」「オーバーレイトラック」「タイトルトラック」「ボイストラック」「ミュージックトラック」の5種類があります。

陸上競技場の走路をトラックと呼びますが、ビデオを編集する際タイムライン上をビデオやオーディオが並んで走るところは全く同じです。

小見出し
いま、何をしているのかを把握できます。

トラックの表示/非表示

各トラックの左端の部分をクリックすることで、表示/非表示を切り替えます。

非表示にすると、そのトラックはプレビューに表示されません。ファイルとして書き出した場合も、そのトラックのビデオや音声はなかったものとして扱われ、反映されません。

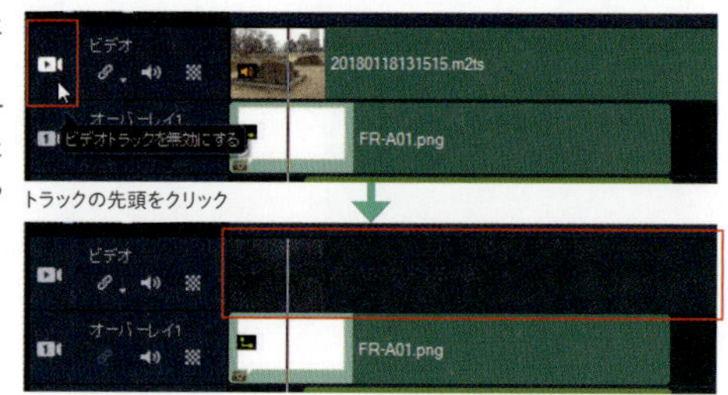

トラックの追加/削除

トラックは必要に応じて、増やしたり、減らしたりできます。方法は二つあります。

図の「トラックマネージャー」をクリックしてウィンドウを表示し、プルダウンメニューから増減の数を指定して「OK」をクリックします。

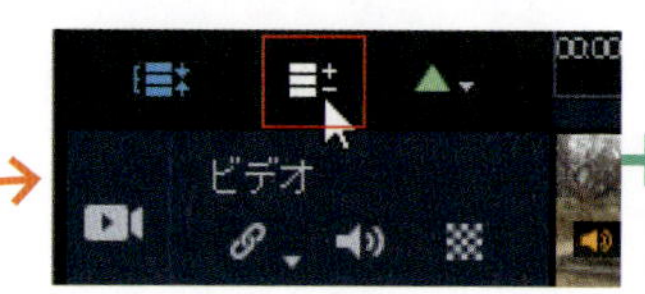

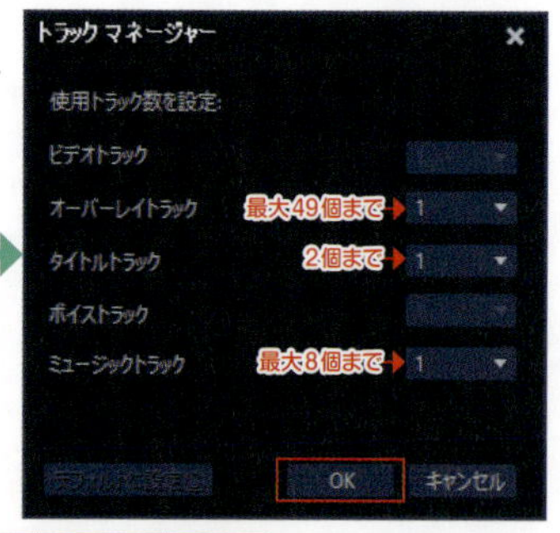

画像も該当箇所をなるべく大きくして細かい文字もできるだけ読めるようにしています。

68

PRO/ULTIMATE以外の製品をご使用されている方へ

VideoStudio 2019 のエディションによっては一部機能や対応するビデオフォーマットに制限があったり、コーデックのダウンロードが必要などの製品版とは仕様が異なることがあります。動画編集に関する VideoStudio 2019 の基本的な操作は変わりませんので、ぜひ本書をご活用ください。

■本書は Windows10 を使用して Corel VideoStudio2019 の使い方をインストールから具体的な活用法まで操作の流れによって、ていねいに解説しています。

画像のキャプチャーをできるだけ増やして掲載。
直観的な操作を目指しました。

introduction

もう一つはトラックの先頭で右クリックし、表示されるメニューから「トラックを上に挿入」または「トラックを下に挿入」を選択して追加する方法です。増やしたトラックを削除したい場合は「トラックを削除」を選択、クリックします。

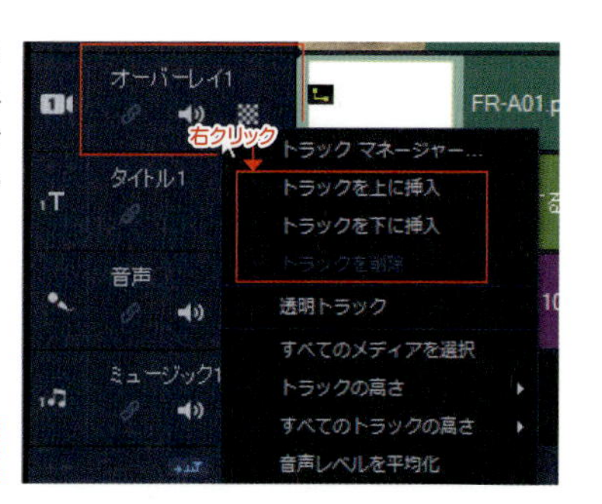

Point!
「ビデオトラック」と「ボイストラック」は増減できません。

トラックにクリップを配置する

これが VideoStudio 2019 で編集作業を進めるための第一歩です。トラックにクリップを配置します。

①ライブラリからトラックに、クリップをドラッグアンドドロップして配置します。

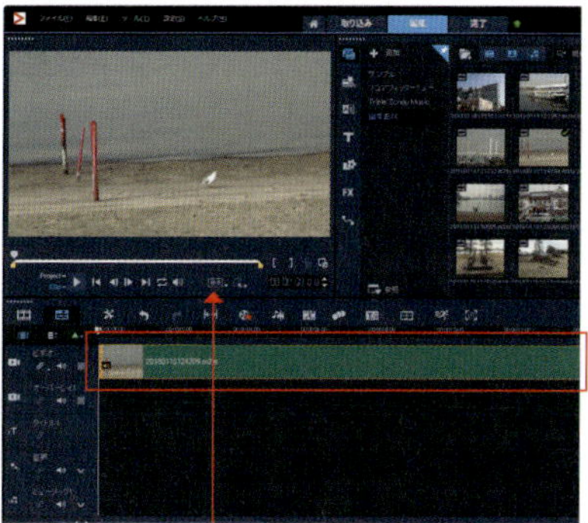

②配置されました。

操作の手順を番号付きで解説。迷うことはありません。
ツールの名前は●番号で記載。

Chapter1 Chapter2 Chapter3 Chapter4 Chapter5

すぐに目的の章を見つけられるように章ごとに色を変えています。

Reference
メッセージが出た
クリップを配置しようとすると、図のようなメッセージが出ることがあります。これはスマートレンダリング（動画の編集による画質の劣化を抑える機能）を実行するために、配置しようとしているビデオクリップのプロパティ（属性）に VideoStudio 2019 の設定を合わせて変更してよいかどうかの確認です。特に問題がなければ、「はい」を選択します。

Corel VideoStudio
VideoStudioがスマートレンダリングを実行できるようにビデオのプロパティに合わせてプロジェクト設定を変更しますか?
□次回はこのメッセージを表示しない(D)
はい(Y) いいえ(N) 詳細(T)>>

Point!
プレビューの表示を調整したい場合は、プレビューウィンドウ下の図のアイコンを操作します。

4:3 16:9 4:3 1:1

69

Reference
操作に関する補足や別の操作方法などをフォローしています。

Point
操作に関するワンポイントアドバイス。

ユーザー ID gsw32
パスワード to19misu

目次

contents

Chapter1 VideoStudio 2019で動画編集を始めよう

Chapter2 編集素材を取り込む

Chapter3
編集を開始する

Chapter4
完成した動画を書き出す

contents

Chapter5
多彩なツールを活用する

● この書籍は株式会社グリーン・プレスの刊行物です。コーレル株式会社の出版物ではありません。

Chapter 1

VideoStudio 2019で動画編集を始めよう

「Corel VideoStudio 2019」を使用して動画を簡単に編集します。

01 Videostudio 2019の新機能と楽しい効果

VideoStudio2019の新機能と楽しい効果のいろいろをざっと紹介します。

360度動画の強化

360度カメラで撮った映像を面白いアングルに変換。

タイニープラネット（小さな惑星）

ラビットホール（ウサギの穴）

マルチカム キャプチャ ライト

デスクトップ画面に加え、Webカメラで同時録画が可能。

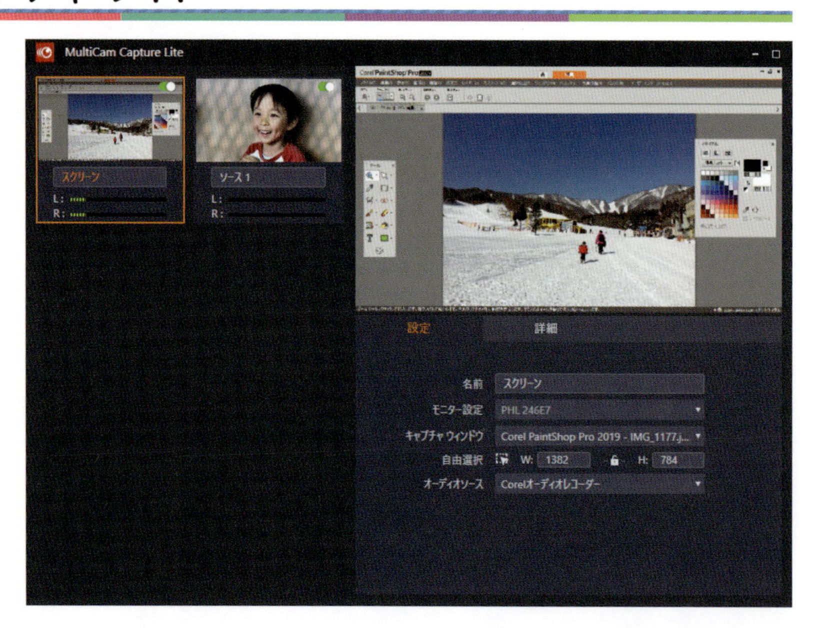

形態トランジション、シームレストランジション

新しいトランジションが追加。

形態トランジション

シームレストランジション

カラーグレーディング

色の調整機能が大幅にグレードアップ。

ULTIMATE では「トーンカーブ」など詳細な調整ができる。

分割画面テンプレートでマルチ映像

ULTIMATE では自由自在に分割することが可能。

Chapter1 Chapter2 Chapter3 Chapter4 Chapter5

02 Videostudio 2019で簡単動画編集

VideoStudio2019での大まかな動画編集の流れを見てみましょう。

【ステップ1】「取り込み」（→P.38）

①ビデオカメラやスマホなどで撮影した動画や写真をPCに取り込み、保存します。

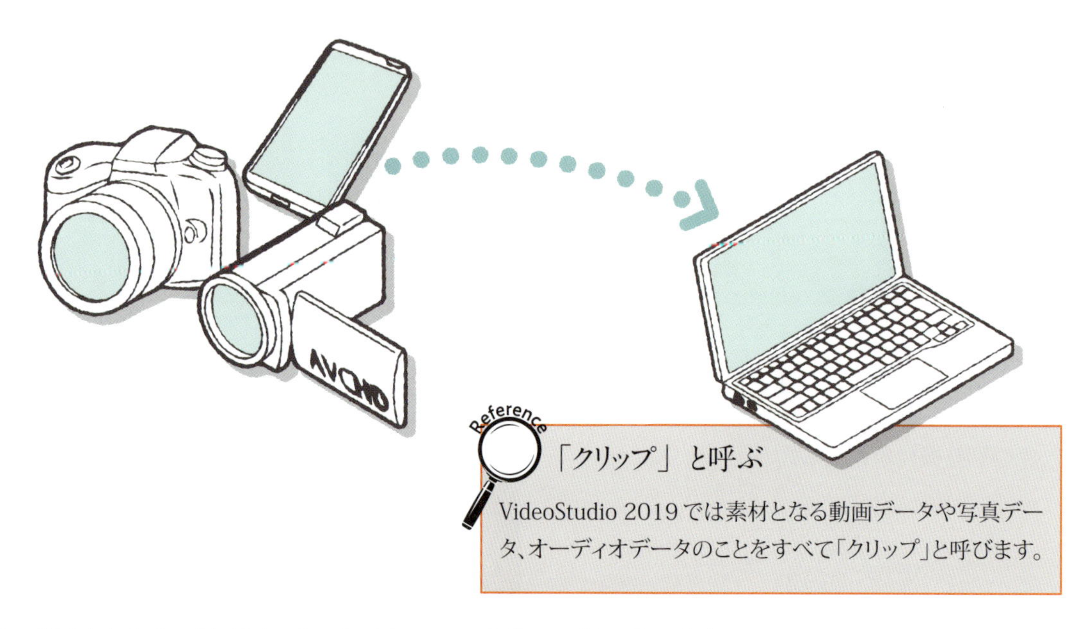

Reference

「クリップ」と呼ぶ

VideoStudio 2019では素材となる動画データや写真データ、オーディオデータのことをすべて「クリップ」と呼びます。

② PCに保存したクリップをVideoStudio 2019のライブラリに読み込みます。

ライブラリパネル

【ステップ2】「編集」（→P.56）

ざっくりとした編集作業を紹介します。

クリップの再生の順番を入れ替えたり、不要な箇所をカットしたり、さまざまな「エフェクト（効果）」や「トランジション（場面転換）」をほどこして編集していきます。

クリップを配置する

クリップをライブラリからトラックと呼ばれる場所に配置します。

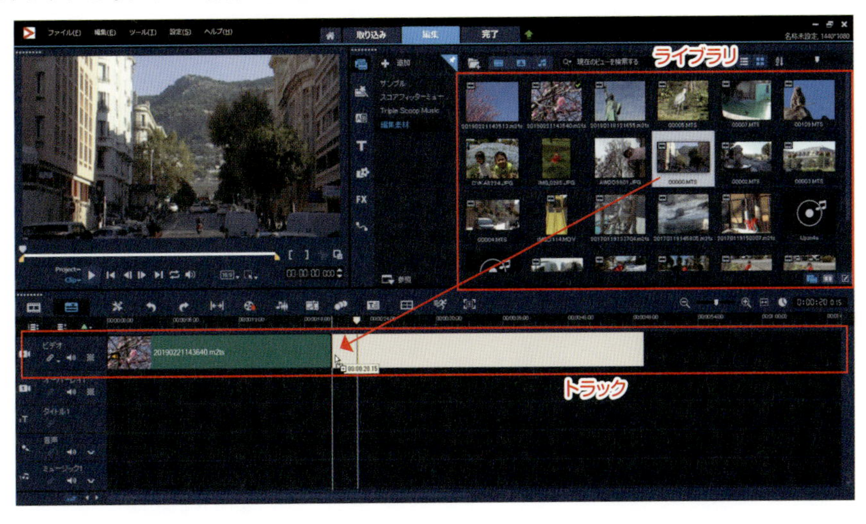

クリップの再生順を入れ替える

再生するクリップの順番を入れ替えるだけでも、作品の雰囲気は変わります。

再生の順番を入れ替える

不要な箇所をカットする

クリップの不要な箇所をカットします。カットといってもその部分を切って捨てるわけではなく、1本の動画の中で必要な部分をピックアップする作業のことで、これをトリミングといいます。

クリップにエフェクト（効果）をかける

クリップにエフェクトをかけて、加工します。エフェクトは動画だけでなく、写真や音声にもさまざまな加工をほどこすことができます。

「明暗／色彩」の「反転」を使用

クリップとクリップの間にトランジション（場面転換）を設定する

場面の切り替えを、スムーズにみせることができるのが、トランジションです。時間経過や場所移動の過程を違和感なく演出します。

「ビルド」の「ずらす」を使用

タイトルを挿入する

タイトルや字幕、スタッフロールなどを簡単に挿入して、動画を盛り上げます。

タイトル

監督 **Alan Smithee**
撮影 **Camera Prince**
編集 **Edit Man**
脚本 **Screen Play**
美術 **Art Craft**
衣装 **Super Star**
音楽 **B.G.M STUDIO**

スタッフロール

Point!
使用できるフォント（書体）はパソコンの環境により変わります。

音楽や効果音を挿入する

お気に入りの音楽や、効果音、ナレーションなどを挿入します。

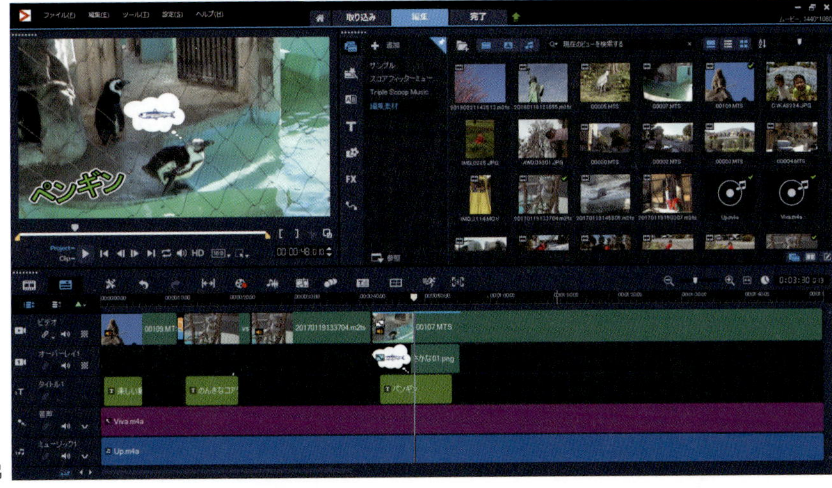

BGMでさらに演出

Point!
「編集」の順番に決まりはなく、各行程にそのつど移行して作業を進めることが可能です。

【ステップ3】「完了」（→P.132）

完成した動画を用途に合わせて、いろいろな形式で書き出します。

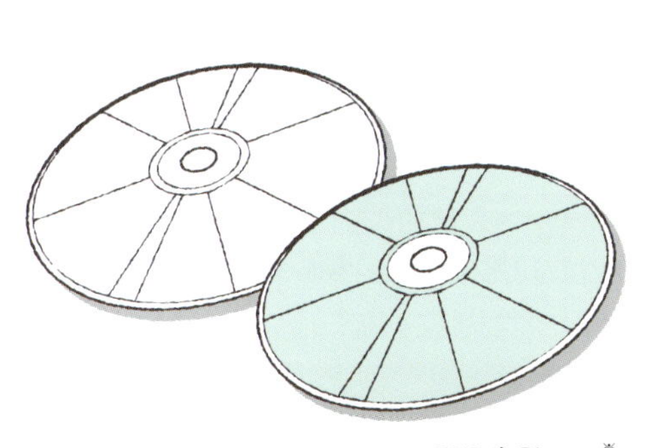

DVDやBlu-ray※

スマホやタブレット

Point!
※ Blu-rayの作成には別途プラグイン（有料）が必要です。（→ P.215）

SNS等のWebサイトに直接アップロードも可能

Point!
SNS等で動画を公開する場合は著作権に注意しましょう。

03 インストールしよう

VideoStudio 2019をインストールします。ここではCorelのWebサイトからダウンロードしたプログラムファイルからインストールしています。

インストールを開始する

①ダウンロードしたファイルをダブルクリックします。

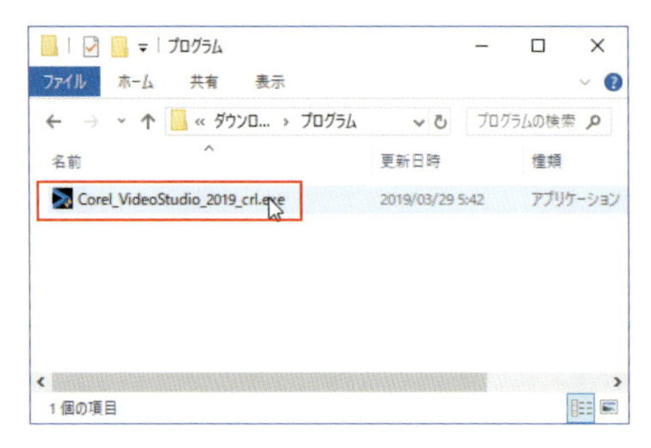

③下図のような画面が表示されるので、「シリアル番号」欄に、入力して「次へ」をクリックします。

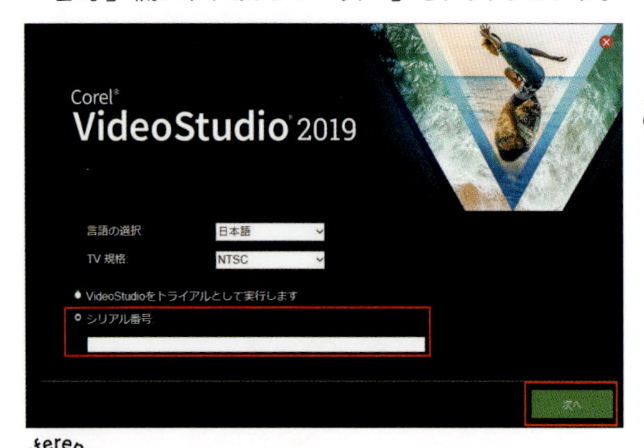

Reference

シリアル番号

シリアル番号はパッケージ版は記載された用紙が同梱されています。ダウンロード版は購入の際のメールなどに記載されています。

Point!

「トライアルとして実行します」を選択すると「体験版」がインストールされます。ただし30日間の使用期限があり、機能にも一部制限があります。

②「ユーザーアカウント制御」が表示された場合は「はい」をクリックします。

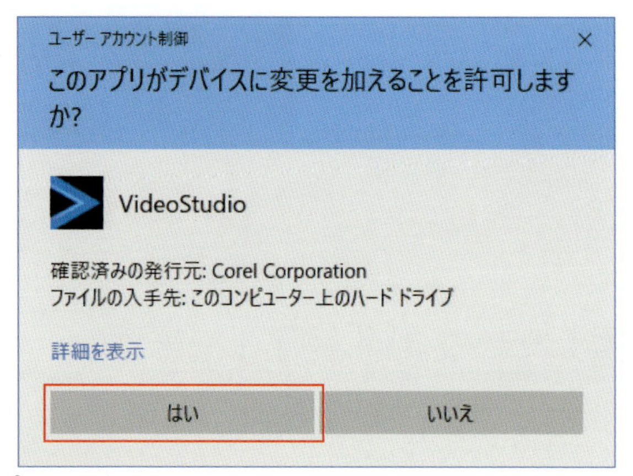

Point!

インストールするにはインターネットに接続されている必要があります。

④ライセンス契約の内容をよく読み、「ライセンス契約の利用条件に同意します。」をチェックして「次へ」をクリックします。

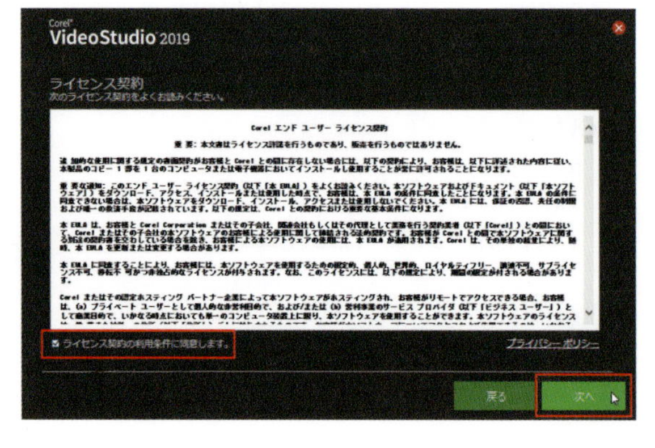

⑤「ユーザーエクスペリエンス向上プログラム」の確認画面が表示されるので、参加する場合はそのまま、参加しない場合はチェックをはずし「次へ」をクリックします。

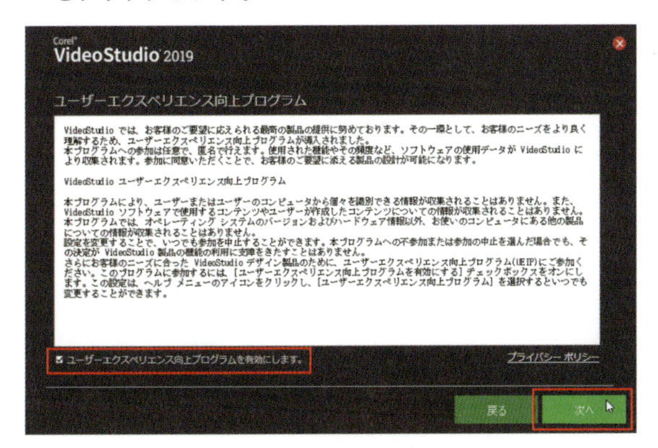

⑥ユーザー登録の各項目を入力、確認して「次へ」をクリックします。

⑦プログラムのインストール場所や追加パックのダウンロード場所を確認して「ダウンロードしてインストール」をクリックします。

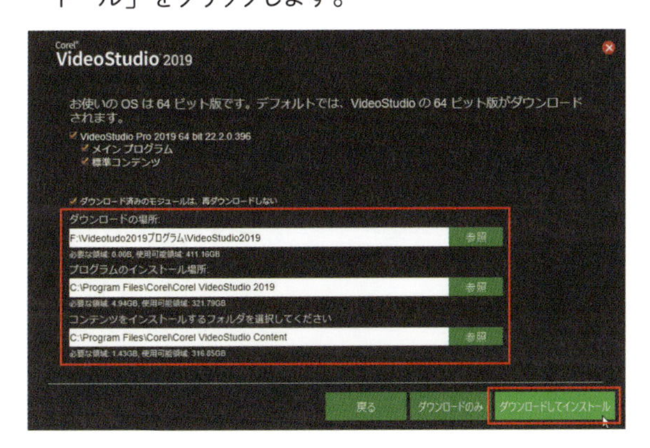

⑧ダウンロード後、インストールが始まります。

⑨完了すると画面が切り替わります。「VideoStudioを起動」または「終了」を選択します。

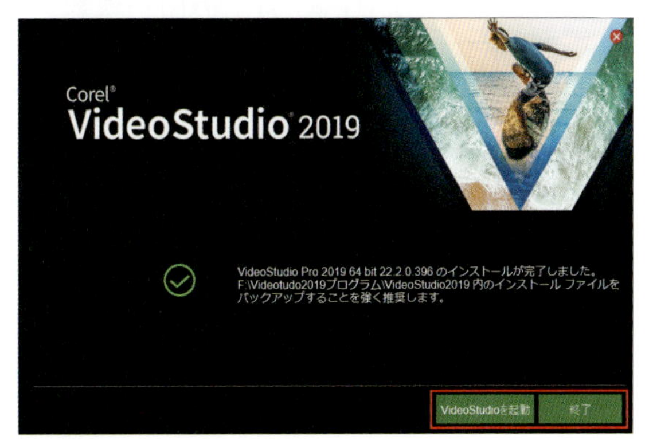

デスクトップに追加されるアイコン

Corel VideoStudio 2019

メインプログラム

Corel FastFlick 2019

テンプレートを使って簡易編集できるプログラム （→P.193）

MultiCam Capture Lite new

デスクトップ画面等を録画できるプログラム （→P.169）

VideoStudio MyDVD※

DVD作成ソフト （→P.137）

※エディションによっては付属していません。

VideoStudio 2019 Training

これはプログラムではなくダブルクリックするとブラウザが立ち上がり、Webで使い方などのトレーニングビデオを見ることができます。（英語）

VideoStudio 2019のシステム要件

- インストール、登録、アップデートにはインターネット接続が必要。製品の利用にはユーザー登録が必要。
- Windows10、Windows8、Windows7、64ビットのみ。
- Intel Core i3またはAMD A4 3.0GHz以上
- AVCHD & Intel Quick Sync Videoサポートには Intel Core i5またはi7 1.06GHz以上が必要。
- UHD、マルチカメラまたは360°ビデオにはIntel Core i7またはAMD Athlon A10以上のRAMを強く推奨。
- ハードウェア デコード アクセラレーションには最小256MBのVRAMおよび512MB以上を強く推奨。
- HEVC（H.265）サポートにはWindows10および対応するPCハードウェアまたはグラフィックカードが必要。
- 最低画面解像度：1024×768
- Windows対応サウンドカード
- 最低4GB（ULTIMATEは8GB）のHDD空き容量（フルインストール用）
- インストール用DVD-ROMドライブがない場合はデジタルダウンロードが可能。

※Blu-ray オーサリングには、VideoStudioで購入可能なプラグインが必要です。

Reference

PROとULTIMATEの違い

VideoStudio 2019の製品版にはPROとULTIMATEがあります。基本プログラムに違いはありませんが、上位版であるULTIMATEにはPROよりさらに多彩なエフェクトや個性的なトランジションが付属しています※。また簡単に立体文字を作成できる「3Dタイトルエディター」や動画の一部分だけを着色したりできる「マスククリエーター」はULTIMATEのみの機能です。簡単にプロ並みのビデオ編集が可能なVideoStudio 2019ですがULTIMATEではさらに高度な動画編集が可能です。

※ただしULTIMATEの一部フィルターはIntelHDグラフィックはサポート対象外です。

04 起動と終了

VideoStudio 2019の起動と終了のしかたです。

起動する

デスクトップの「Corel VideoStudio 2019」のアイコンをダブルクリックする。または「スタート」→「すべてのアプリ」→「Corel VideoStudio 2019」フォルダーをクリックして開き、「Corel VideoStudio 2019」を選択、クリックします。そのほかのプログラムの起動も同様です。

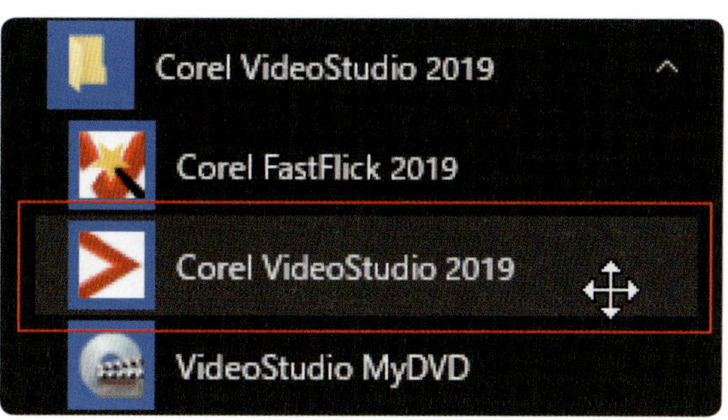

起動直後の画面

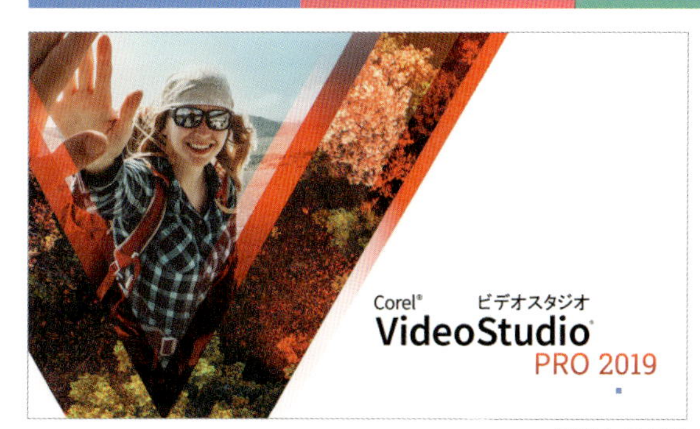

起動中の画面

はじめて起動したときは「Welcome（ようこそブック）」画面（→P.20）が開きます。ここではVideoStudio 2019のビデオチュートリアルを見たり、追加のプラグインや別のプログラムを購入したりすることができます。

Reference

プラグインとは?

プログラムに追加することで機能を拡張できる仕組みのこと。

終了する

終了するときは右上にある「×」ボタンをクリックするか、メニューバーの「ファイル」から終了を選択、クリックします。

「×」をクリック

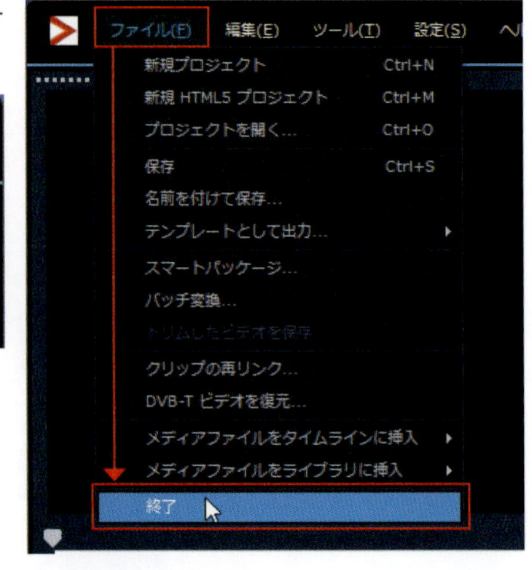

Point!
終了する前にプロジェクトを保存しましょう。(→ P.35)

Chapter1 Chapter2 Chapter3 Chapter4 Chapter5

05 アンインストール

アンインストールの手順を解説します。

VideoStudio 2019の基本プログラム

①「スタート」から「設定」をクリックし、続けて「アプリ」を開きます。

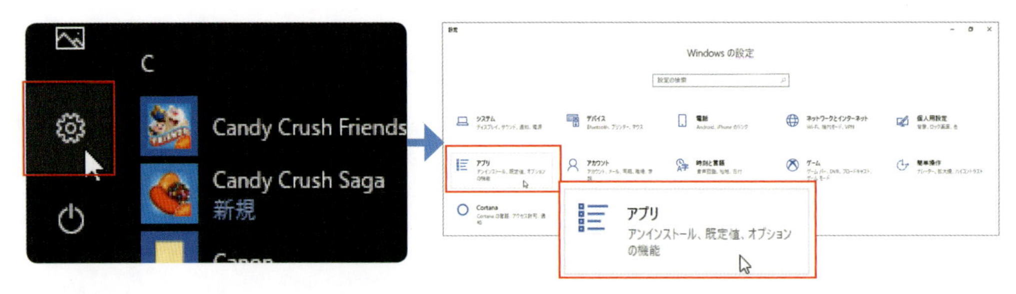

②一覧の中から「Corel VideoStudio 2019」を探してクリックし、「アンインストール」をクリックします。

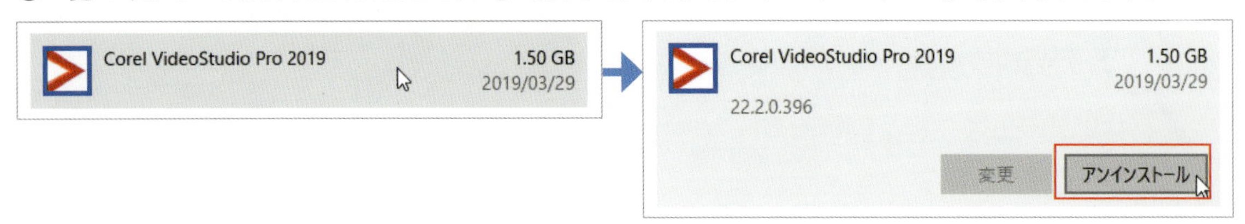

③再び「アンインストール」をクリックします。

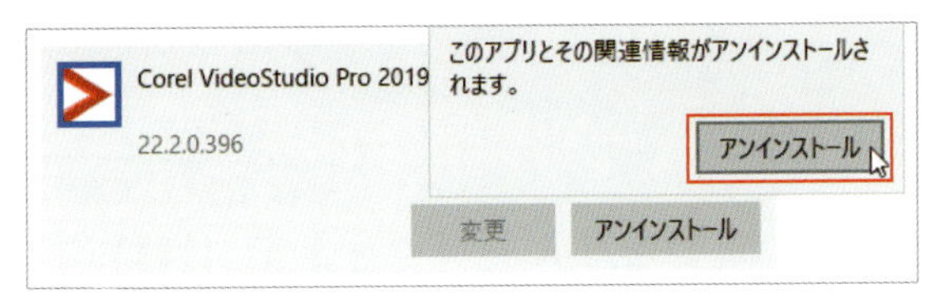

④「ユーザーアカウント制御」が表示された場合は「はい」をクリックして進みます。

⑤途中で個人設定を削除するかどうかを尋ねられるので、すべての設定を削除する場合はチェックを入れて「削除」をクリックします。

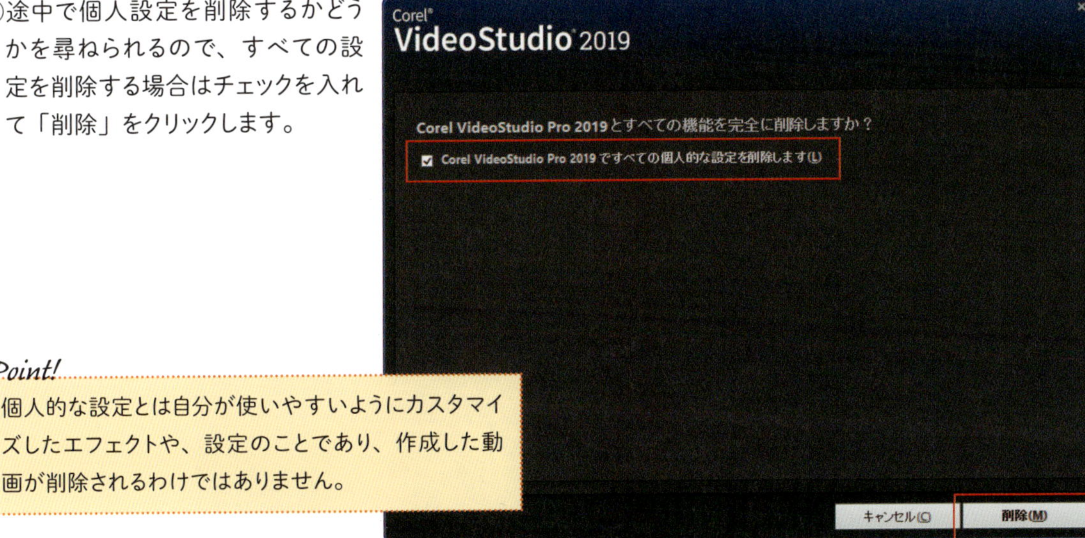

Point!

個人的な設定とは自分が使いやすいようにカスタマイズしたエフェクトや、設定のことであり、作成した動画が削除されるわけではありません。

⑥最後に「完了」をクリックして終了します。

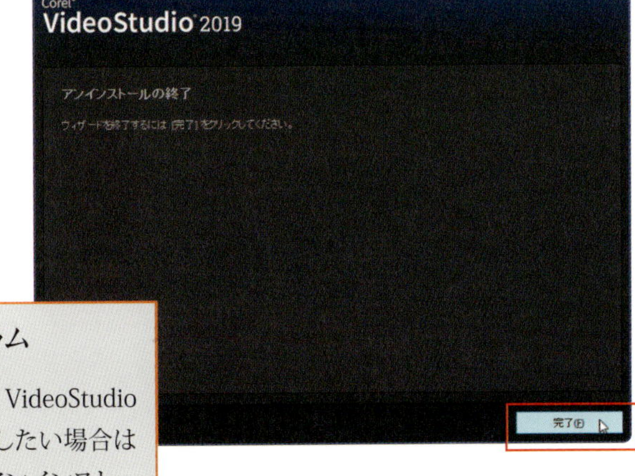

Reference

「VideoStudio MyDVD」は別プログラム

「VideoStudio MyDVD」は独立したプログラムなので、VideoStudio 2019を削除しても、通常に使うことができます。削除したい場合は手順②まで進み、「VideoStudio MyDVD」を探し出し、アンインストールしてください。

06 ワークスペースを知ろう

編集作業に欠かせない各ワークスペースの概要を順に見ていきます。操作に迷ったら基本的なワークスペースの機能などは、この項で確認してください。

VideoStudio 2019にはワークスペースと名づけられたフィールドがあり、それをタブで随時切り替えながら、効率的に動画編集を進めていくことができます。

Welcome（ようこそブック）

はじめてVideoStudio 2019を起動したときに開くフィールドです。

ここでは新機能の紹介や使い方のビデオチュートリアルを見ることができます。また追加のエフェクトやテンプレートをプラグインとして購入することができます。

PROの画面

① **新機能**	新機能の紹介
② **チュートリアル**	チュートリアルビデオを見ることができる
③ **アップグレード版**	ULTIMATE の紹介
④ **コンテンツを取得**	プラグインや別のプログラムを購入することができる

Reference

最初に開くタブを変更する

起動したときに、どのワークスペースを開くかを変更することができます。メニューバーの「設定」から「環境設定」→「全般」→「初期設定セットアップページ」で変更します。

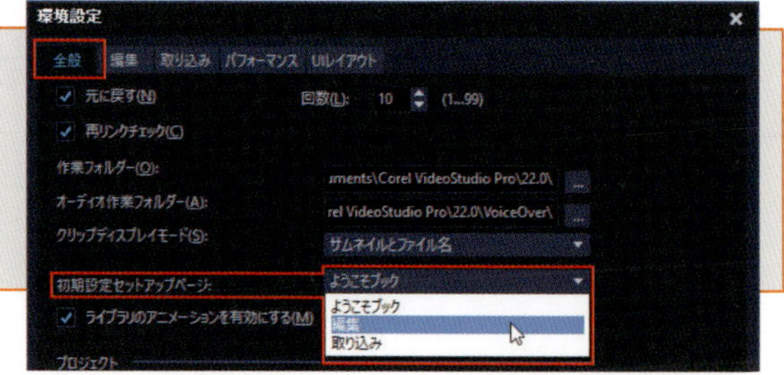

「取り込み」ワークスペース

動画や写真など、各種データを取り込む機能を集めたのが「取り込み」ワークスペースです。

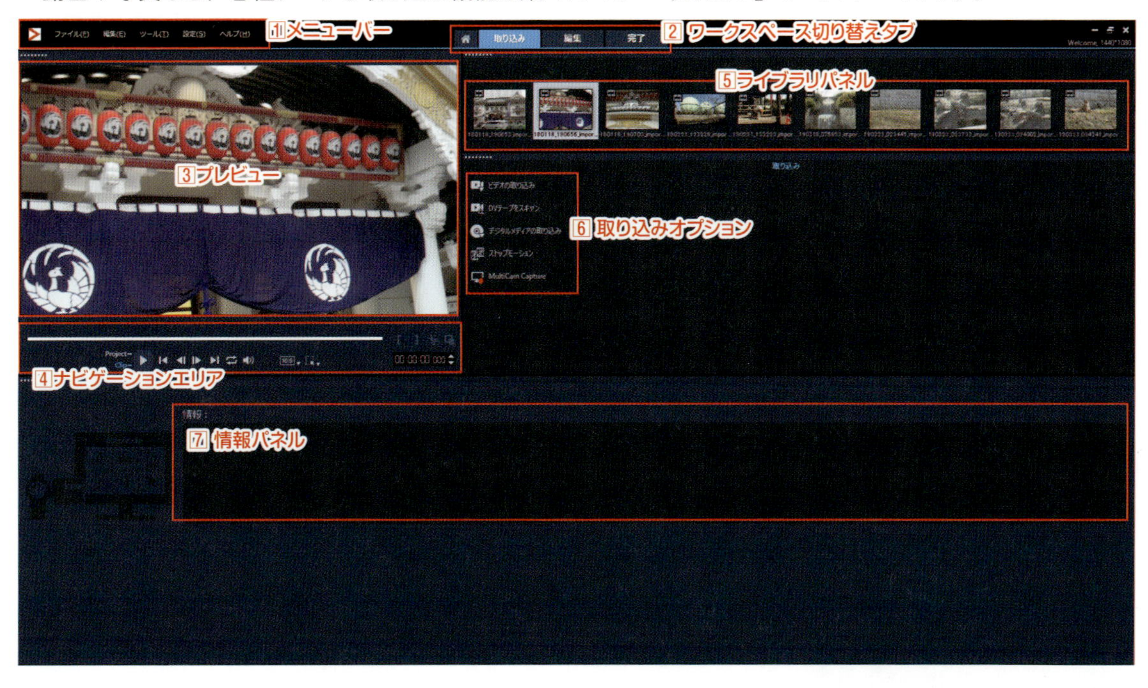

1 メニューバー

プロジェクトファイルの保存をはじめ、さまざまな機能を呼び出して実行するためのコマンドが収納されています。各ワークスペースすべてに表示されます。

2 ワークスペース切り替えタブ

各ワークスペースを切り替えるタブ。

3 プレビュー

現在選択しているビデオを表示します。

4 ナビゲーションエリア

プレビューのビデオを再生したり、前後にコマ送りをしたりする操作ボタンがあります。ワークスペースによって機能するボタンが一部変わります。グレーアウトしたボタンはここでは使用できません。

5 ライブラリパネル

VideoStudio 2019に取り込んだ各クリップが表示されます。「編集」ワークスペースにもあります。

6 取り込みオプション

❶ ビデオの取り込み
❷ DVテープをスキャン
❸ デジタルメディアの取り込み
❹ ストップモーション
❺ MultiCam Capture

さまざまなメディアの取り込み方法を選択するときに使用します。

❶ DV カメラ、HDV カメラから取り込むときや Web カメラで直接録画するときに使用します。
❷ DV テープをスキャンしてシーンを選択して取り込むときに使用します。
❸ DVD や Blu-ray、AVCHD カメラ、一眼レフカメラなどから取り込むときに使用します。
❹ Web カメラや対応したデジカメなどを使用して、ストップモーションアニメーションを作るときに使用します。
❺ PC に表示された画面の映像を録画できる「MultiCam Capture」を起動します。

Point!
・AVCHD カメラ→「デジタルメディアの取り込み」
・DV カメラ・HDV カメラなど→「ビデオの取り込み」

7 情報パネル

PCカメラや対応したビデオカメラをパソコン接続して、VideoStudio 2019経由で直接録画するときなどに情報が表示されます。AVCHDカメラ接続時には何も表示されません。

「編集」ワークスペース

VideoStudio 2019でもっとも使用するのが「編集」ワークスペースです。

1 メニューバー

プロジェクトファイルの保存をはじめ、さまざまな機能を呼び出して実行するためのコマンドが収納されています。各ワークスペースすべてに表示されます。

2 ワークスペース切り替えタブ

各ワークスペースを切り替えるタブ。

3 プレビュー

現在選択しているビデオを表示します。

4 ナビゲーションエリア

プレビューのビデオを再生したり、前後にコマ送りをしたりする操作ボタンがあります。

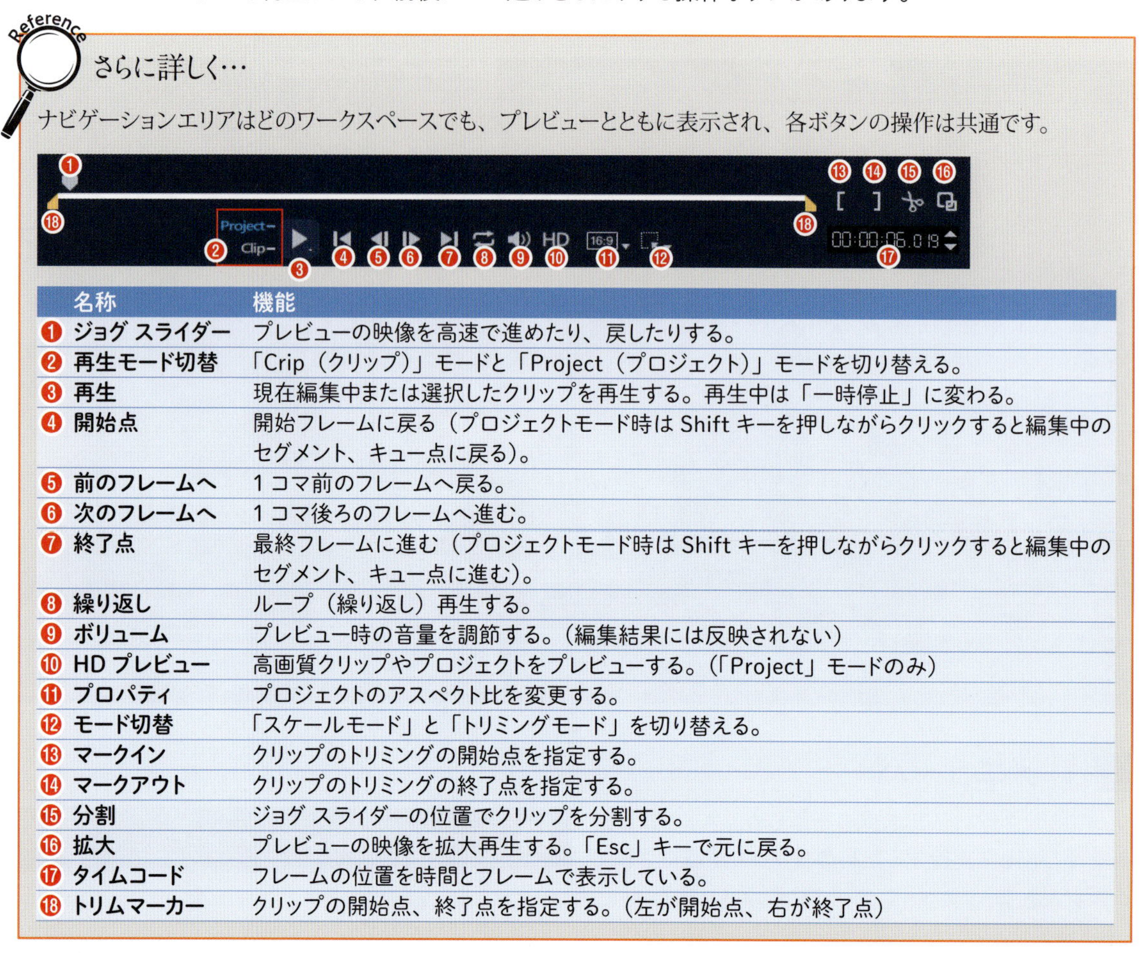

Reference

さらに詳しく…

ナビゲーションエリアはどのワークスペースでも、プレビューとともに表示され、各ボタンの操作は共通です。

名称	機能
❶ ジョグ スライダー	プレビューの映像を高速で進めたり、戻したりする。
❷ 再生モード切替	「Crip（クリップ）」モードと「Project（プロジェクト）」モードを切り替える。
❸ 再生	現在編集中または選択したクリップを再生する。再生中は「一時停止」に変わる。
❹ 開始点	開始フレームに戻る（プロジェクトモード時は Shift キーを押しながらクリックすると編集中のセグメント、キュー点に戻る)。
❺ 前のフレームへ	1 コマ前のフレームへ戻る。
❻ 次のフレームへ	1 コマ後ろのフレームへ進む。
❼ 終了点	最終フレームに進む（プロジェクトモード時は Shift キーを押しながらクリックすると編集中のセグメント、キュー点に進む)。
❽ 繰り返し	ループ（繰り返し）再生する。
❾ ボリューム	プレビュー時の音量を調節する。(編集結果には反映されない)
❿ HD プレビュー	高画質クリップやプロジェクトをプレビューする。(「Project」モードのみ)
⓫ プロパティ	プロジェクトのアスペクト比を変更する。
⓬ モード切替	「スケールモード」と「トリミングモード」を切り替える。
⓭ マークイン	クリップのトリミングの開始点を指定する。
⓮ マークアウト	クリップのトリミングの終了点を指定する。
⓯ 分割	ジョグ スライダーの位置でクリップを分割する。
⓰ 拡大	プレビューの映像を拡大再生する。「Esc」キーで元に戻る。
⓱ タイムコード	フレームの位置を時間とフレームで表示している。
⓲ トリムマーカー	クリップの開始点、終了点を指定する。(左が開始点、右が終了点)

Reference

「Project（プロジェクト)」モードと「Clip（クリップ)」モード

「プロジェクト」モードは編集中の動画全体を再生します。「クリップ」モードは選択しているクリップのみを再生します。編集中の結果や効果を確認するには、かならず「プロジェクト」モードで再生します。

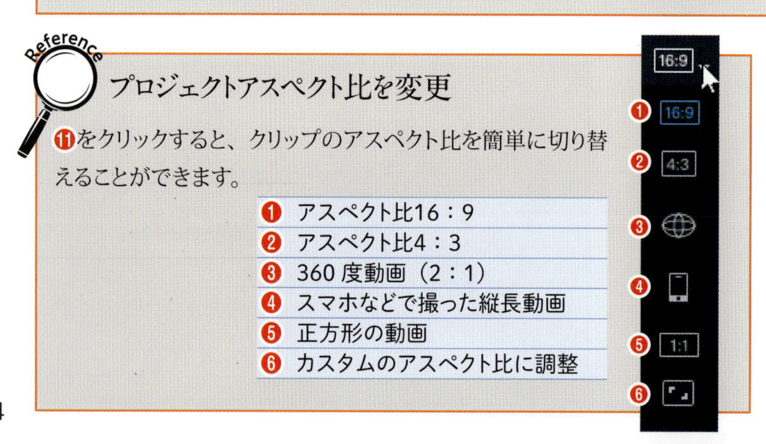

Reference

プロジェクトアスペクト比を変更

⓫をクリックすると、クリップのアスペクト比を簡単に切り替えることができます。

❶	アスペクト比16：9
❷	アスペクト比4：3
❸	360 度動画（2：1）
❹	スマホなどで撮った縦長動画
❺	正方形の動画
❻	カスタムのアスペクト比に調整

Point!

アスペクト比とは画面の縦と横の比率のことです。

「スケールモード」と「クロップモード」

トラックにあるクリップを選択して、⓬のどちらかを選びプレビュー 上で操作します。左のスケールモードでは移動や拡大、縮小。右の クロップモードでは映像の一部分を切り抜くことができます。

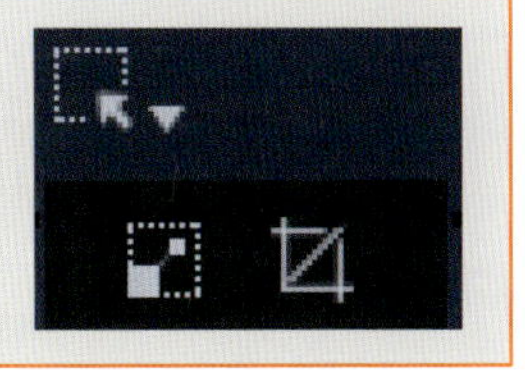

5 ツールバー

「タイムラインビュー」モードと「ストーリーボードビュー」モードを切り替えたり、エフェクトやトランジションをライブラリパネルに呼び出したりできるアイコンが並んでいます。（→P.64）

6 タイムラインパネル

ビデオトラックやオーバーレイトラックなどが並んでいます。クリップを配置して作業を進めます。

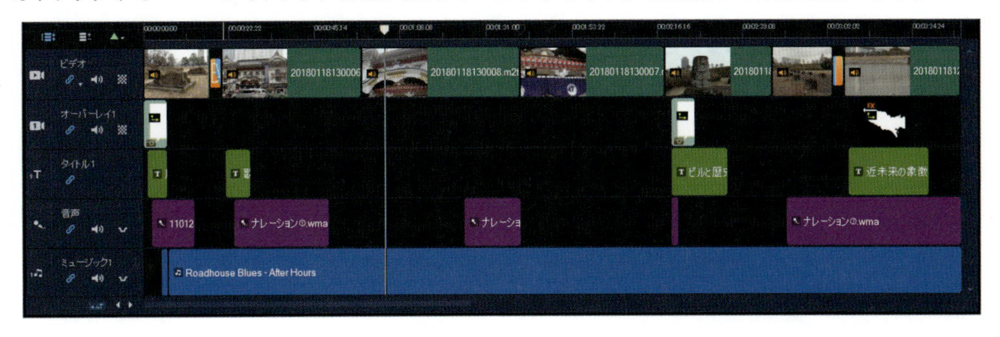

7 ライブラリパネル

VideoStudio 2019に取り込んだ各クリップが表示されます。

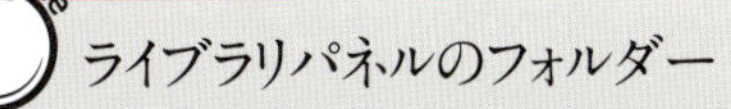

ライブラリパネルのフォルダー

ライブラリパネルのフォルダーには以下のものが、収録されています。

名称	収録されているもの
❶ サンプル	サンプルクリップ（動画、画像、音楽）
❷ スコアフィッターミュージック	オートミュージック（→ P.118）のクリップ（音楽）
❸ Triple Scoop Music※	音楽のクリップ

※❸を利用する場合は、動画を書き出す際に別途料金が必要です。

「完了」ワークスペース

完成した動画を活用するために、書き出す作業をするのが「完了」ワークスペースです。

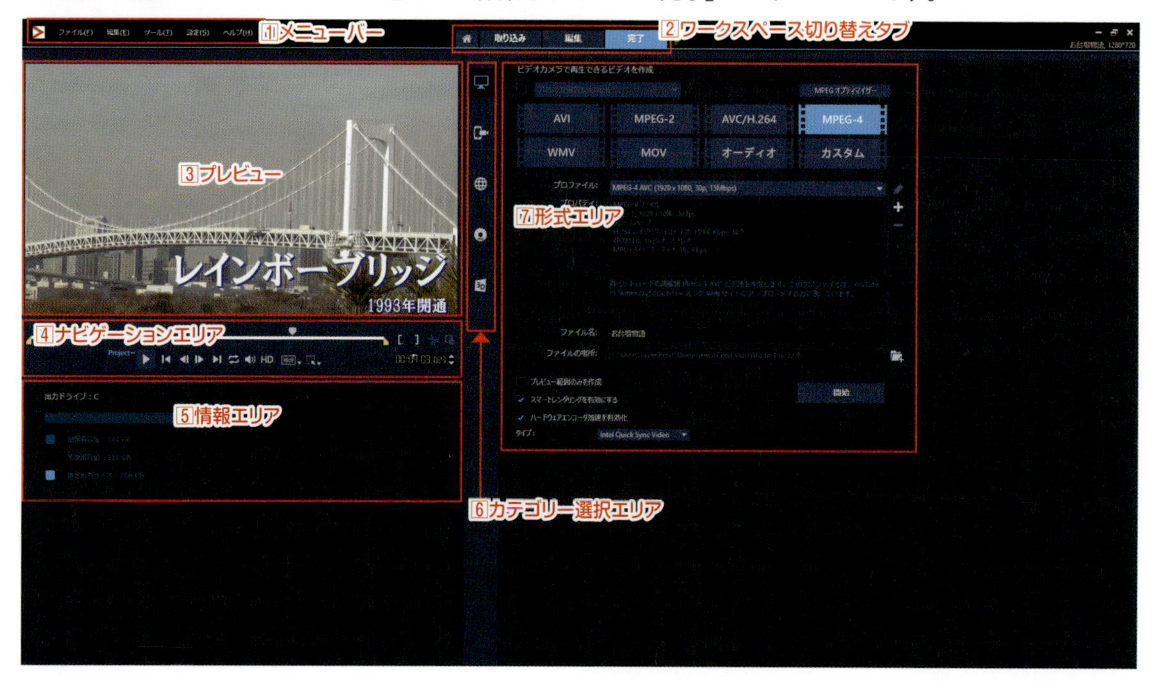

1 メニューバー

プロジェクトファイルの保存をはじめ、さまざまな機能を呼び出して実行するためのコマンドが収納されています。各ワークスペースすべてに表示されます。

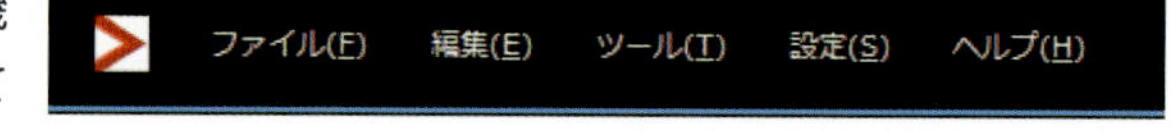

2 ワークスペース切り替えタブ

各ワークスペースを切り替えるタブ。

3 プレビュー

現在書き出そうとしているビデオを表示します。

4 ナビゲーションエリア

プレビューのビデオを再生したり、前後にコマ送りをしたりする操作ボタンがあります。

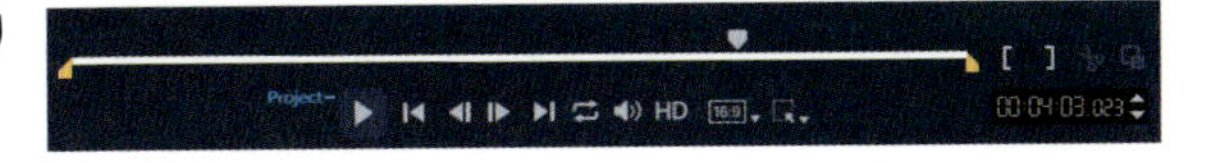

5 情報エリア

現在のパソコンのハードディスクの空き容量の状況と書き出そうとしている動画の推定出力サイズが表示されます。

6 カテゴリー選択エリア

出力する動画の用途に合わせて、形式エリアの項目が変化します。

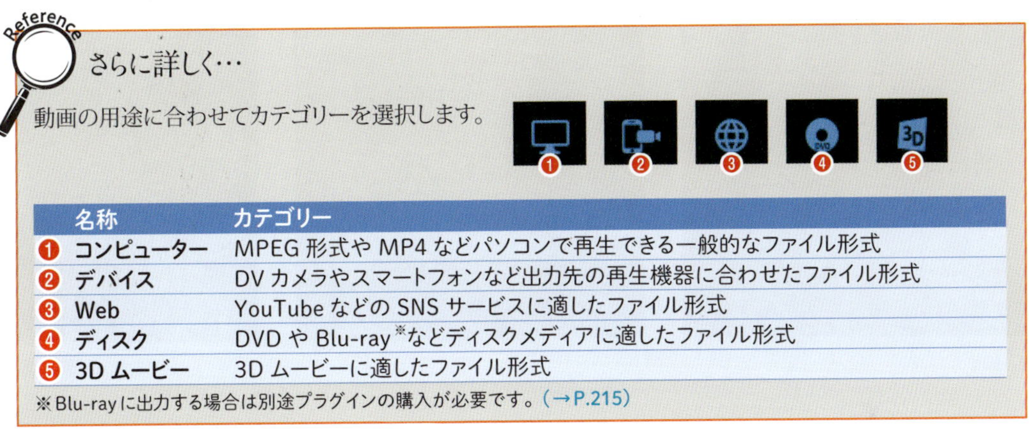

Reference

さらに詳しく…

動画の用途に合わせてカテゴリーを選択します。

名称	カテゴリー
❶ コンピューター	MPEG 形式や MP4 などパソコンで再生できる一般的なファイル形式
❷ デバイス	DV カメラやスマートフォンなど出力先の再生機器に合わせたファイル形式
❸ Web	YouTube などの SNS サービスに適したファイル形式
❹ ディスク	DVD や Blu-ray※などディスクメディアに適したファイル形式
❺ 3D ムービー	3D ムービーに適したファイル形式

※Blu-ray に出力する場合は別途プラグインの購入が必要です。（→P.215）

7 形式エリア

6のカテゴリーの選択に合わせてファイル形式の項目が変化します。形式に合わせてそれに適したプロファイルを選択したり、書き出すファイルの保存場所の変更を行えます。

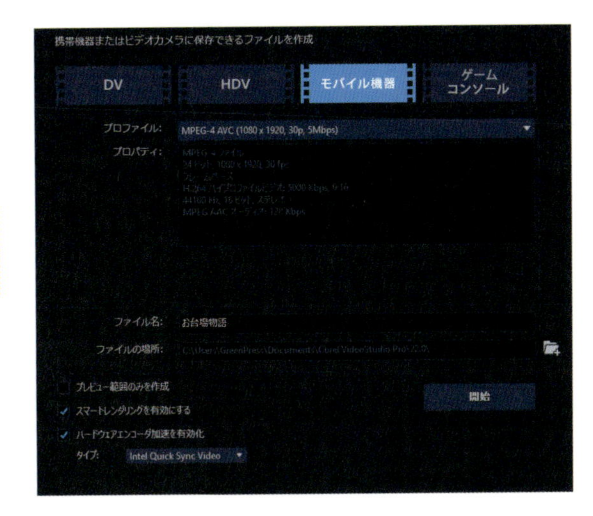

Point!

プロファイルとは動画を書き出すためにあらかじめ用意された仕様のことです。

07 ライブラリを使いこなす

ライブラリ(パネル)を使いこなすことによって、作業効率をアップさせましょう。

クリップはもちろんのこと、トランジションやエフェクトなども一覧で表示することができて便利なのがライブラリです。

ライブラリのフォルダーを追加する

①「+追加」をクリックします。

②「フォルダー」が追加されました。

③フォルダー名を入力します。

ここでは「編集素材」と入力

既存のフォルダー名を変更する

既存のフォルダー名を変更する場合は、フォルダーを選択して、右クリックし、「名前を変更」を選択して入力します。削除したい場合は「削除」を選択、クリックします。

クリップをライブラリから削除する

①ライブラリから削除したいクリップを選択します。

②クリップ上で右クリックして表示されるメニューから削除を選択、クリックするか、キーボードの「Delete」キーを押します。

Reference

メニューバーからでも

メニューバーの「編集」→「削除」でも同様に削除できます。

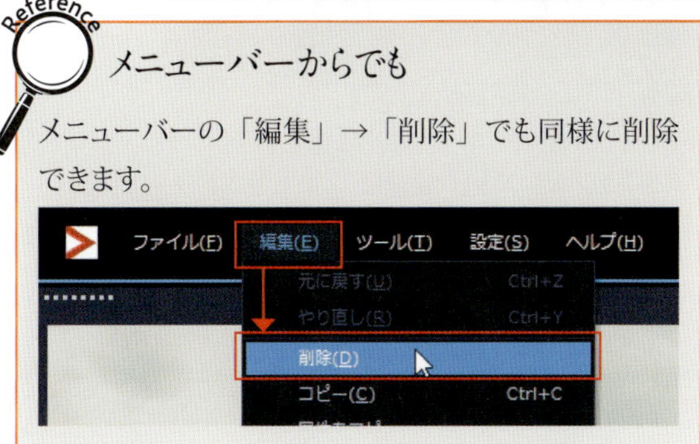

③削除してよいかどうかのウィンドウが表示されます。削除する場合は「はい」をクリックします。

Reference

サムネイルを削除しますか?

サムネイルとは縮小表示された見本画像のことをいいますが、削除されるのはこのライブラリにあるサムネイルであり、ファイル本体がパソコンからなくなるわけではありません。

④削除されました。

表示するクリップの種類を限定する

表示するクリップの種類を指定します。

アイコンが青い時は表示されている状態です。クリックすると該当のクリップがライブラリ上で隠されます。

❶ ビデオを隠す
❷ 写真を隠す
❸ オーディオファイルを隠す

クリップの表示を変える

ライブラリ上のクリップの表示を変えたり、名前順に並び替えたりできます。

❶ クリップのファイル名を非表示にします
❷ クリップをリスト表示します
❸ クリップをサムネイル表示します。
❹ クリップをいろいろな条件で並べ替えます。
❺ サムネイルの表示サイズを変更します。

クリップを手動で並び替える

手動でドラッグして並び替えることができます。

クリップのリンク切れを修正する

元のクリップのファイル名を変更したり、保存場所を移動したりするとVideoStudio 2019がファイルの場所を認識できなくなり、ライブラリやタイムラインのクリップにリンク切れのサインが表示されます。

リンク切れのサイン

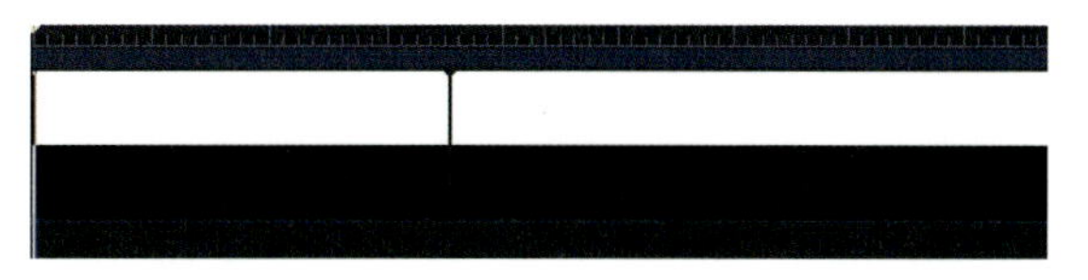
タイムラインではこうなる

ライブラリのクリップを再リンクする

①リンクの切れたファイルを選択します。

②メニューバーの「ファイル」から「クリップの再リンク」をクリックします。

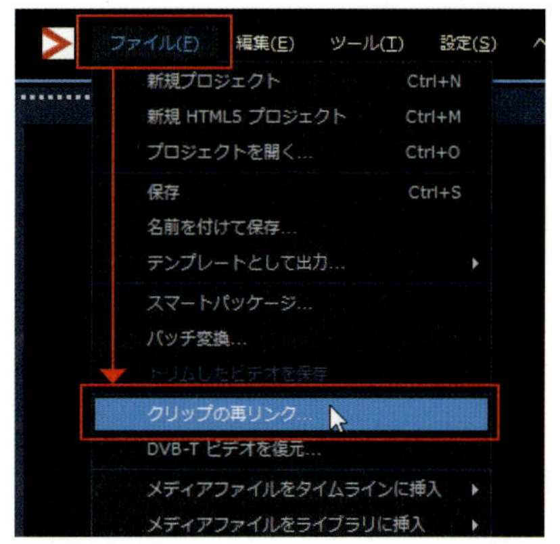

③「クリップの再リンク」ウィンドウが開くので、「再リンク」をクリックします。

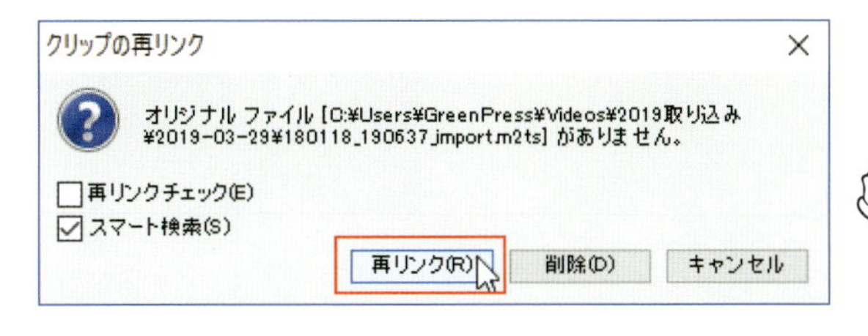

Point!
ここで「削除」をクリックするとライブラリからリンクの切れたサムネイルが削除されます。

Reference
リンク切れを起こさないために

リンク切れは起こるとなかなか厄介な現象です。パソコンに取り込んでからだいぶ時間が経っていると保存場所を思い出すのに苦労することがあります。その対策としては編集用の専用のフォルダーを用意する。または動画や写真のデータをあちこちから集めるのではなく「デジタルメディアの取り込み」を利用して一括で指定したフォルダーに取り込むなどの方法が有効です。(→ P.53)

自動で指定したフォルダーにまとめられる

④元のファイルを指定して「開く」をクリックします。

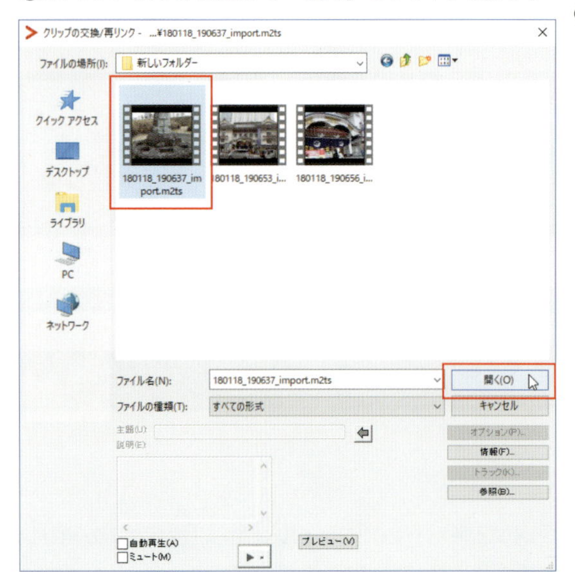

Point!
同じフォルダー内に他のリンク切れのクリップがあれば、まとめて解消できることがあります。

⑤リンク切れのサインが消えました。

ライブラリ マネージャーを活用する

ライブラリはその状態をまるごと保存することができます。自分が作ったオリジナルタイトルやトリミングしたクリップなどを一括で保存できます。

ライブラリの出力

①メニューバーの「設定」から「ライブラリ マネージャー」→「ライブラリの出力」をクリックします。

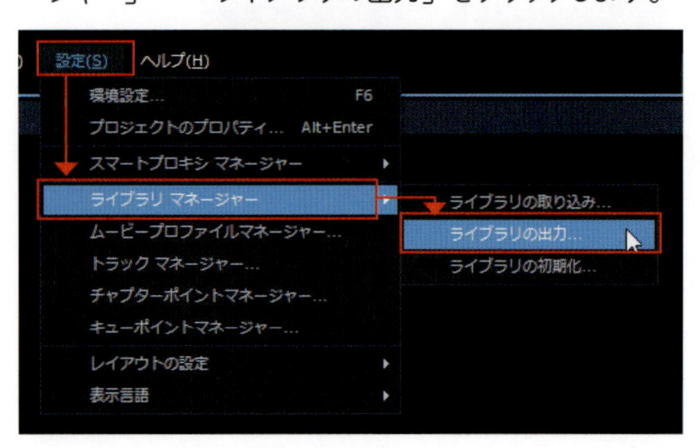

②「フォルダーの参照」ウィンドウが開きます。

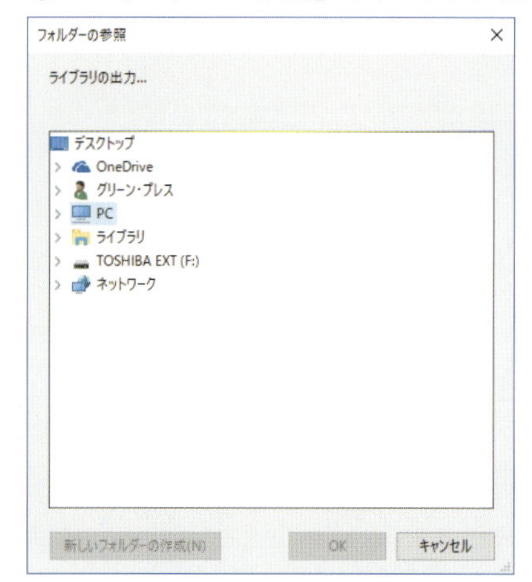

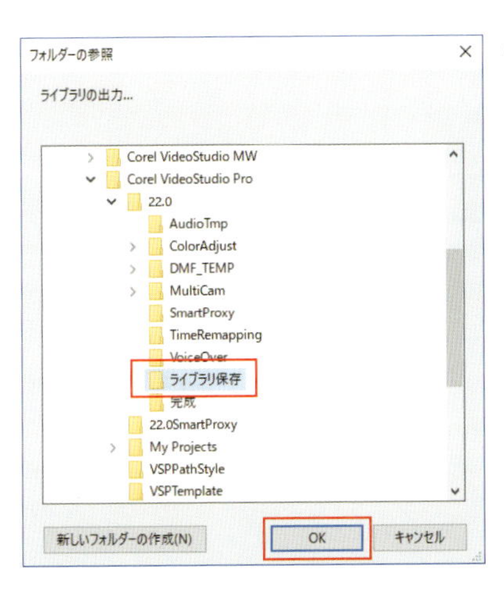

③出力されるファイルは数が多いので、専用のフォルダーを作成することをおすすめします。ここでは「ライブラリ保存」というフォルダーを用意しました。フォルダーを選択して「OK」をクリックします。

④「メディアライブラリが出力されました。」のウィンドウが表示されるまで待ち、「OK」をクリックします。

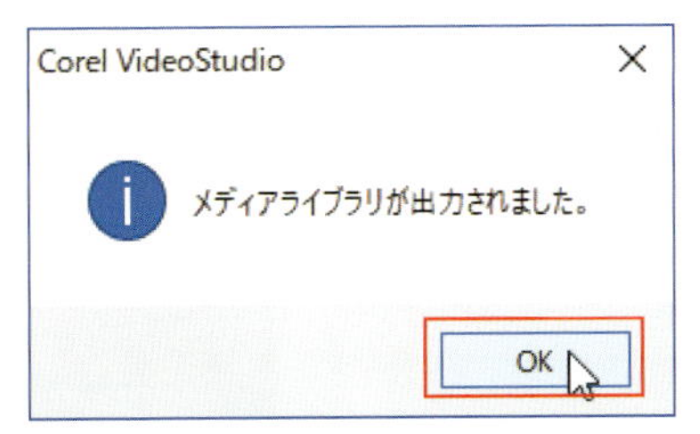

ライブラリの取り込み

保存したライブラリを復元する場合はライブラリの取り込みを実行します。

①メニューバーの「設定」から「ライブラリ マネージャー」→「ライブラリの取り込み」クリックします。

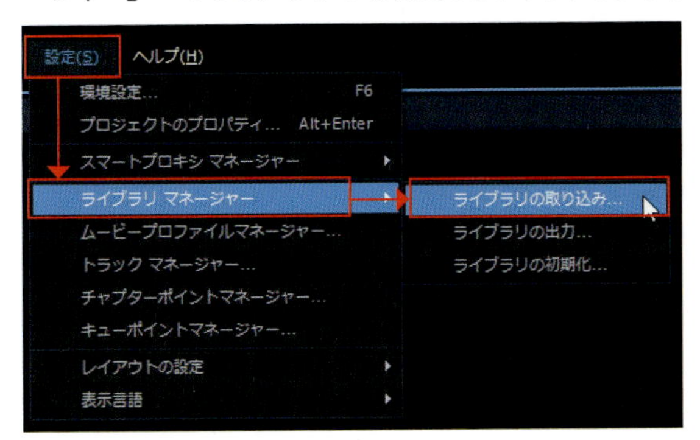

③「メディアライブラリが取り込まれました。」のウィンドウが表示されるまで待ち、「OK」をクリックします。

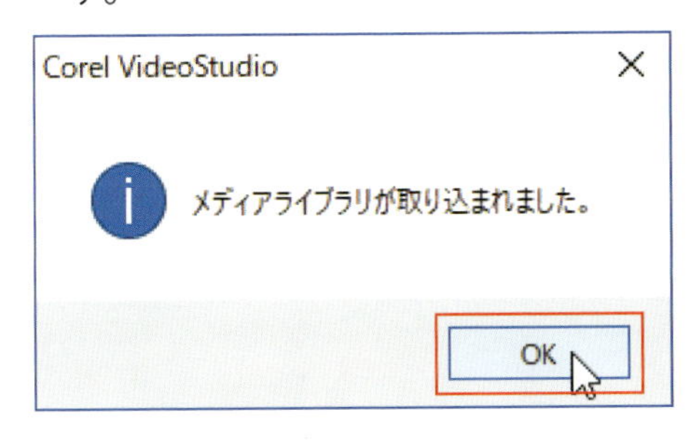

②「フォルダーの参照」ウィンドウが開くので、ライブラリが保存してあるフォルダーを選択して、「OK」ボタンをクリックします。

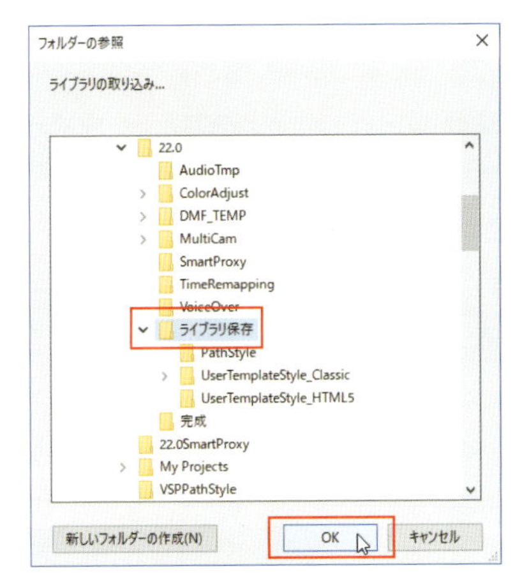

④ライブラリが取り込まれ、追加したフォルダーも復元されました。

ライブラリの初期化

ライブラリをリセットして、初期設定に戻すこともできます。

①メニューバーの「設定」から「ライブラリ マネージャー」→「ライブラリの初期化」をクリックします。

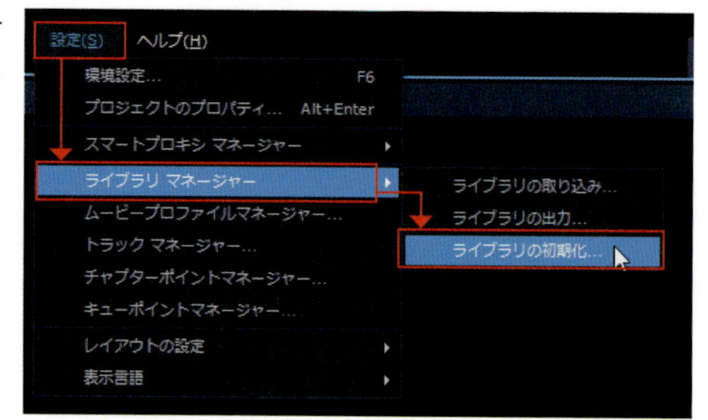

②初期化をしてよいかどうかの確認が表示されるので、「OK」をクリックします。

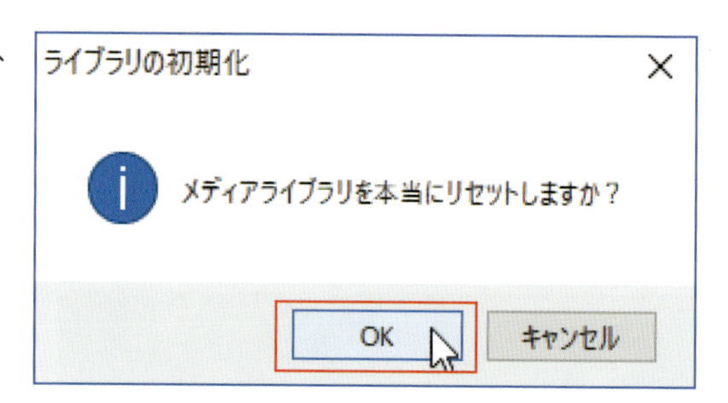

③「メディアライブラリがリセットされました。」ウィンドウが表示されるまで待ち、「OK」をクリックします。

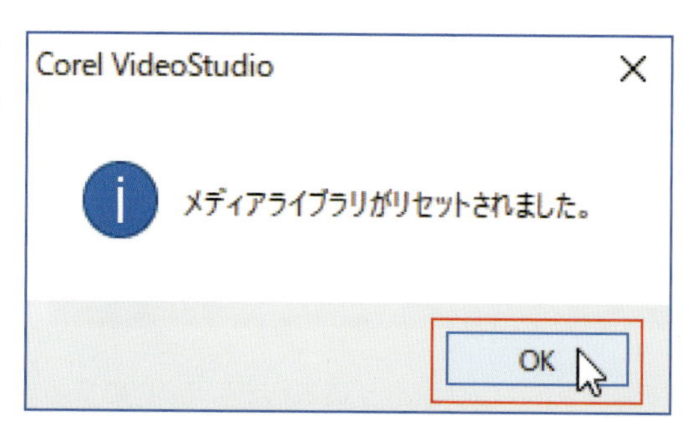

④初期化されました。

初期化され、サンプルが表示される

08 プロジェクトはこまめに保存しよう

VideoStudio 2019では編集作業の工程や内容をすべて「プロジェクト」というファイルで管理します。

プロジェクトファイル（.VSP）をこまめに保存しておけば、編集を中断したときや、予期せぬアクシデントでパソコンがシャットダウンしたときなども、保存した時点から作業を再開できるので安心です。

新規プロジェクトの保存

まだ編集作業を開始していなくても、最初にプロジェクトの名前を決めてファイルとして保存しましょう。

①メニューバーの「ファイル」から「保存」をクリックします。

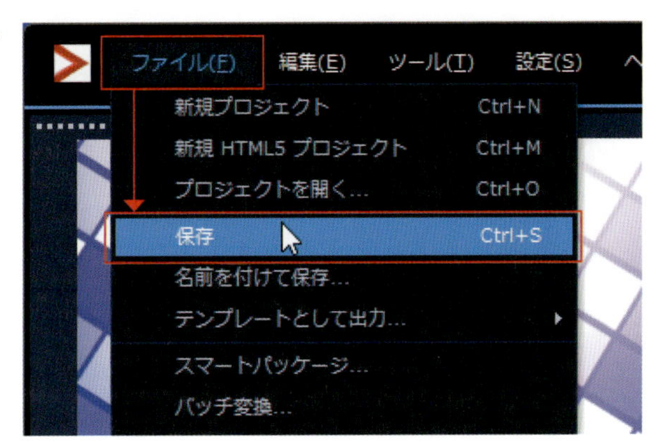

②「名前を付けて保存」ウィンドウが開くので、プロジェクト名を入力して「保存」をクリックします。

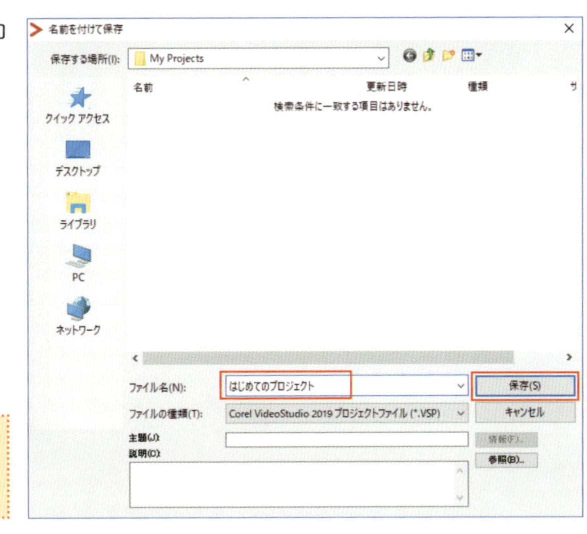

Point!
保存先は初期設定では「ドキュメント」→「Corel VideoStudio Pro」→「My Projects」フォルダーです。

Point!

編集画面の右上を見ると、いま編集作業中の「プロジェクト名」が表示されています。

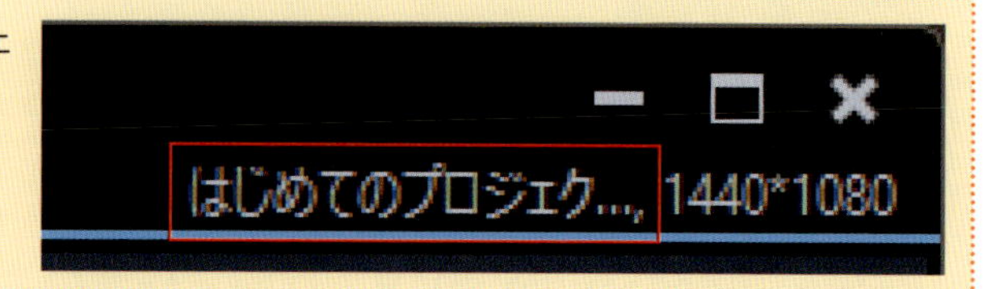

Point!

作業中にキーボードの「Ctrl」+ S を押せば、すぐに上書き保存できます。

プロジェクトを開く

保存してあるプロジェクトを開く場合はVideoStudio 2019を起動して、メニューバーの「ファイル」から「プロジェクトを開く」をクリックして保存してあるプロジェクトファイルを開くか、VideoStudio 2019が起動していなくても、プロジェクトファイルをダブルクリックすれば開くことができます。

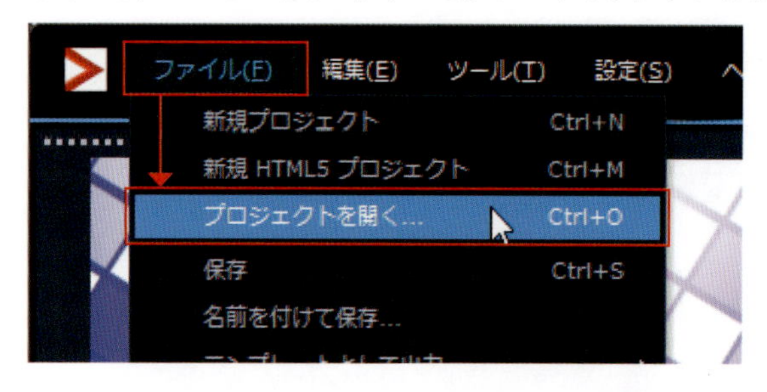

メニューバーから開く

アイコンをダブルクリック

Reference

プロジェクトファイルはライブラリに読み込める

プロジェクトファイルは通常の動画や写真と同じように、ライブラリに読み込むことができます。それをタイムラインに配置すれば一本の動画として扱うことも可能ですし、編集の過程を保持したままさらに詳細に編集することもできます。

拡張子が.VSP

Point!

配置したプロジェクトファイルは、ほかのクリップ同様、通常の編集ができます。また取り込んだプロジェクトの元のファイルには一切影響はありません。

Chapter 2

編集素材を取り込む

カメラから素材となる動画や写真をパソコンに取り込み、VideoStudio 2019で編集を始める準備をします。

01 ビデオカメラから編集素材をパソコンに取り込んでみよう

VideoStudio 2019で動画編集をするためには、素材となる動画や写真、音楽などのデータが必要です。

VideoStudio 2019に素材を取り込むまで

編集作業を開始するにはVideoStudio 2019のライブラリに素材を読み込んで、データを自由に扱えるようにする準備が必要です。

step1
カメラから**動画や写真などの素材**となるデータファイルを取り込む

step2
素材をパソコンに**保存する**

step3
パソコンに保存したデータをVideoStudio 2019の**ライブラリに読み込む**

VideoStudio 2019で扱えるファイル形式

まず、VideoStudio 2019で扱うことができるファイル形式を確認しておきましょう。

サポートされているビデオ形式	
入力	出力
AVCHD※1(.M2T/.MTS)、AVI、DV、DVR-MS、HDV、HEVC※2(H.265)、M2TS、M4V、MKV、MOD、MOV※3(H.264)、MPEG - 1/ - 2/ - 4、MXF、TOD、UIS、UISX、WebM、WMV、XAVC、XAVC S、3GP、暗号化されていない DVD タイトル (360° ビデオ：Equirectangular、Single Fisheye、Dual Fisheye)	AVI、DV、HDV、HEVC2(H.265)、M2T、MOV、MPEG - 1/ - 2/ - 4、UIS、UISX、WebM、WMV、XAVC S、3GP
サポートされている画像形式	
入力	出力
CLP、CUR、DCS、DCX、EPS、FAX、FPX、GIF87a、ICO、IFF、IMG、JP2、JPC、JPG、MAC、MPO、MSP、PBM、PCT、PCX、PGM、PIC、PNG、PPM、PSD、PSPImage、PXR、RAS、SCI、SCT、SHG、TGA、TIF/TIFF、UFO、UFP、WBM、WBMP、WMF、001、Camera RAW	BMP、JPG
サポートされているオーディオ形式	
入力	出力
AAC、Aiff、AMR、AU、CDA、M4A、MOV、MP3、MP4、MPA、OGG、WAV、WMA	M4A、OGG、WAV、WMA

※1：AC3 オーディオの AVCHD (.MTS, .M2T, .M2TS, .MPG) は Windows 8 および 10 のみサポート
※2：HEVC (H.265) サポートには Windows 10 および対応する PC ハードウェアまたはグラフィックカードおよび Microsoft HEVC ビデオ拡張のインストールが必要
※3：アルファ チェンネル ビデオのインポートおよび出力のサポート

ビデオカメラとパソコンの接続

撮影した動画をパソコンに取り込みます。カメラの種類やメーカーによって、接続するためのケーブルなどに多少の違いがありますが、おおむね次のとおりです。くわしくはカメラメーカーの取扱説明書をご覧ください。

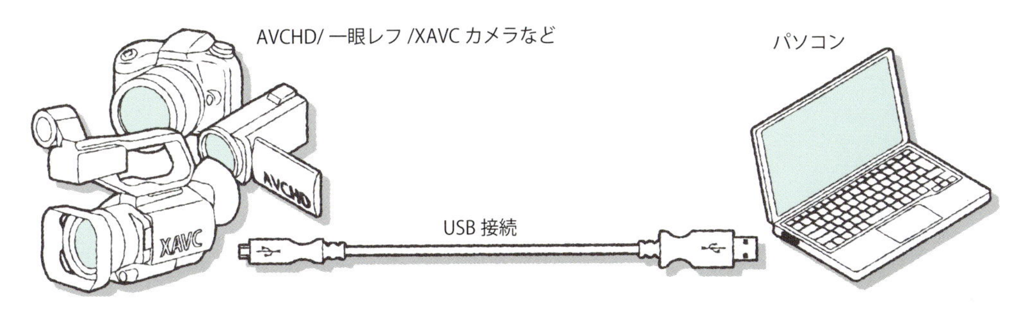

AVCHDカメラをパソコンと接続する

① AVCHDカメラとパソコンをUSBケーブルで接続します。

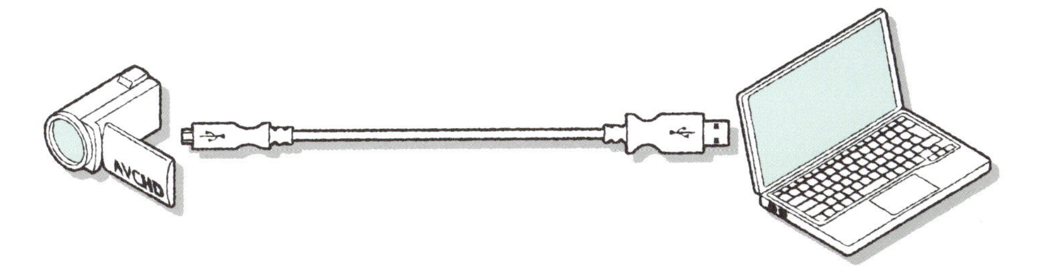

②ビデオカメラの電源を入れます。このカメラではカメラ側の液晶画面の「USB接続」を選択します。

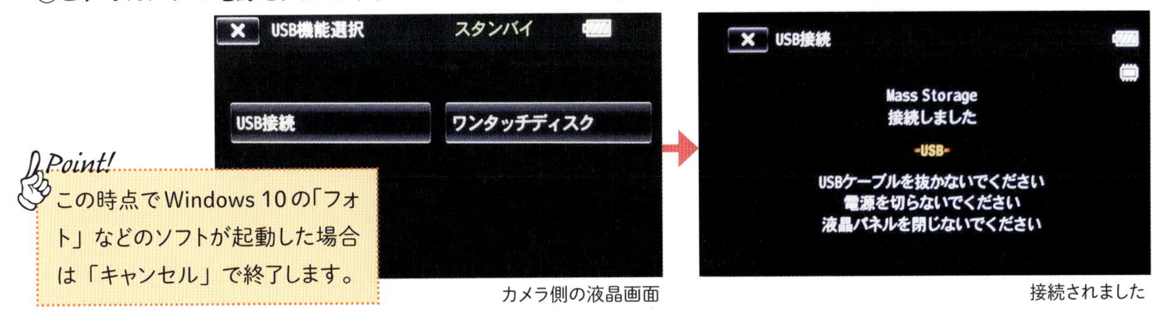

カメラ側の液晶画面

接続されました

Point!
この時点でWindows 10の「フォト」などのソフトが起動した場合は「キャンセル」で終了します。

Reference
取扱説明書を確認する

ここではソニー製のビデオカメラを使用して説明しています。カメラメーカーによってUSB接続の手順が異なりますので、必ずカメラの取扱説明書をご確認ください。

③「リムーバブルディスク（USB ドライブ）」としてパソコンに認識されます。

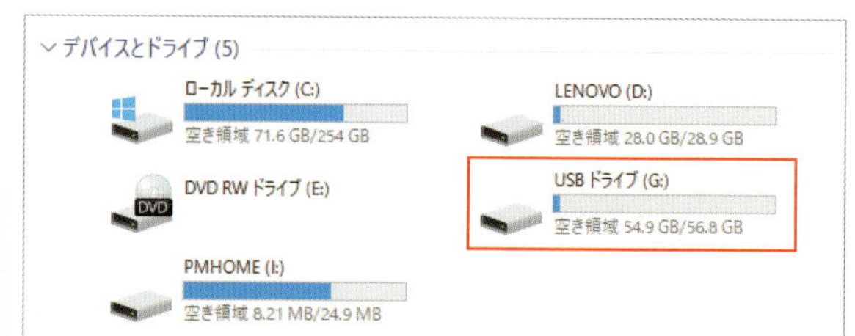

Point!
リムーバブルディスクとは取り外し可能な外部記憶装置のことです。

Point!
ここでは（G：）となっていますが、これは接続したパソコンによって自動的に割り振られるので、変化します。

④動画や写真はカメラ内の以下の場所に保存されています。

・動画の保存場所
「(G：) AVCHD カメラ」→「AVCHD」→「BDMV」→「STREAM」→動画データ

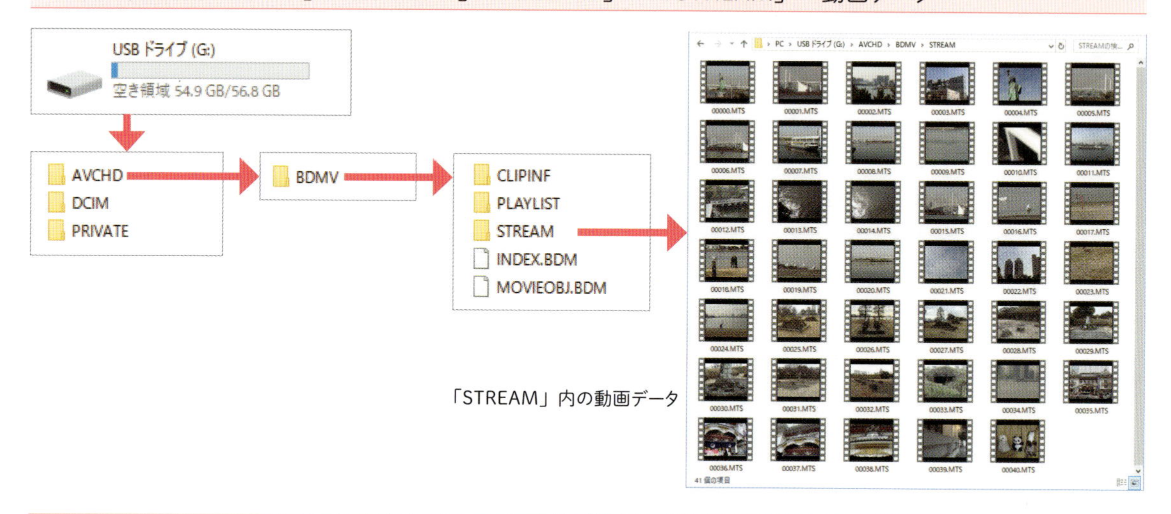

「STREAM」内の動画データ

・写真の保存場所
「(G：) AVCHD カメラ」→「DCIM」→「100MSDCF」→写真データ

「100MSDCF」内の写真データ

Point!
カメラ内のデータの保存場所のフォルダー名は、メーカー間でも統一されているので、動画データは「STREAM」内、写真データは「DCIM」内に必ずあります。

⑤必要なデータをパソコンの任意の場所にドラッグアンドドロップします。ここでは「ビデオ」フォルダー内に「ビデオ編集」というフォルダーをあらかじめ作成して、保存しています。

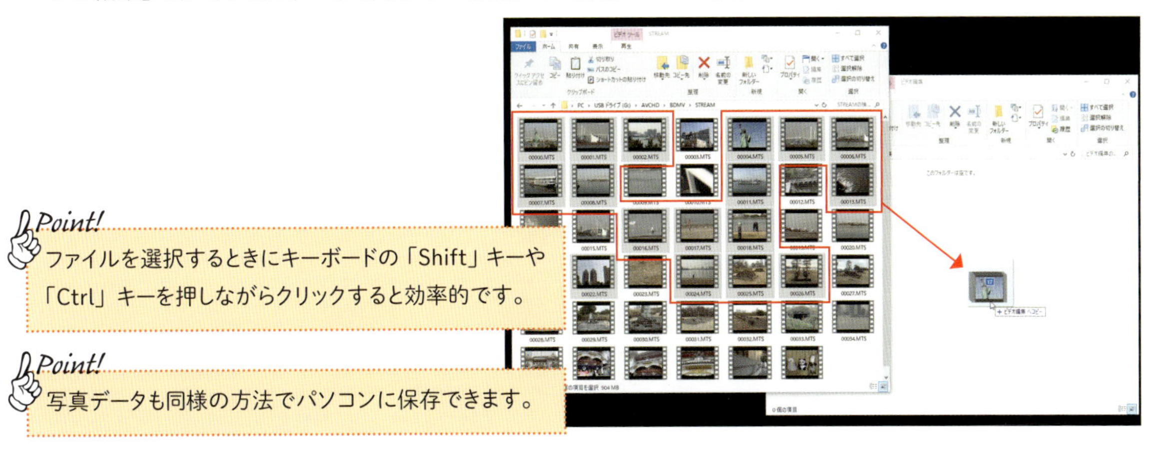

Point!
ファイルを選択するときにキーボードの「Shift」キーや「Ctrl」キーを押しながらクリックすると効率的です。

Point!
写真データも同様の方法でパソコンに保存できます。

これでパソコンに素材となるデータを保存することができました。これらの素材をVideoStudio 2019に取り込む方法は2-04(→P.51)をご覧ください。

Windowsのインポート機能を使って取り込む

パソコンとAVCHDカメラや一眼レフカメラをはじめて接続すると、図のようなメッセージが表示されます。ここでは一眼レフカメラを接続した場合を例に、解説します。

Canon EOS Kiss Digital X
選択して、このデバイスに対して行う操作を選んでください。

①一眼レフカメラとパソコンをUSBケーブルで接続します。

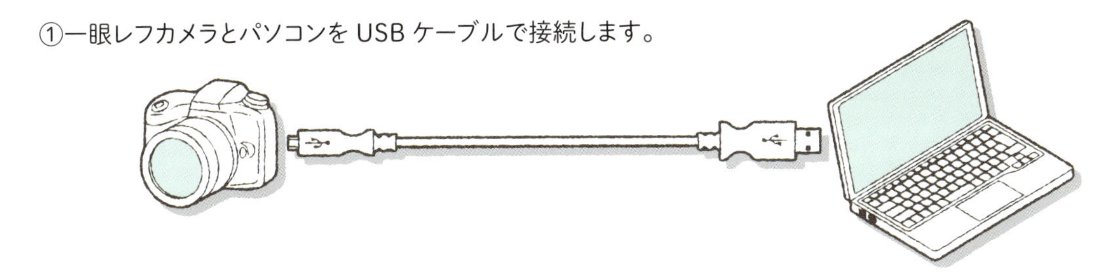

②メッセージをクリックします。

Canon EOS Kiss Digital X
選択して、このデバイスに対して行う操作を選んでください。

③Windows 10に搭載されている「フォト」を選択します。

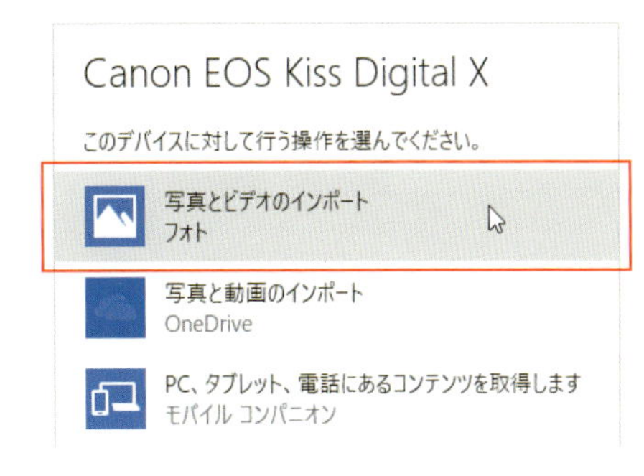

④カメラ内の動画や写真が読み込まれるので、インポート（保存）したいものをチェックして「選択した項目のインポート」をクリックします。

⑤パソコンに取り込まれました。

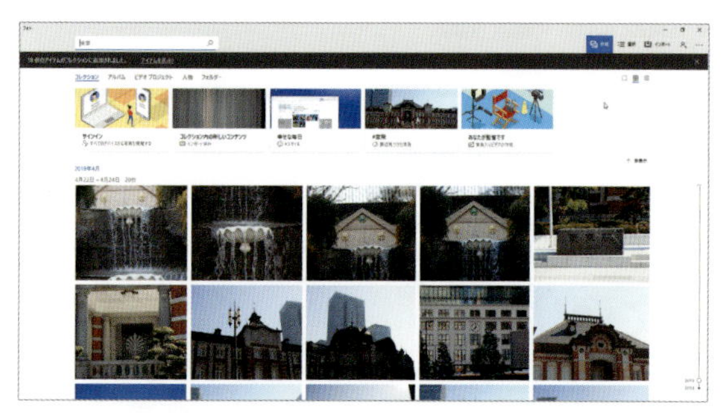

以上のような操作でパソコンに、ビデオ編集用の素材となる動画や写真（VideoStudio 2019ではクリップと呼びます）が保存されました。これらの素材をVideoStudio 2019に取り込む方法は2-04をご覧ください。

Point!

保存場所は初期設定で「ユーザー」→「ピクチャー」→「年月フォルダー」です。

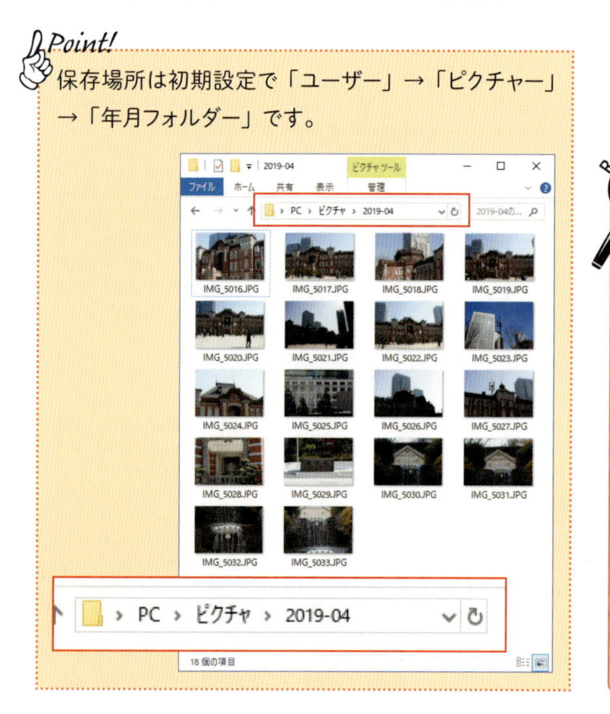

Reference

外部記憶装置に保存するときの注意

ここではデータをパソコン本体に保存しています。もちろんデータは外付けのHDDやUSBに保存することも可能ですが、その場合は注意が必要です。パソコンとそれら外部記憶装置を常時接続しているのなら特に問題はありませんが、一旦接続を解除して、再度つないだ時など、以前と状況が変わり外部記憶装置のドライブレター（F：とかD:などの文字のこと）が変更されることがあります。するとVideoStudio 2019がファイルを認識できなくなり、リンク切れという状態になります。リンク切れを起こさないようにファイルの保存場所はよく把握しておきましょう。リンク切れを起こした時の対処法（→ P.31）

02 VideoStudio 2019経由で取り込んでみよう

データをVideoStudio 2019経由で取り込む方法です。

データをカメラからVideoStudio 2019経由で直接ライブラリに取り込みます。AVCHDカメラなどからであれば、データが保持している撮影日の情報を取り込むことが可能です。

AVCHDカメラから取り込む（デジタルメディアの取り込み）

AVCHDカメラとパソコンをUSBケーブルでつなぎます。このとき「Windowsのインポート機能を使って取り込む」設定をしている場合は自動で「フォト」などのソフトが起動することがありますが、ここでは必要ないので「キャンセル」で終了させます。

終了させる

パソコンがビデオカメラをリムーバブルディスクとして認識していることを確認します。

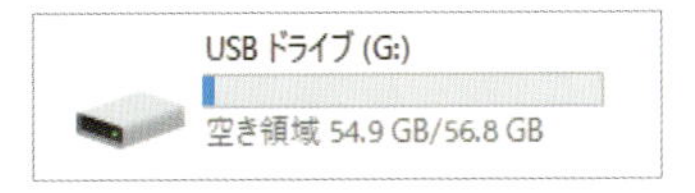

VideoStudio 2019を起動する

初期設定では「Welcome（ようこそブック）」のタブの画面で起動します。その場合は「編集」ワークスペースに切り替えます。

①「Welcome（ようこそブック）」画面を「編集」ワークスペースに切り替える。

「編集」タブをクリック

「編集」ワークスペース

②あとからデータの管理がしやすいように、ライブラリに保存用のフォルダーを作成します。「+追加」をクリックします。（→ P.28）

Point!

「+追加」横の「ピン」はクリックするごとにフォルダーの表示を ON/OFF できます。

③ライブラリに新しいフォルダーが追加されるので、好きなフォルダー名を入力します。

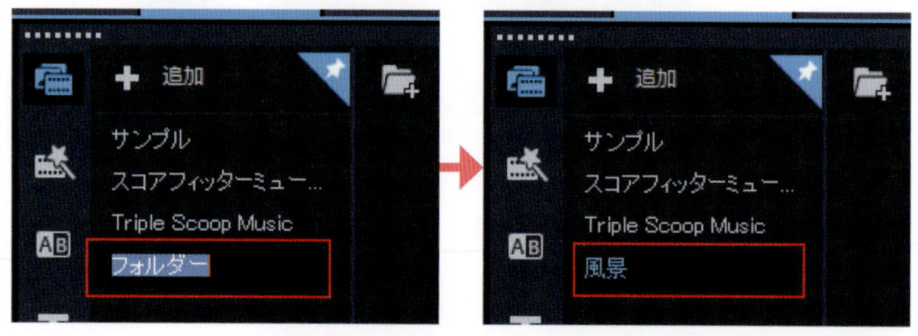

ここでは「風景」と入力

④タブで「取り込み」ワークスペースに切り替えます。

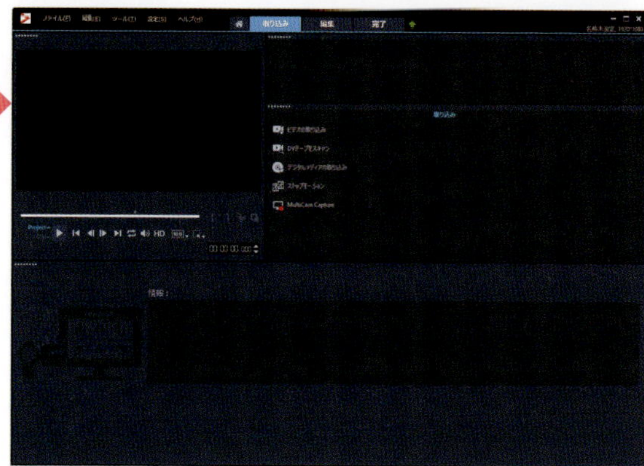

「取り込み」ワークスペースに切り替える

⑤「デジタルメディアの取り込み」をクリックします。

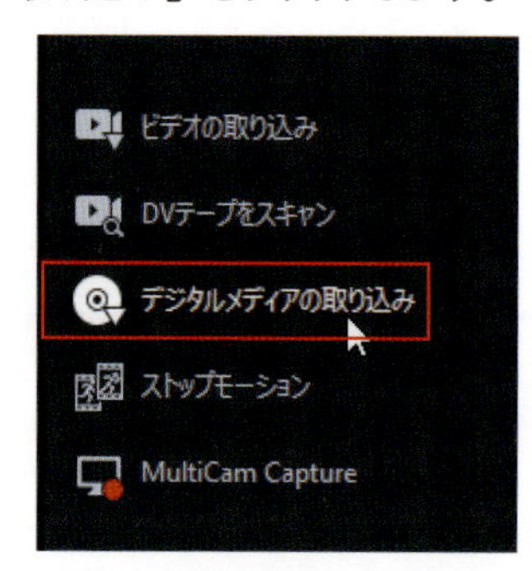

⑥「フォルダーの参照」ウィンドウが開くので、ビデオカメラのフォルダー USB ドライブ（G:）の「+」をクリックして中身を表示し、「AVCHD」にチェックを入れて「OK」をクリックします。

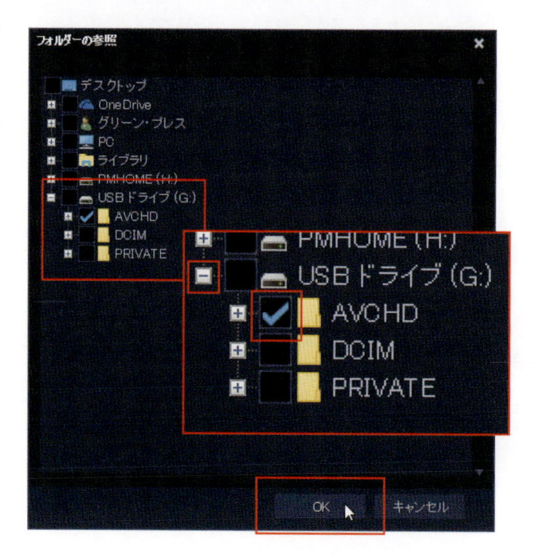

Reference 「有効なコンテンツが存在しません」

ビデオカメラの機種によっては「有効なコンテンツが存在しません」と表示される場合があります。その場合は⑥で「AVCHD」のフォルダーの「＋」をクリックして、中身を表示させ、「STREAM」フォルダーを指定してください。なお写真データは「DCIM」フォルダーにあります。ここでもデータが見つからない場合は同じように、その中身のフォルダーを指定してください。動画データと写真データは同時に取り込むことが可能です。

⑦指定したフォルダー名であることを確認して、「開始」をクリックします。

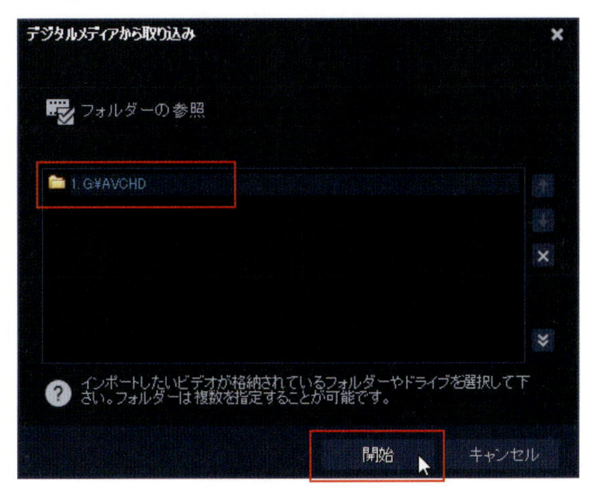

⑧次にまた別の「デジタルメディアから取り込み」ウィンドウ（→ P.47）が開くので、取り込みたいクリップの左上にあるチェックボックスをチェックします。

チェックしたクリップが読み込まれる

⑨右下にある「取り込み開始」をクリックします。

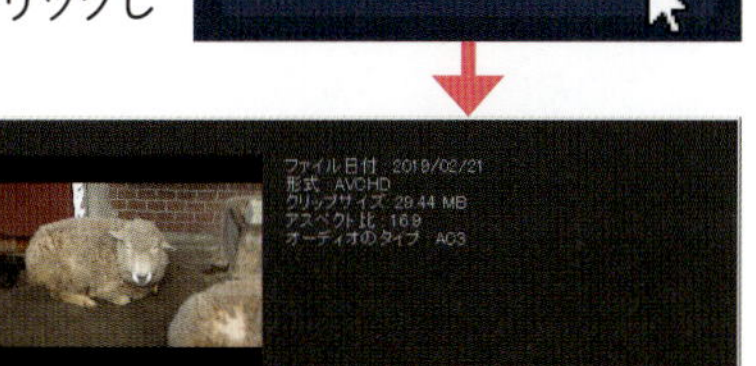

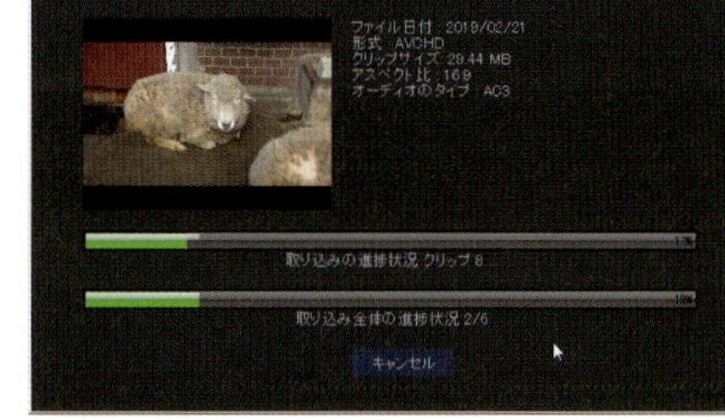

⑩次に「インポート設定」ウィンドウが開きます。ライブラリに先ほど作成したフォルダー名が表示されているかを確認し、「OK」をクリックします。

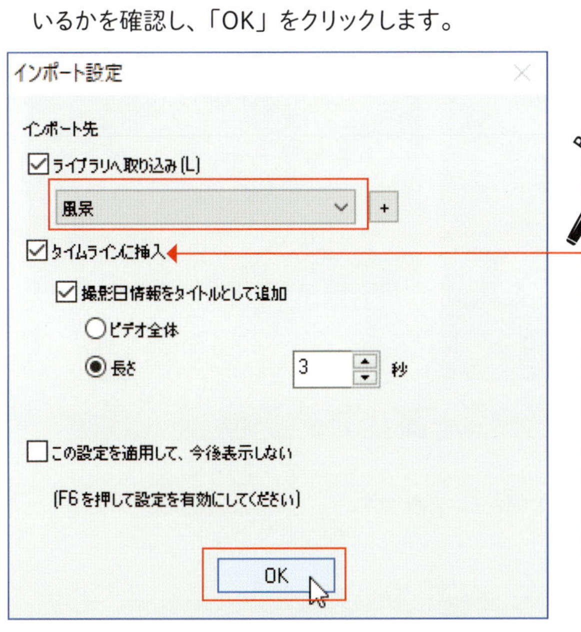

Reference インポート設定

「タイムラインに挿入」にチェックを入れると、ライブラリと同時に「タイムライン」（→ P.64）にも取り込まれます。その下の「撮影日情報をタイトルとして追加」もチェックしておくと、撮影日の日付が動画の右下にタイトルとして追加されます。

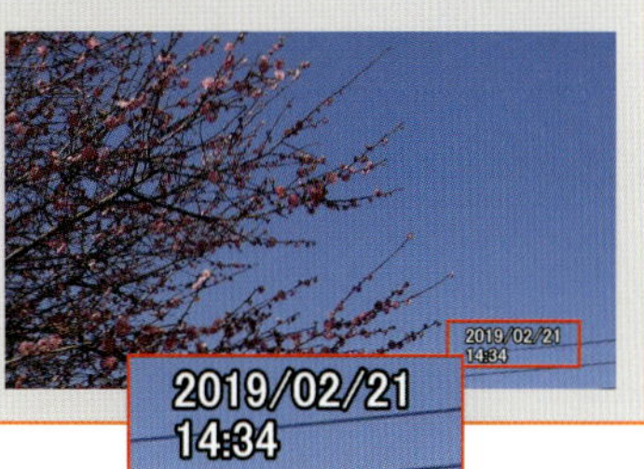

⑪チェックを入れた動画がライブラリに取り込まれました。

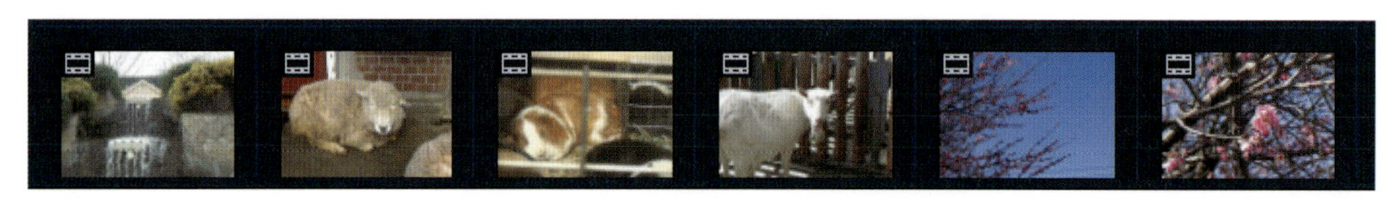

Reference

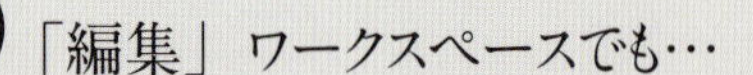

「編集」ワークスペースでも…

「取り込み」のコマンドは「編集」ワークスペースからも呼び出すことができます。

①ツールバーの「記録／取り込みオプション」をクリックします。

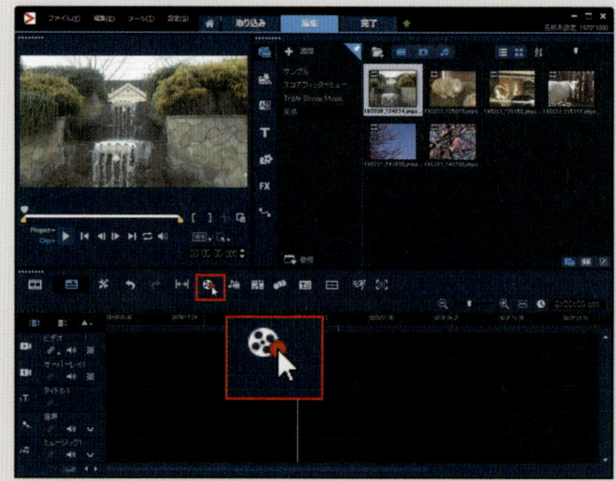

②開いたウィンドウから各アイコンをクリックして実行します。

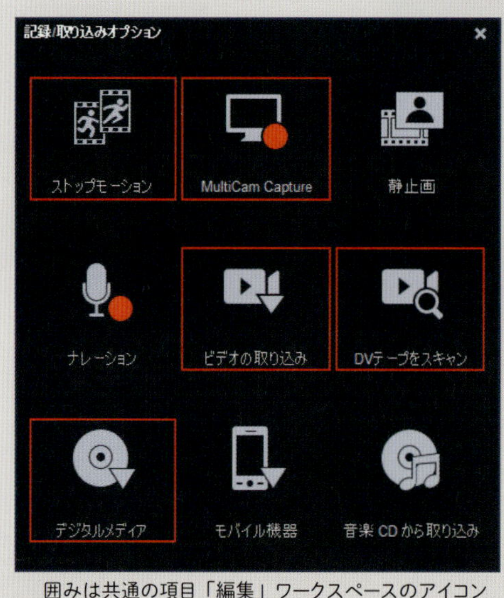

囲みは共通の項目「編集」ワークスペースのアイコン

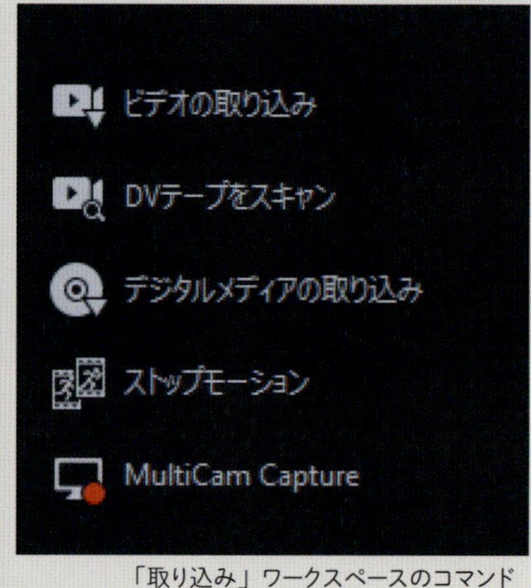

「取り込み」ワークスペースのコマンド

Point!

一眼レフカメラのデータを VideoStudio 2019 経由で取り込む場合も、同様です。

「デジタルメディアから取り込み」ウィンドウ

45ページの⑧で表示される「デジタルメディアから取り込み」ウィンドウでは、細かい設定や確認ができます。

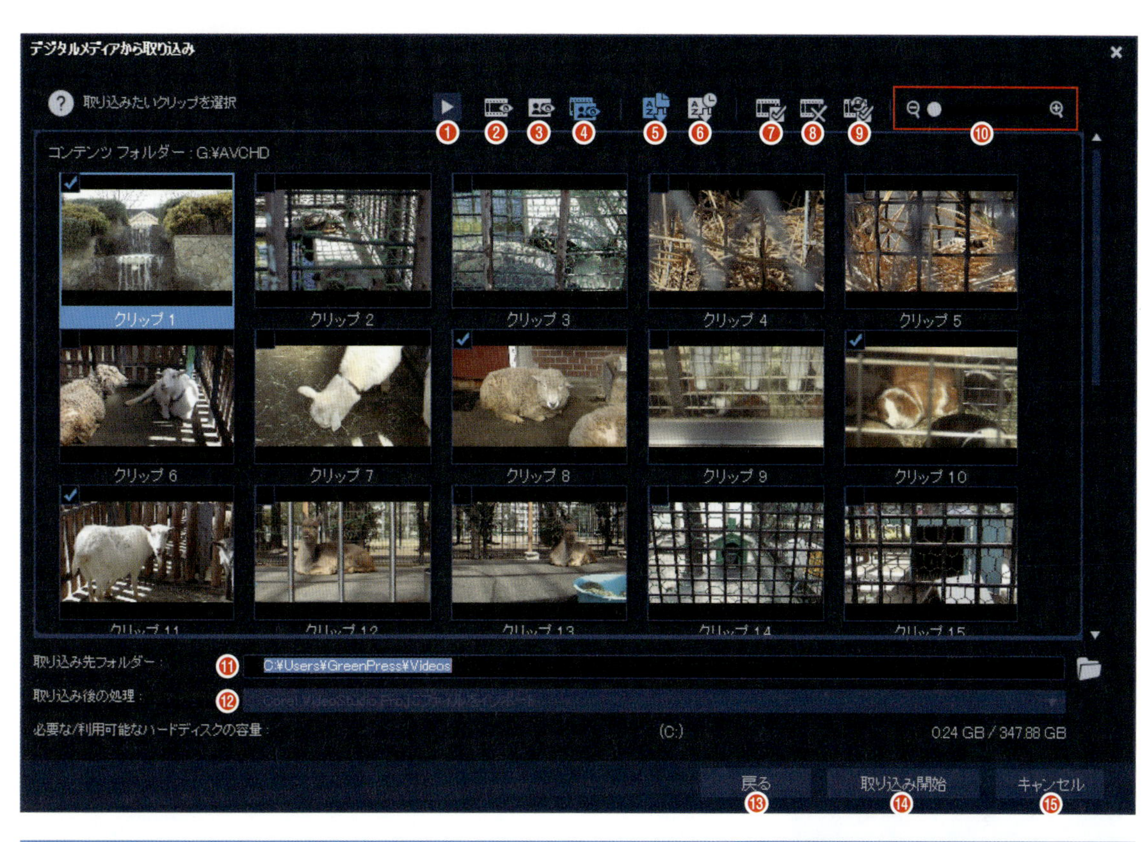

機能
❶ 選択した動画や写真を大きな画面で再生する。
❷ ビデオクリップのみ表示する。
❸ 写真クリップのみ表示する。
❹ すべてのクリップを表示する。
❺ フォルダー名で並び替える。
❻ 作成日時で並べ替える。
❼ すべてのクリップを選択する。
❽ すべての選択を解除する。
❾ 選択範囲を反転する。
❿ サムネイルのサイズを拡大／縮小する。
⓫ 取り込み先フォルダー（フォルダーアイコンで変更可能)。
⓬ Corel VideoStudio Pro にファイルをインポート（選択不可)。
⓭「デジタルメディアから取り込み」ウィンドウに戻る。(手順⑦)
⓮ 取り込みを開始する。クリップを選択したときのみ選択可能。
⓯ 取り込みをキャンセルする。

03 スマホの動画と写真をパソコンに取り込んでみよう

iPhoneやAndroidなどのスマートフォンから動画や写真を取り込みます。

iPhoneで撮ったビデオや写真を保存する

ここではWindowsに標準で搭載されている「フォト」を利用して読み込みます。

Point!
パソコンからiPhoneに動画などを転送する場合は、「iTunes」のインストールは必須です。(→ P.135)

①パソコンとiPhoneをLightningケーブルで接続します。

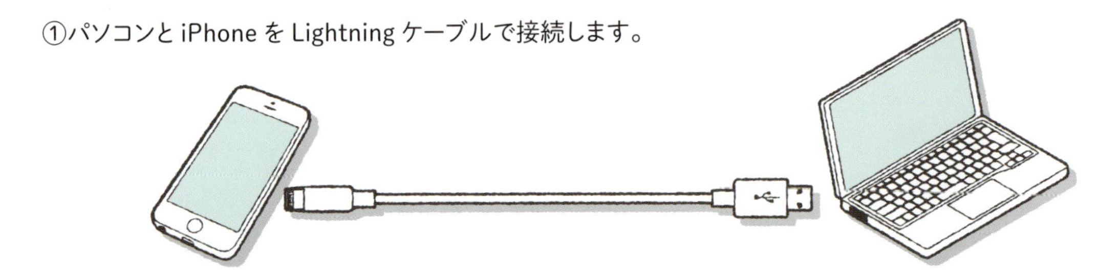

パソコンとiPhoneをはじめて接続したときは、iPhoneに図のようなメッセージが表示されます。「許可」をタップして、パソコンからiPhoneのデータにアクセスできるようにすれば、次回からは表示されません。

②スタートメニューから「フォト」を起動します。

③「インポート」から「USBデバイスから」をクリックして進みます。

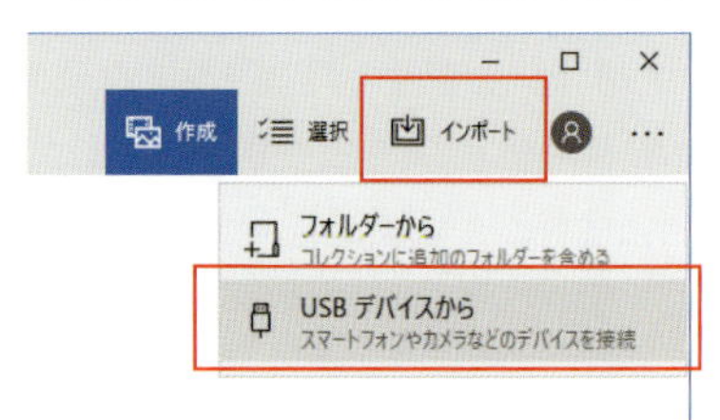

④パソコンに保存したいものを表示される画像から判断して、チェックを入れ、「選択した項目のインポート」をクリックします。

Point!
動画（.MOV 形式）も写真（.JPG 形式）も同時に読み込み可能です。

⑤インポートが完了するとメッセージが右下に表示されます。

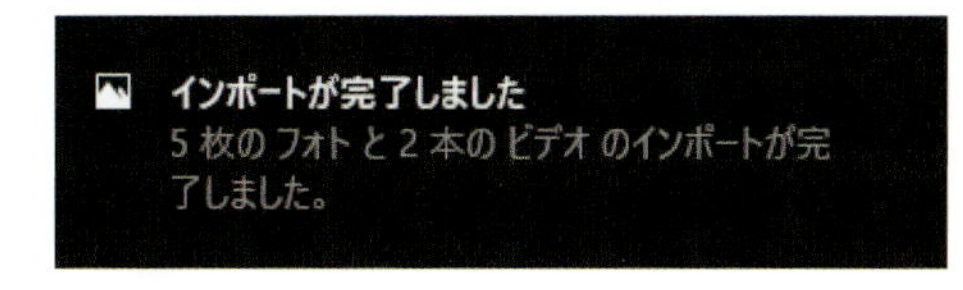

Reference

設定の変更

インポートした画像やビデオは通常「ピクチャー」フォルダーに月別で保存されます。設定を変更したいときは、図の「設定」をクリックします。

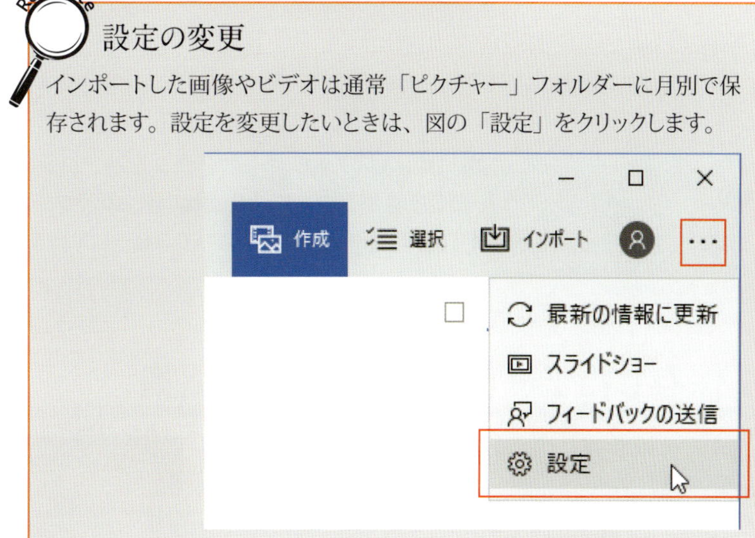

Androidで撮ったビデオや写真を保存する

iPhoneではWindowsのインポート機能を使って、データをパソコンに保存しました。ここではもうひとつの方法でパソコンにデータを保存します。現在主流のスマートフォンならどちらの方法でも利用することが可能です。

① Android とパソコンを対応しているケーブルで接続します。

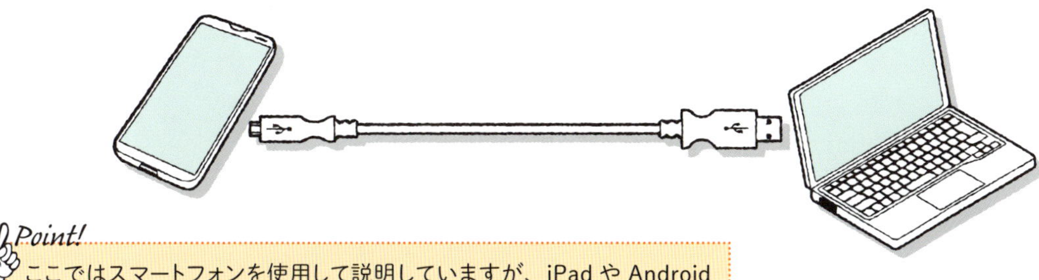

Point!
ここではスマートフォンを使用して説明していますが、iPad や Android のタブレット端末でも同様の操作で動画や写真を取り込めます。

② Android のアイコンをダブルクリックして開きます。表示されるアイコンを順に開いていきます。Android で撮影した写真や動画データは「DCIM」フォルダーの中にあります。

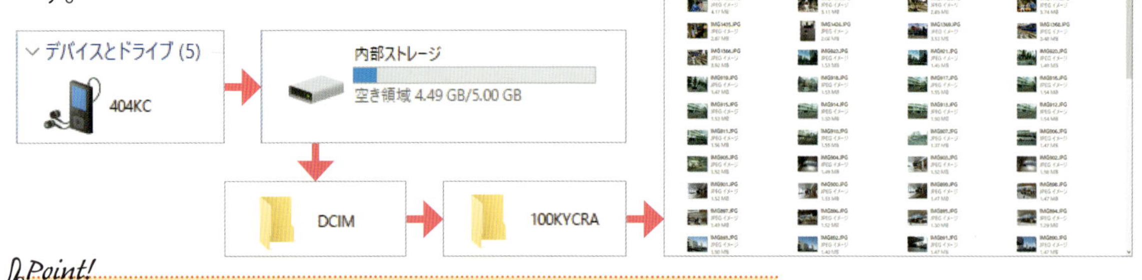

Point!
「DCIM」内は機種によって違いがありますが、データは必ずここにあります。

③「DCIM」フォルダーのデータをパソコンに保存します。ここではパソコンに「Android」というフォルダーをつくって、ドラッグアンドドロップでコピーしています。

保存したデータ（素材）で動画編集

パソコンに保存したiPhoneやAndroidで撮影した動画や写真はVideoStudio 2019のライブラリに読み込んで、通常の編集ができます。

スマホで撮った映像を
VideoStudio 2019で編集中

Point!
編集、完成した動画をスマホで見る方法 （→ P.134）

04 パソコンに保存されたメディアファイルをVideoStudio 2019に取り込む

素材をVideoStudio 2019に取り込みます。

この章ではビデオカメラやスマートフォンなどで撮影したビデオや写真をパソコンに取り込む方法を解説してきましたが、ここではそれらのデータをVideoStudio 2019に読み込む方法をまとめます。

「メディアファイルを取り込み」を利用する

① VideoStudio 2019を起動して「編集」ワークスペースに切り替えます。

②ライブラリにフォルダーを追加します。(→ P.28)

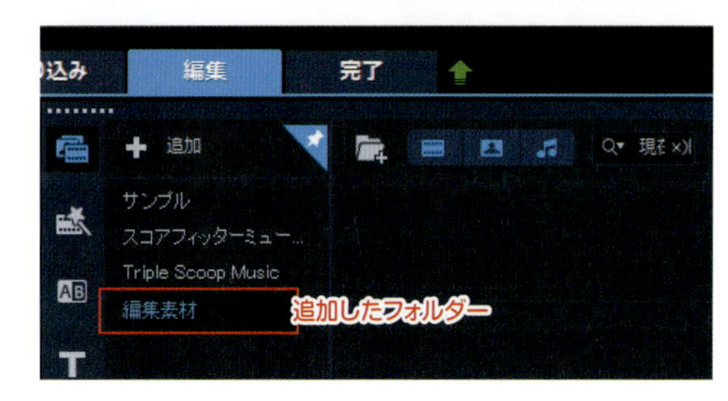

③「メディアファイルを取り込み」アイコンをクリックするか、図のようにライブラリの何もないところで右クリックし、「メディアファイルを挿入」をクリックします。

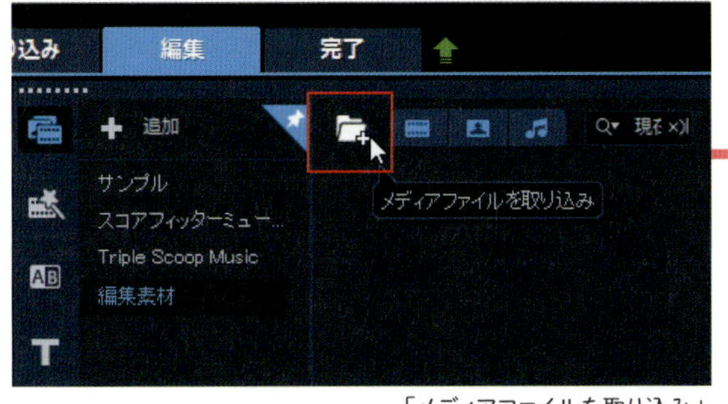

「メディアファイルを取り込み」

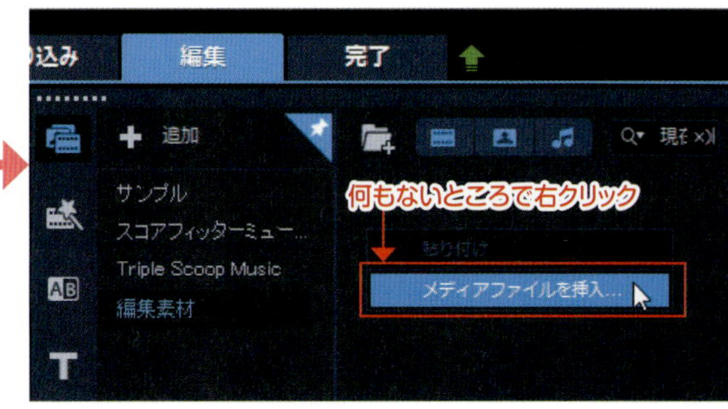

メディアファイルを挿入

④「メディアファイルを参照」というウィンドウが開くので、取り込みたいデータ（ファイル）を指定して「開く」をクリックします。

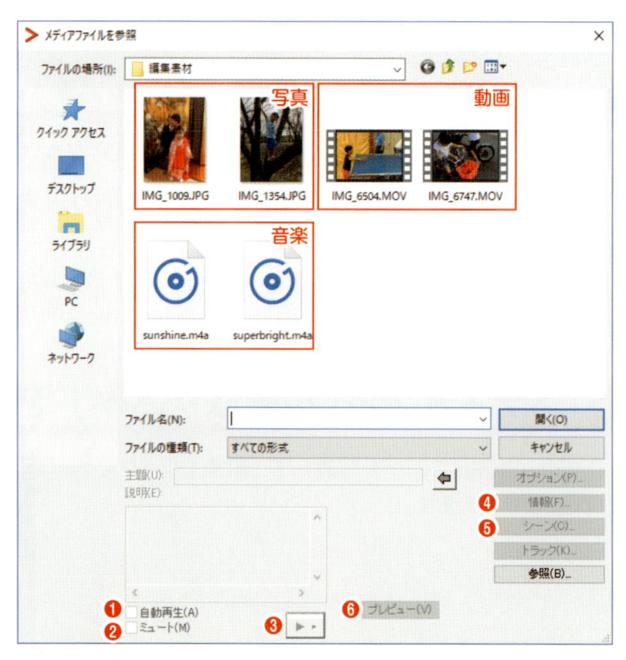

Point!

ファイルは動画、写真、音楽など、種類に関係なくVideoStudio 2019に対応したものならば、フォルダーに混在していても同時に取り込むことができます。

Point!

ファイルを選択するときにキーボードの「Shift」キーや「Ctrl」キーを押しながらクリックすると効率的です。

⑤指定したファイルがライブラリの「編集素材」フォルダーに取り込まれました。

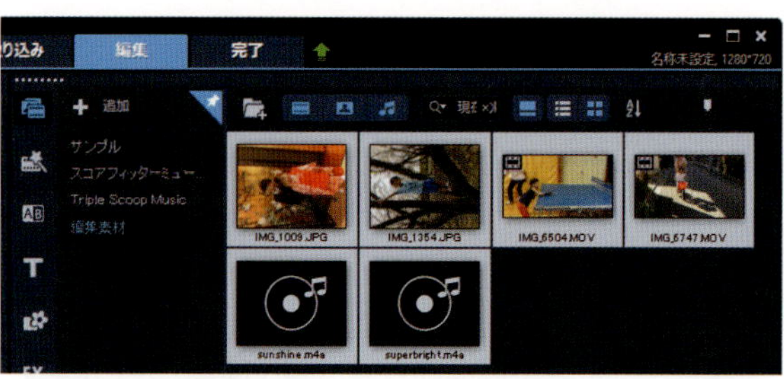

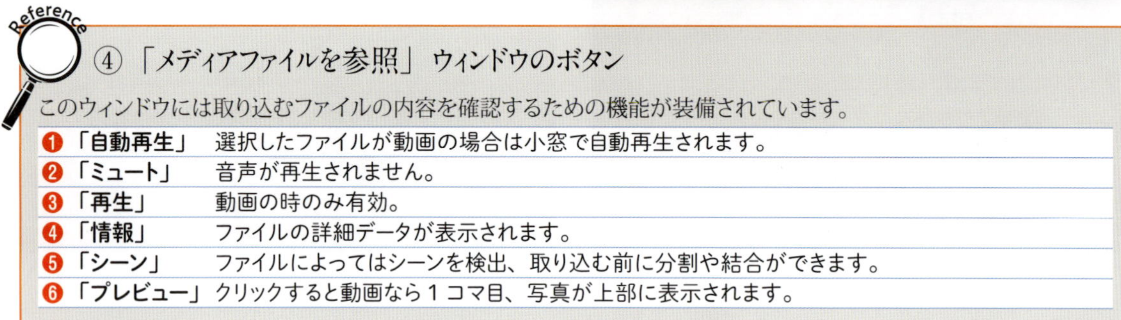

Reference

④「メディアファイルを参照」ウィンドウのボタン

このウィンドウには取り込むファイルの内容を確認するための機能が装備されています。

❶「自動再生」	選択したファイルが動画の場合は小窓で自動再生されます。
❷「ミュート」	音声が再生されません。
❸「再生」	動画の時のみ有効。
❹「情報」	ファイルの詳細データが表示されます。
❺「シーン」	ファイルによってはシーンを検出、取り込む前に分割や結合ができます。
❻「プレビュー」	クリックすると動画なら１コマ目、写真が上部に表示されます。

「デジタルメディアの取り込み」を利用してフォルダーごと一括で取り込む

「取り込み」ワークスペースにもある「デジタルメディアの取り込み」を「編集」ワークスペースで呼び出して使用します。

①ツールバーの「記録／取り込みオプション」をクリックします。

②「記録／取り込みオプション」ウィンドウが開くので「デジタルメディア」アイコンをクリックします。

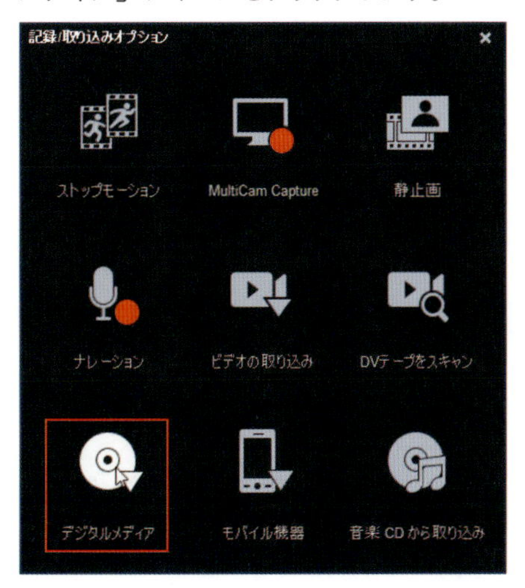

③「フォルダーの参照」ウィンドウが開くので、パソコン内の取り込みたいフォルダーを指定して「OK」をクリックします。

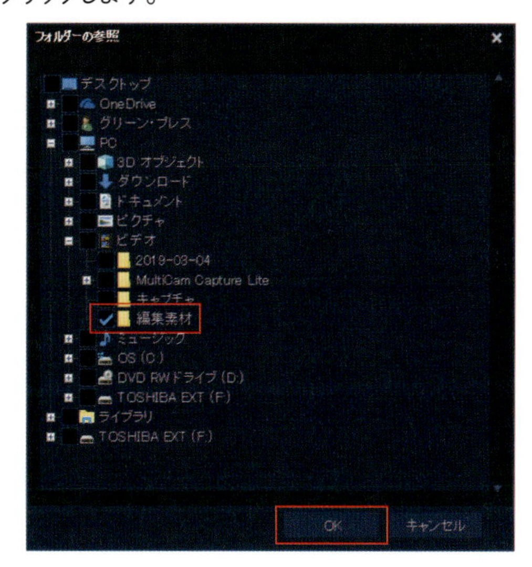

④「デジタルメディアから取り込み」ウィンドウが開くので、取り込みたいフォルダーであるかどうかを確認して「開始」をクリックします。

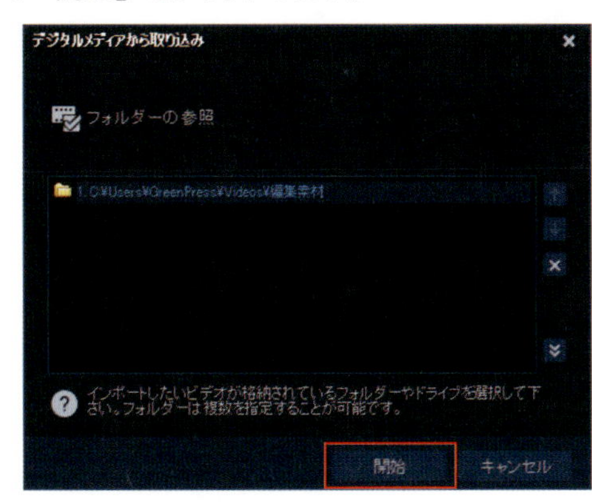

Reference

「フォルダーの参照」ウィンドウが開かない

以前に同様の操作をして、データを取り込んだことがある場合、③の「フォルダーの参照」ウィンドウが開かず、次の④の「デジタルメディアから取り込み」ウィンドウが開くことがあります。そのときは④の読み込もうとしているフォルダー名のところをダブルクリックするか、「フォルダーの参照」アイコンをクリックしてください。

⑤④とは別の「デジタルメディアから取り込み」ウィンドウが開くので、取り込みたいクリップにチェックを入れ、「取り込み開始」をクリックします。

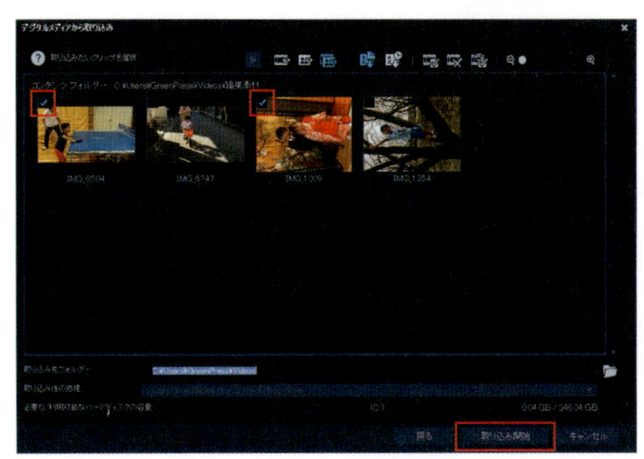

⑥インポート設定を確認して「OK」をクリックします。

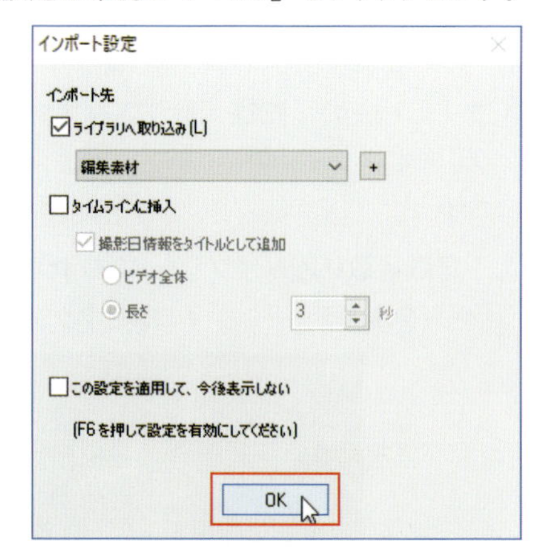

⑦ライブラリに取り込まれました。

Reference　オーディオデータは取り込まれない

この方法だとオーディオデータは同じフォルダーにあっても、読み込まれません。オーディオデータはこの項冒頭の「メディアファイルを取り込み」を利用して取り込みましょう。

ドラッグアンドドロップでライブラリに取り込む

VideoStudio 2019のライブラリにドラッグアンドドロップをして、取り込むことも可能です。

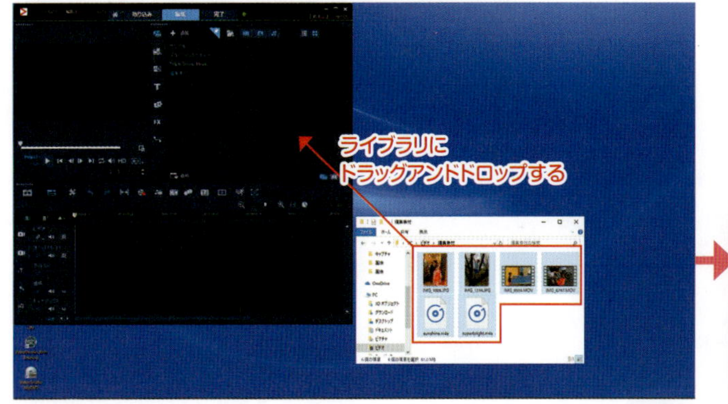

デスクトップ画面

ライブラリに取り込まれた

Chapter 3

編集を開始する

楽しい動画編集を始めましょう。
VideoStudio 2019の基本的な使い方を解説します。

01 ストーリーボードビューとタイムラインビュー

「編集」ワークスペースには2つのビューがあります。

VideoStudio 2019のメイン機能ともいえる「編集」ワークスペース。「ストーリーボードビュー」と「タイムラインビュー」を適宜切り替えて作業を進めます。

ストーリーボードビュー

ライブラリに取り込んだクリップを自由に並べます。再生される順番を入れ替えたり、クリップ間に新たな映像を加えたり、あるいはカットしたりといった操作が簡単にできるモードです。同じ作品でもクリップの順番を入れ替えるだけで、作品から受ける印象は大きく変わります。大雑把にストーリーを練り上げるのに最適なモードです。

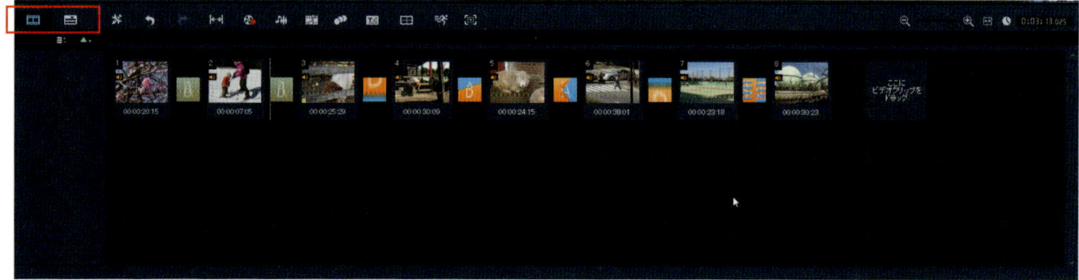

ストーリーボードビュー

タイムラインビュー

編集作業でメインとなる「編集」ワークスペースの中でも、いちばん使用するのがこの「タイムラインビュー」です。クリップを切ったりつなげたり、映像にフィルターという特殊効果をほどこしたり、動画の多彩な演出を可能にし、クリエイティブな環境を提供します。

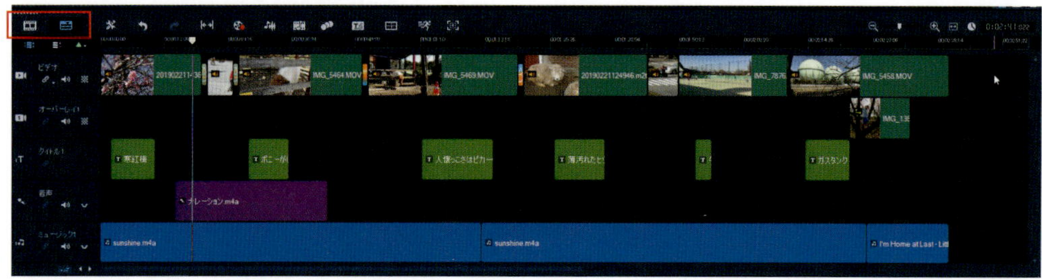

タイムラインビュー

Reference

ビューの切り替えボタン

ストーリーボードビューとタイムラインビューの切り替えは、図のボタンで簡単におこなえ、各ビューを行ったり来たりすることが可能です。

左がストーリーボードビュー、右がタイムラインビュー

02 「ストーリーボードビュー」でざっくりと編集する

クリップの再生順を入れ替えて、おおまかな全体の構成を組み立てます。

ストーリーボードビューに切り替える

①通常「編集」ワークスペースを開くと「タイムラインビュー」モードで表示されるので、「ストーリーボードビュー」モードに切り替えます。

Point!
ここではすでにライブラリのフォルダーにクリップを取り込み済みです。（→ P.51）

②「ストーリーボードビュー」ボタンをクリックします。

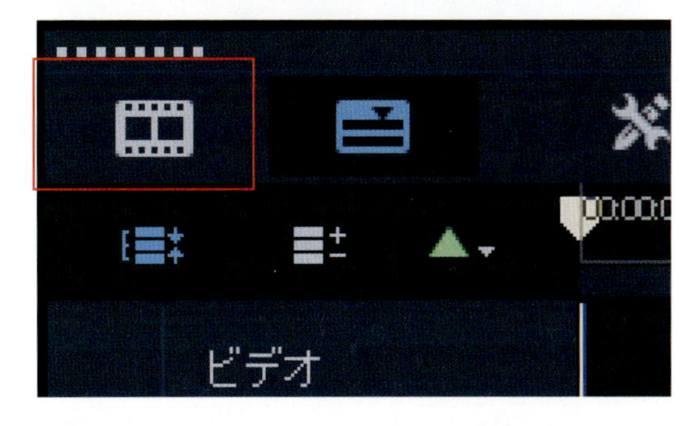

③ストーリーボードビューに切り替わりました。

必要なクリップを並べる

①「ここにビデオクリップをドラッグ」とあるところに、ライブラリからクリップをドラッグアンドドロップを繰り返して、並べていきます。

Point!
複数のクリップを選択したいときは、キーボードの「Ctrl」キーや「Shift」キーを同時に使用します。

②ここでは８つのクリップを並べています。

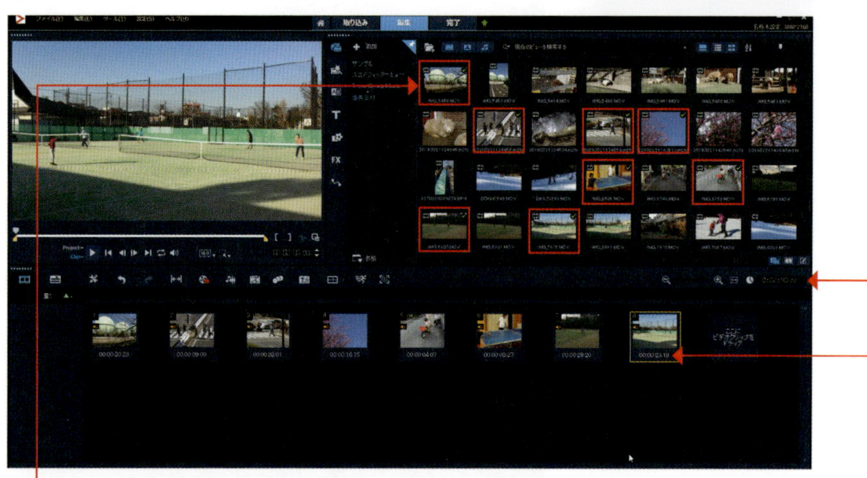

Reference ライブラリのクリップにチェックが入る

ストーリーボードやタイムラインにクリップを並べると、ライブラリにあるクリップのサムネイルにチェックが入ります。いまどのクリップを使っているかがすぐにわかります。

Point!
サムネイルとは縮小表示された見本画像のことをいいます。

Reference クリップやプロジェクトの長さ

配置したクリップを見てみると左上には「クリップの順番」を表す数字、下にはそのクリップの長さが時間で表示されています。また全体の長さはツールバー右端にある「プロジェクトの長さ」で確認できます。

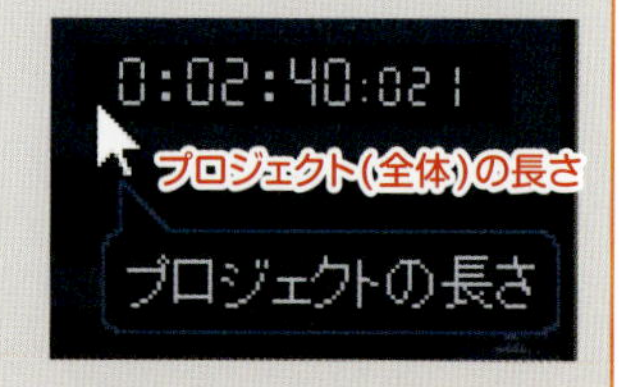

Point!
VideoStudio 2019 では実行中の編集作業のことを「プロジェクト」と呼びます。

Reference タイムコードの読み方

ツールバーにある「プロジェクトの長さ」やプレビューの下にあるタイムコードなど VideoStudio 2019 では至る所に時間の表示があります。この表示の数字は図のように左から「時間：分：秒：フレーム数」を表しています。通常の動画では 1 秒間に 30 コマの静止画を連続で表示して、動いているように見えます。このフレーム数は 29 コマから 30 コマになるときに秒が 1 加算されます。

10秒の25コマ目を表示している

不要なクリップを削除する

不要なクリップを削除する場合は、そのクリップを選択してキーボードの「Delete」キーを押すか、右クリックして表示されるメニューから「削除」を選択、クリックします。

Point!
タイムラインビューのクリップも同様の手順で削除できます。

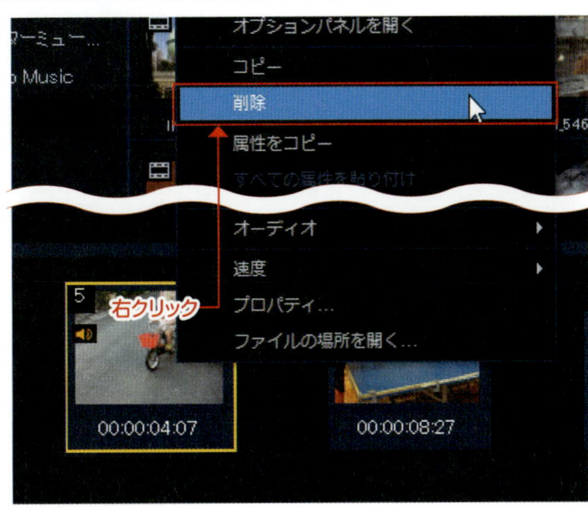

右クリックでメニューを表示

クリップの順番を入れ替える

クリップの順番を入れ替えたいときは、そのクリップを選択してドラッグし、白い縦線が表示されるのを確認して、ドロップします。これで再生される順番が入れ替わります。

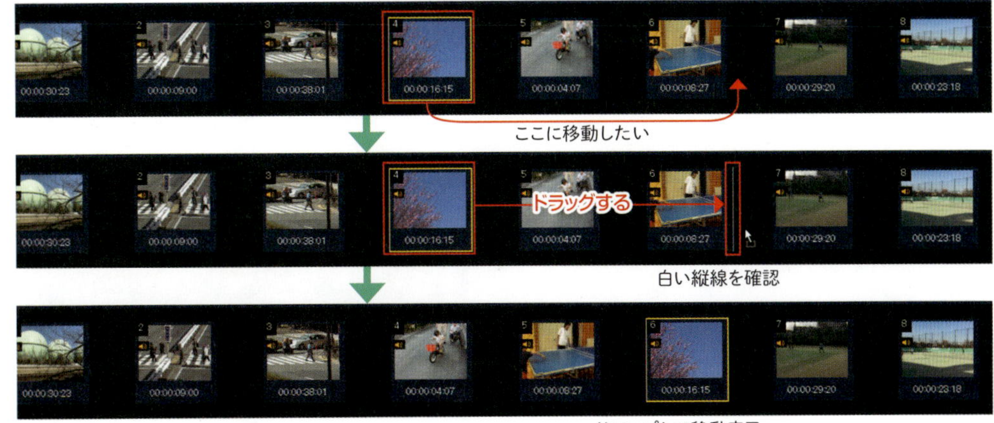

ドロップして移動完了

既存のクリップを別のクリップと差し替える

配置されているクリップを、ライブラリパネルにある別のクリップと差し替える方法です。

①既存のクリップの上にライブラリから別のクリップを、ドラッグします。

②ドロップする前にキーボードの「Ctrl」キーを押して、表示が「クリップを置き換え」に変わるのを確認してドロップします。

「クリップを置き換え」に変わる

③既存のクリップと別のクリップが入れ替わりました。このとき置き換えたクリップの長さは、既存のクリップと同じ長さに自動調整されます。

Point!

単なるドラッグアンドドロップだと既存のクリップのあとに挿入されます。

Reference

別のクリップが既存のクリップより短いと…

置き換えることはできません。その場合は通常の操作で新しいクリップを追加し、不要なクリップを削除しましょう。

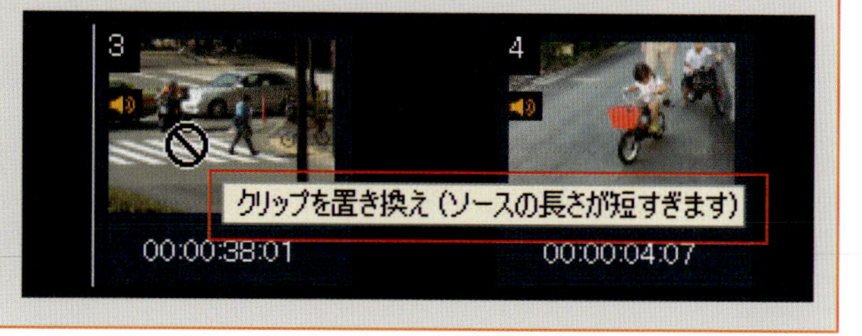

ストーリーボードビューでトランジションを設定する

トランジションは、クリップとクリップの間に挿入してスムーズな場面転換を演出する効果です。時間経過などを表す時などによく用いられます。

クロスフェードを用いる

ここでは「クロスフェード」を使用しています。前の画面が徐々に透明になっていき、逆に次の画面の絵がどんどん濃くなっていき、場面転換を図ります。

①ライブラリパネルをツールバーのトランジションをクリックして切り替えます。

②切り替わったらプルダウンメニューを表示して、「F/X」を選択します。

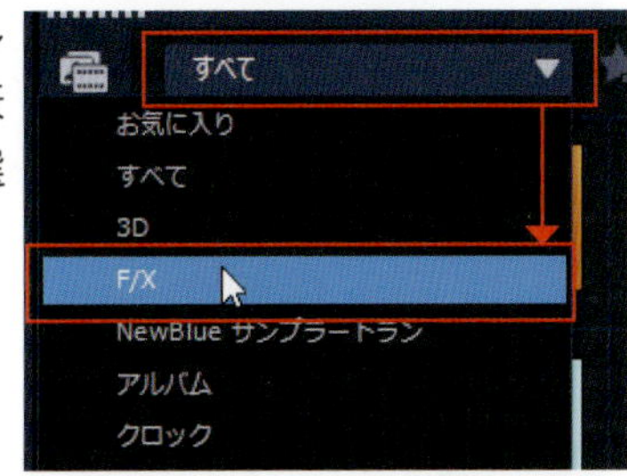

③「クロスフェード」を選択して、挿入したいクリップとクリップの間にある□にドラッグアンドドロップします。

④トランジションが適用されました。

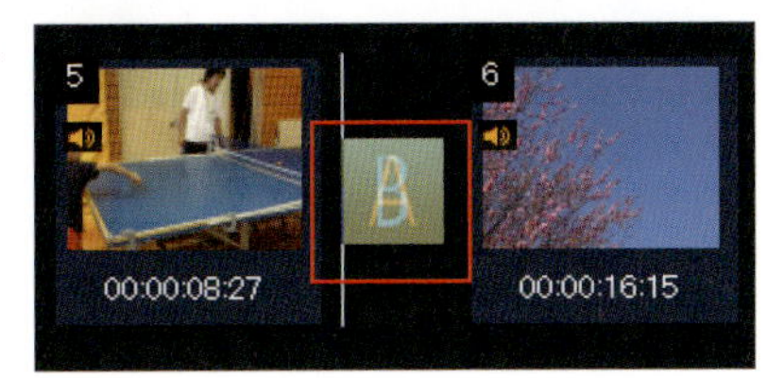

⑤プレビューで再生して確認します。

Point!
適用した結果を確認するときは「Project（プロジェクト）」モードで再生します。

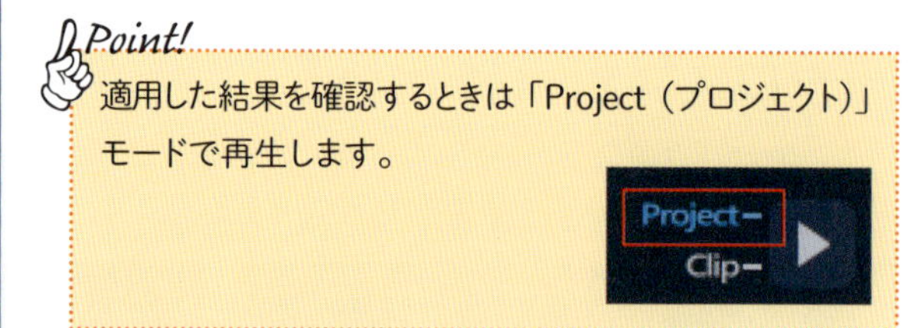

トランジションをカスタマイズする

トランジションの中には、その効果の設定を変更（カスタマイズ）できるものがあります。

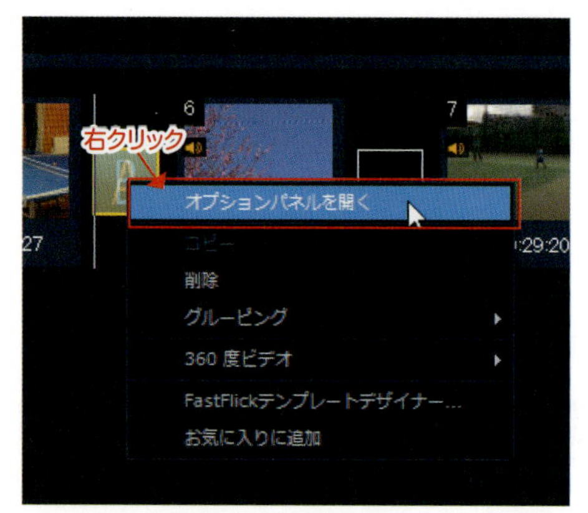

①挿入したトランジションを選択して、右クリックし、「オプションパネルを開く」を選択、クリックします。

②ライブラリパネルにオプションパネルが表示されます。

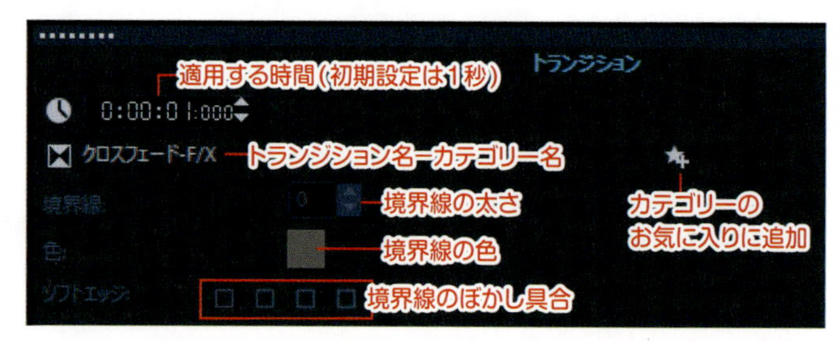

Point!
カスタマイズできる項目は、トランジション毎に異なります。「クロスフェード」の場合は適用時間のみ変更できます。

Reference

ライブラリのアニメーションを無効にする

ライブラリパネルに表示されるトランジションは、効果がわかりやすいようにアニメーションの動作をくりかえし表示しています。この動きを止めて表示することができます。「メニューバー」にある「設定」から「環境設定」→「全般」タブとクリックをしていき、「ライブラリのアニメーションを有効にする」のチェックをはずします。「環境設定」にはそのほかにもいろいろな設定を変えることができるので、何もなくても開いてみることをおすすめします。なおキーボードの「F6」を押すと、すぐに開くことができます。

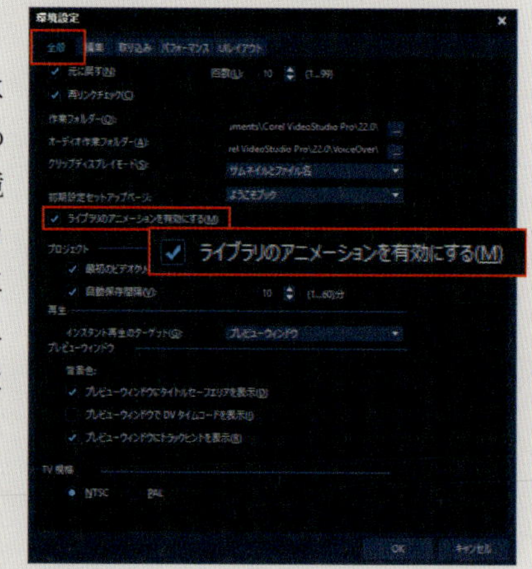

トランジションを削除する

トランジションを削除する方法です。

カスタマイズのときと同じように、削除したいトランジションを選択して、右クリックし、削除を選択するか、キーボードの「Delete」キーを押します。

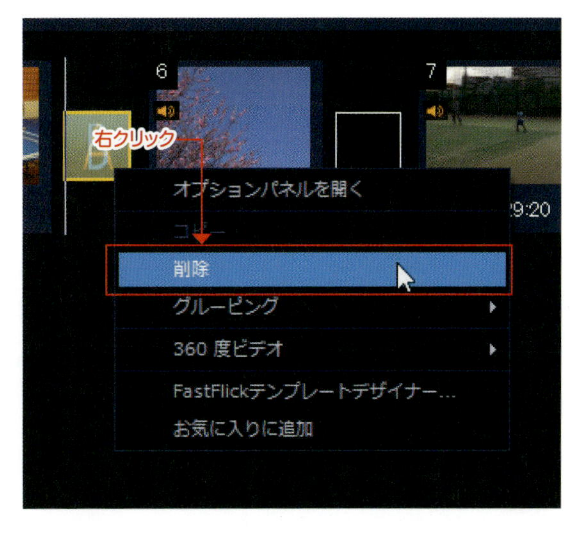

トランジションを入れ替える

設定したトランジションを変更したい場合は、適用したい新しいトランジションを元あるトランジションのところへドラッグアンドドロップします。

Reference

複数のトランジションをワンクリックで適用する

カテゴリーメニューの横にあるアイコンをクリックすると、クリップ間に自動でランダムに複数のトランジションを適用することができます。

すべて

03 「タイムラインビュー」で本格的に編集する

タイムラインビューでの編集を開始する前に、VideoStudio 2019の画面の操作ボタンの機能を解説します。

タイムラインビューのツールバーのアイコン

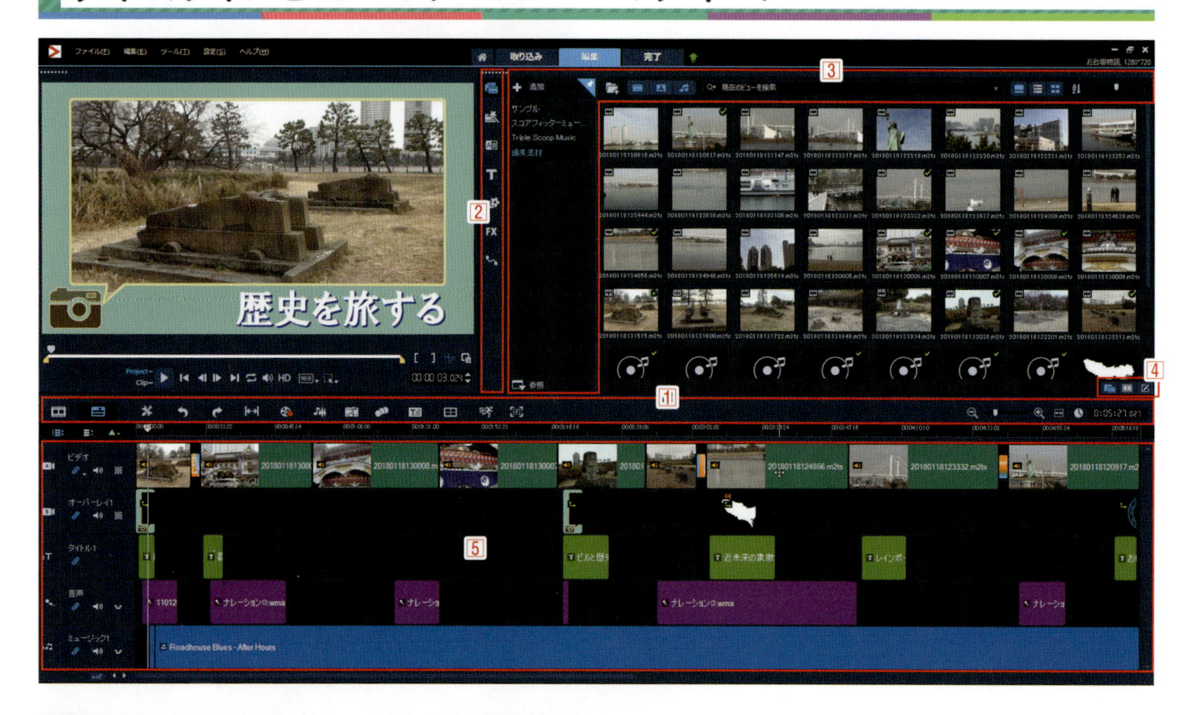

1タイムラインの上部に位置するアイコン

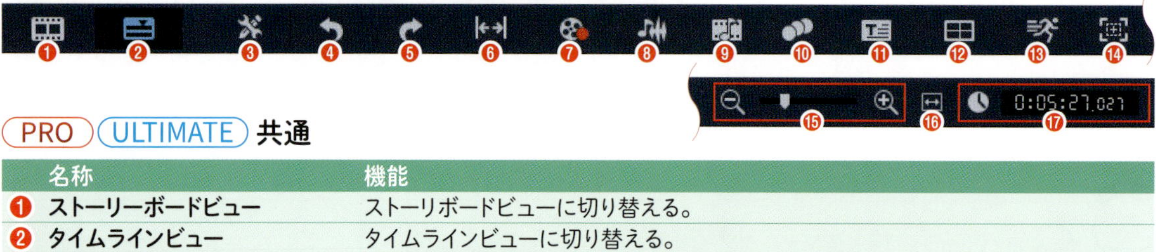

PRO ULTIMATE 共通

	名称	機能
❶	ストーリーボードビュー	ストーリボードビューに切り替える。
❷	タイムラインビュー	タイムラインビューに切り替える。
❸	ツールバーをカスタマイズする	ツールバーのアイコンの表示 / 非表示を切り替える。
❹	元に戻す	一つ前の手順に戻す。
❺	やり直し	元に戻した手順をやり直す。
❻	スリップ	トリミングしたクリップのフレームインとフレームアウトをタイムライン上で微調整できる。
❼	記録／取り込みオプション	いろいろなメディアの取り込みができる。
❽	サウンド ミキサー	サウンドの設定を調整する。

❾	オートミュージック	ビデオの長さに合わせた BGM を設定する。
❿	モーショントラッキング	モーショントラッキングの設定をする。
⓫	字幕エディター	字幕を編集する。
⓬	マルチカメラ エディタ	複数台のカメラで撮影した映像を切り替えながら編集する。
⓭	タイムリマップ	再生速度をスローにしたり高速にしたり、画像を切り出したりできる。
⓮	パン / ズーム	映像のパンとズームを設定する。
⓯	ズームイン / ズームアウト	タイムラインの表示を拡大 / 縮小できる。
⓰	プロジェクトに合わせる	プロジェクト全体をすべて表示する。
⓱	タイムコード	プロジェクト全体の時間を表示する。

ULTIMATE 限定

Point!
この他のアイコンは PRO と共通です。

	名称	機能
❶	マスククリエーター	マスク合成ができる。テキストマスクツール new が追加された。
❷	3D タイトルエディター	立体文字のタイトルを設定できる。
❸	分割画面テンプレートクリエーター	分割画面の詳細な設定ができる。テンプレートも製作可能。

2 ライブラリパネル横の縦に並んだアイコン

	名称	機能
❶	メディア	ライブラリにあるメディアを呼び出す。
❷	インスタントプロジェクト	クリップを入れ替えるだけで本格的な動画を作れる。「分割画面テンプレート」を収納している。
❸	トランジション	トランジション（場面転換）のエフェクトを設定する。
❹	タイトル	タイトルを設定する。
❺	カラー／装飾	カラーパターンやアニメーションを呼び出せる。
❻	フィルター	特殊効果を設定する。
❼	パス	パスに沿ったクリップの動きを設定できる。

3 ライブラリパネルのアイコン

現在のビューを検索

	名称	機能
＋ 追加	新規フォルダーを追加	ライブラリに新規フォルダーを追加する。
参照	エクスプローラーでファイルを参照	エクスプローラーでファイルの場所を探すことができる。
❶	メディアファイルを取り込み	ライブラリにメディアファイルを取り込める。
❷	ビデオを表示	ライブラリのビデオファイルの表示 / 非表示を切り替える。
❸	写真を表示	ライブラリの写真ファイルの表示 / 非表示を切り替える。
❹	オーディオファイルを表示	ライブラリのオーディオファイルの表示 / 非表示を切り替える。
❺	現在のビューを検索	文字を入力してライブラリパネルを検索できる。
❻	タイトルを隠す	ライブラリにあるファイルの名前の表示 / 非表示を切り替える。
❼	リスト表示	ライブラリにあるファイルをリスト表示にする。
❽	サムネイル表示	ライブラリにあるファイルをサムネイル表示にする。
❾	ライブラリのクリップを並び替え	ライブラリにあるクリップをいろいろな条件で並び替える。
❿	拡大 / 縮小	ライブラリにあるクリップのサムネイルを拡大 / 縮小ができる。

4 ライブラリパネルとオプションパネル

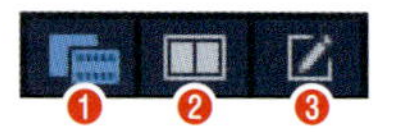

❶	ライブラリパネルを表示
❷	ライブラリパネルとオプションパネルを同時に表示
❸	オプションパネルを表示

5 タイムラインパネルの名称と役割

タイムラインビューでもっとも特徴的なのが、タイムラインパネルです。細かく見ていきましょう。

名称	機能
❶ すべての可視トラックを表示	プロジェクト内のすべてのトラックを表示する。
❷ トラックマネージャー	タイムラインにあるトラックを追加したり削除したりできる。
❸ チャプター／キューメニュー	動画にチャプターポイントまたはキューポイントを設定できる。
❹ スライダー	タイムラインを左右に移動して、編集位置にすばやくたどり着ける。
❺ タイムラインルーラー	プロジェクトのタイムコードの増えた分を「時:分:秒:フレーム数」で表示する。
❻ 選択した範囲	「Project」モードで設定したトリム部分や選択範囲を表すカラーバー
❼ トラックの表示 / 非表示	個々のトラックを表示または非表示にする。
❽ リップル編集の有効 / 無効	トラックの状態を維持しながら作業ができる「リップル編集」の有効 / 無効を切り替える。(→ P.74)
❾ ミュート / ミュート解除	クリップの音声などのサウンドをミュート（無音化）
❿ 透明トラック	トラックの透明度を調整する「透明トラック」に切り替える。(→ P.88)
⓫ タイムラインを自動的にスクロール	ON にすると現在のビューより長いクリップをプレビューするときに、タイムラインに沿ってスクロールを表示する。
⓬ スクロールコントロール	左右のボタンまたはスクロールバーをドラッグして、プロジェクト内を移動できる。
⓭ ビデオトラック	ビデオ、写真、グラフィックおよびトランジションなどを配置できる。
⓮ オーバーレイトラック	ビデオトラックの上にビデオ、写真、グラフィックなどを配置できる。タイトルも配置できる。
⓯ タイトルトラック	タイトルクリップを配置する。
⓰ ボイストラック	音声ファイルなどを配置する。オーディオクリップも配置できる。
⓱ ミュージックトラック	オーディオクリップなどを配置する。音声ファイルも配置できる。

プロジェクトをタイムラインに合わせる

編集中のプロジェクトで扱う動画が長くて、タイムラインパネルに収まり切れず、全体を把握するのが困難な時に使用すると便利な機能です。

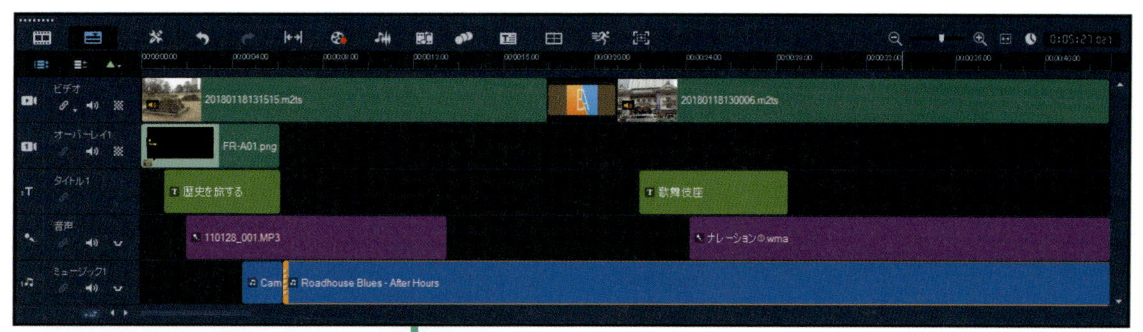

プロジェクト全体を見たい

「プロジェクトをタイムラインに合わせる」をクリックします。

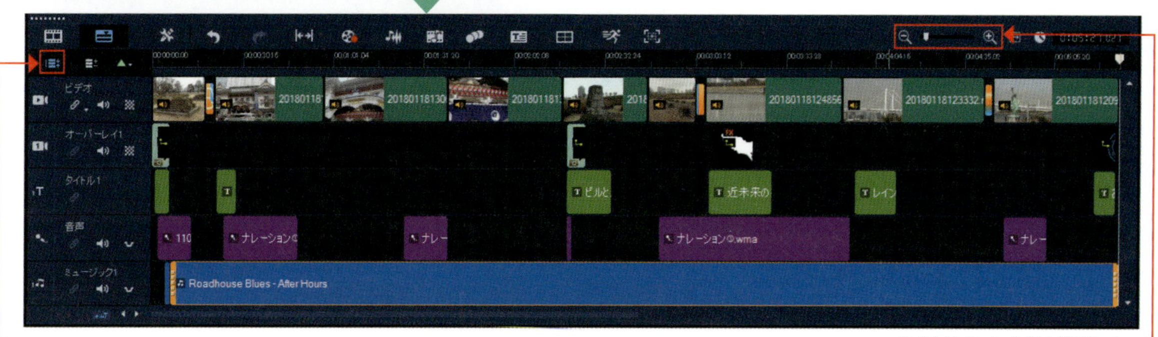

タイムラインに全体が収まった

Reference

ズームスライダーで調節する

「プロジェクトをタイムラインに合わせる」の左にあるボタンも、同じ機能を持っています。
虫メガネの「+」を押せば1段階大きくなり、「−」をクリックすれば1段階小さくなります。また間にある「ズームスライダー」を動かせば、自由自在に縮小／拡大をすることができます。

Point!

トラックの縦方向の見え方を調整したい場合は「すべての可視トラックを表示」を利用します。

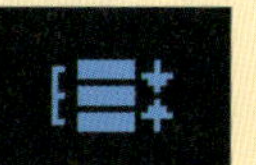

またトラックの先頭を右クリックしてトラックごとに高さを変更することも可能です。

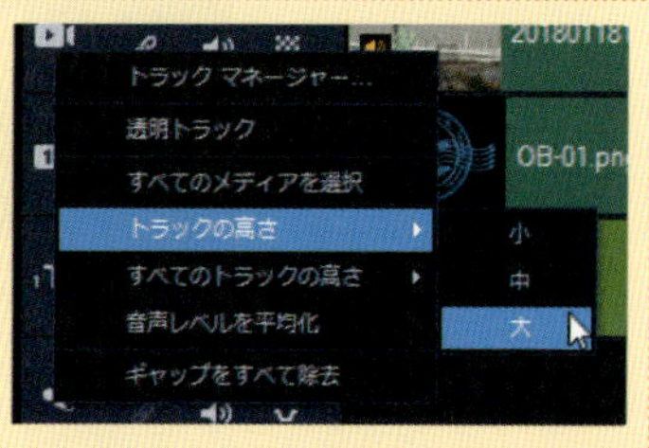

04 「トラック」の仕組みを理解しよう

タイムラインビューのメインストリームがトラックです。

トラックってなんだろう?

トラックには「ビデオトラック」「オーバーレイトラック」「タイトルトラック」「ボイストラック」「ミュージックトラック」の5種類があります。

陸上競技場の走路をトラックと呼びますが、ビデオを編集する際タイムライン上をビデオやオーディオが並んで走るところは全く同じです。

トラックの表示/非表示

各トラックの左端の部分をクリックすることで、表示/非表示を切り替えます。

非表示にすると、そのトラックはプレビューに表示されません。ファイルとして書き出した場合も、そのトラックのビデオや音声はなかったものとして扱われ、反映されません。

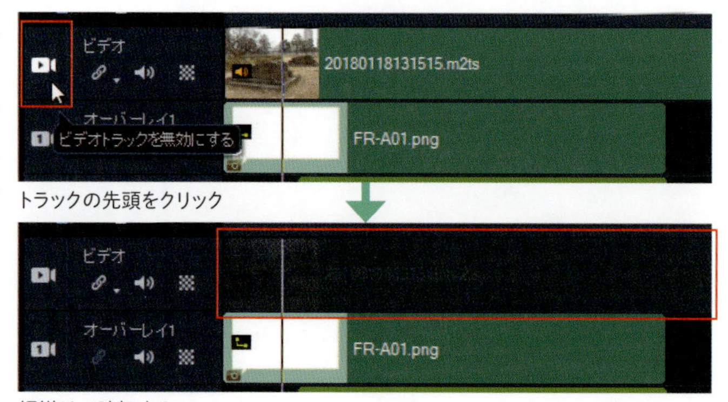

トラックの先頭をクリック

網掛けで暗転する

トラックの追加/削除

トラックは必要に応じて、増やしたり、減らしたりできます。方法は二つあります。

図の「トラックマネージャー」をクリックしてウィンドウを表示し、プルダウンメニューから増減の数を指定して「OK」をクリックします。

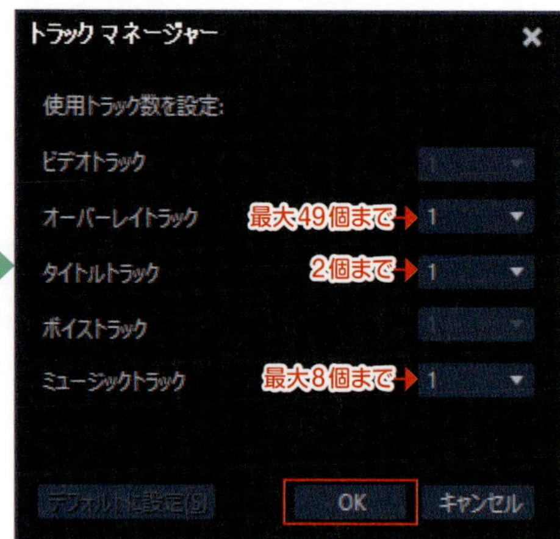

もう一つはトラックの先頭で右クリックし、表示されるメニューから「トラックを上に挿入」または「トラックを下に挿入」を選択して追加する方法です。増やしたトラックを削除したい場合は「トラックを削除」を選択、クリックします。

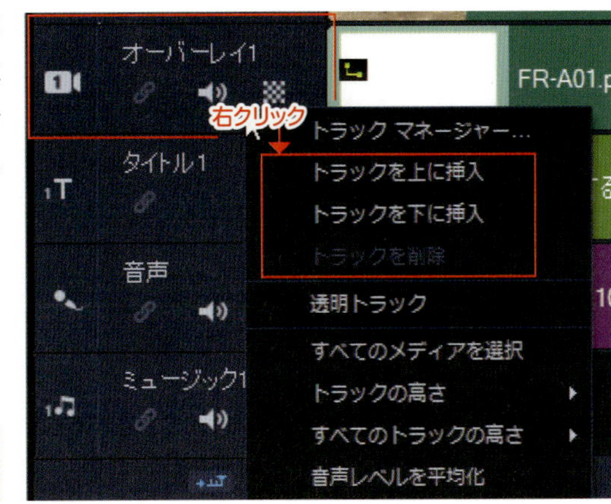

Point!

「ビデオトラック」と「ボイストラック」は増減できません。

トラックにクリップを配置する

これがVideoStudio 2019で編集作業を進めるための第一歩です。トラックにクリップを配置します。

①ライブラリからトラックに、クリップをドラッグアンドドロップして配置します。

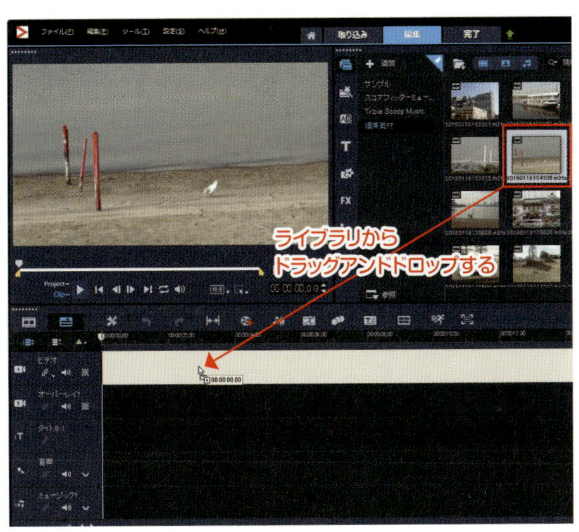

②配置されました。

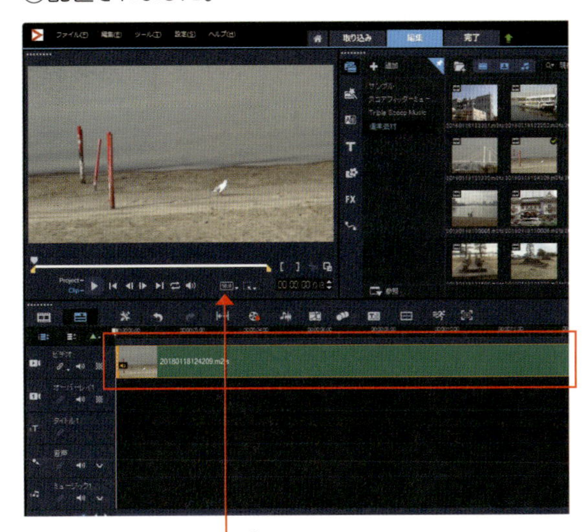

Reference

メッセージが出た

クリップを配置しようとすると、図のようなメッセージが出ることがあります。これはスマートレンダリング（動画の編集による画質の劣化を抑える機能）を実行するために、配置しようとしているビデオクリップのプロパティ（属性）にVideoStudio 2019の設定を合わせて変更してよいかどうかの確認です。特に問題がなければ、「はい」を選択します。

Corel VideoStudio

VideoStudioがスマートレンダリングを実行できるようにビデオのプロパティに合わせてプロジェクト設定を変更しますか?

□次回はこのメッセージを表示しない。(D)

はい(Y)　いいえ(N)　詳細(T) >>

Point!

プレビューの表示を調整したい場合は、プレビューウィンドウ下の図のアイコンを操作します。

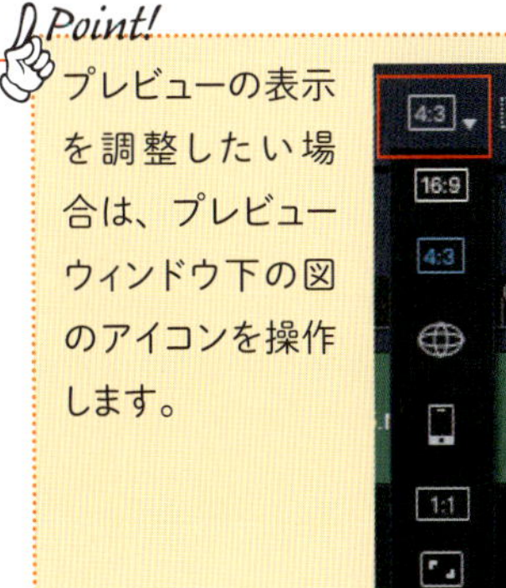

トラック上で右クリック

何もないトラック上で右クリックしてから、各クリップを選択する方法もあります。

①トラックのクリップが配置されていないところで、右クリックし、挿入したいクリップに合致した項目を選択します。ここでは「オーディオを挿入」を選択しています。

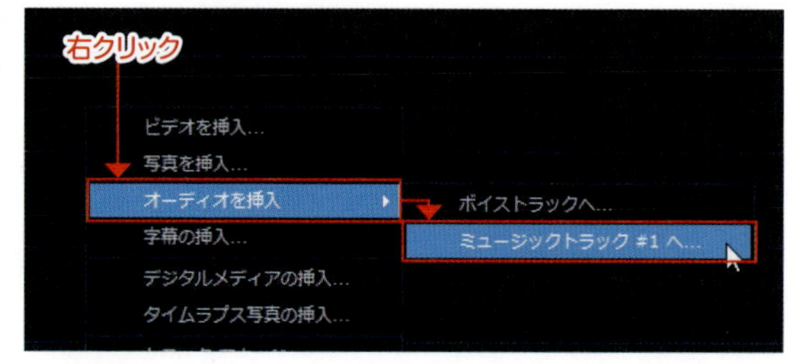

②エクスプローラーの「オーディオファイルを開く」ウィンドウが開くので、挿入したいファイルを選択して「開く」をクリックします。

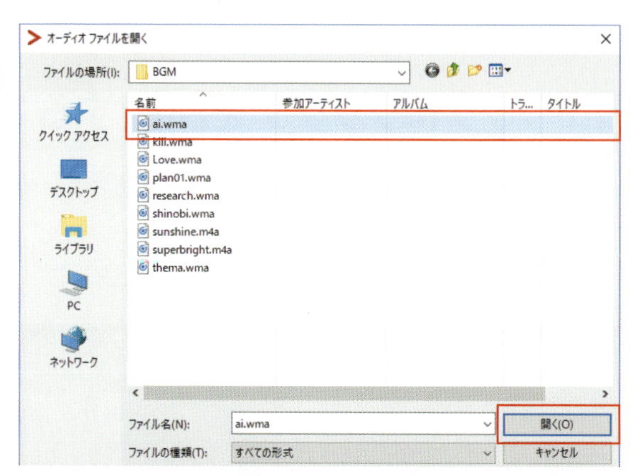

③ミュージックトラックに配置されました。

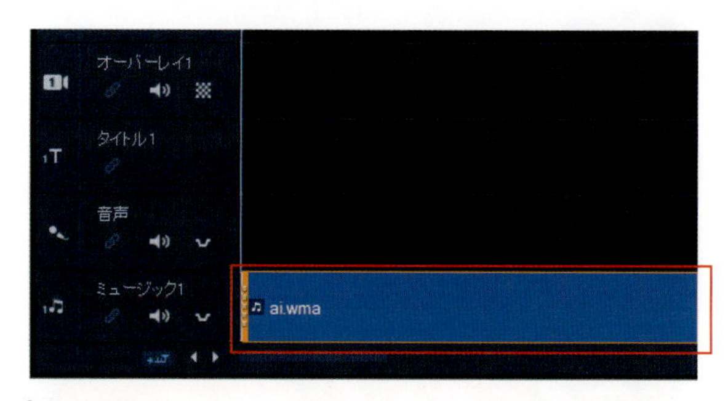

Point!
この方法だとライブラリにないファイルをピンポイントで呼び出して、トラックに配置することが可能です。

Point!
配置したクリップを削除するにはクリップを選択してキーボードの「Delete」を押します。(→ P.59)

オーバーレイトラックを使って「ワイプ」を再現する

オーバーレイトラックはメインストリームであるビデオトラックの上に別のビデオや写真を重ねて表示することができるトラックでデジタルビデオ編集の特長的な機能の一つです。

オーバーレイトラックの仕組みのイメージ

ビデオトラックの上にビデオや写真を重ねて表示することができます。オーバーレイトラックの画像の背景をクロマキーで透明にすればSF っぽい面白い演出も可能です。

Reference

ビデオトラックとオーバーレイのイメージ

テレビ番組でよく見る演出で、ビデオを見ている出演者の顔を画面の隅に表示するワイプというのがありますが、オーバーレイトラックを使用すれば簡単に再現することができます。

①ビデオトラックにベースとなるクリップ（親画面）、オーバーレイトラックに小窓として表示するクリップ（子画面）をそれぞれ配置します。

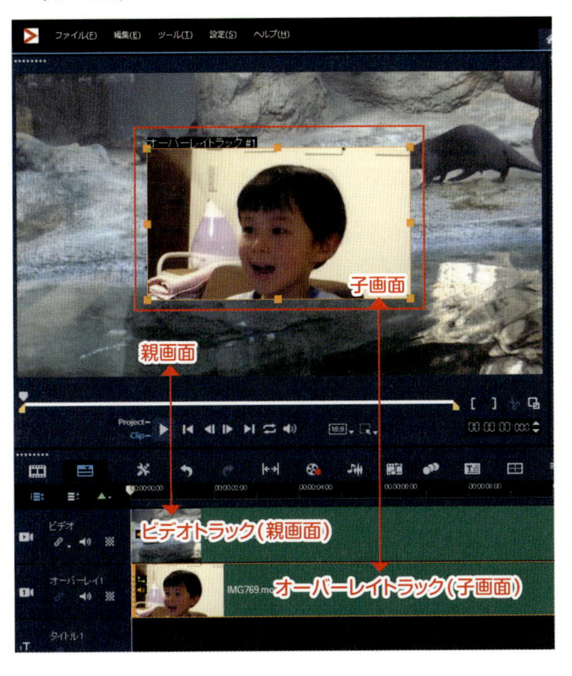

②子画面の大きさと位置を調整します。操作はプレビュー画面内で行います。■は拡大・縮小ができ、■は各頂点を個別に変形することができます。また移動は画像の中心をドラッグします。

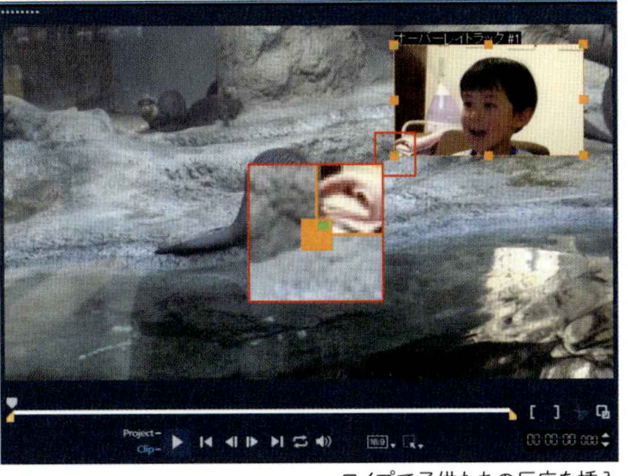

ワイプで子供たちの反応を挿入

プレビュー下の各モードで微調整ができます。

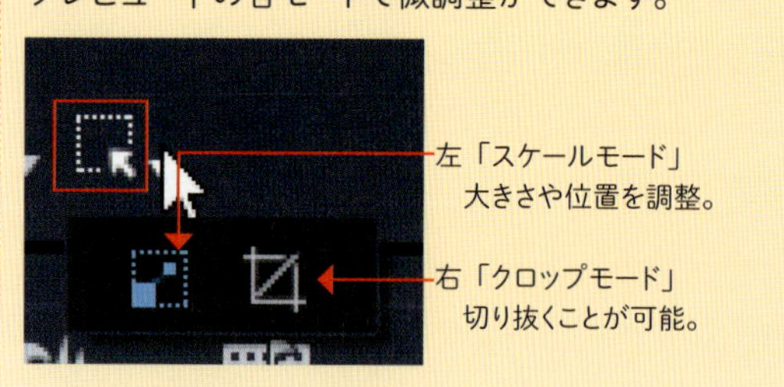

③ここでは子画面の動画の輪郭を四角で囲むマスクをかけています。オーバーレイのクリップをダブルクリックします。

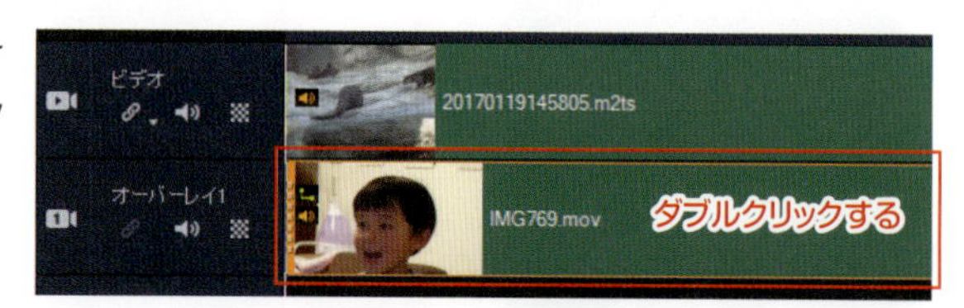

④ライブラリパネルに「編集」パネルが表示されるので、「タブ」で「効果」に切り替えて「マスク&クロマキー」をクリックします。

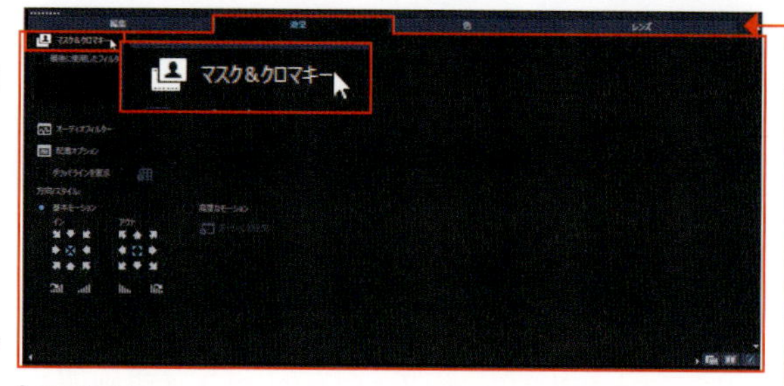

オプションパネル「効果」タブ

Point!
オプションパネルには「編集」「効果」「色」「レンズ」の「タブ」があり、それぞれを切り替えていろいろな調整をすることができます。

続けて「オーバーレイオプションを適用」にチェックを入れると、「タイプ」のプルダウンメニューを選択できるようになるので、「フレームをマスク」をクリックします。

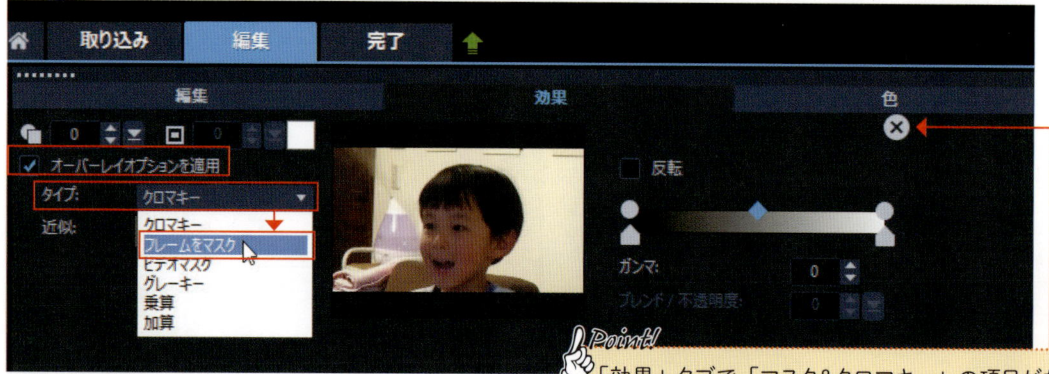

Point!
「効果」タブで「マスク&クロマキー」の項目がないという場合は「オーバーレイオプション」が開いていることがあります。そのときは⊗で閉じます。

⑤プリセットが表示されるので、お好みのものを選択、クリックします。

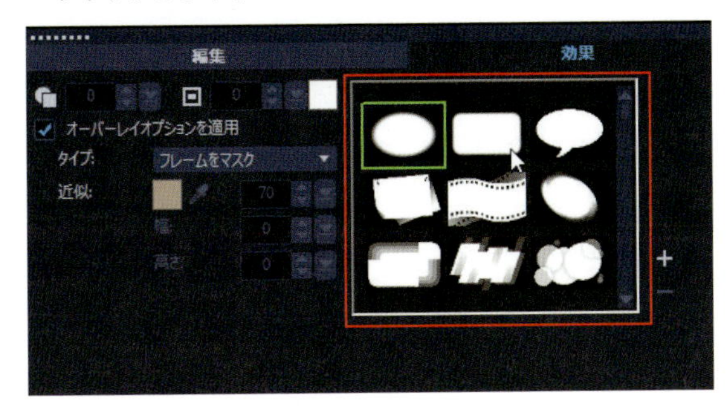

⑥レビューとオーバーレイトラックで効果が適用されたのが確認できます。

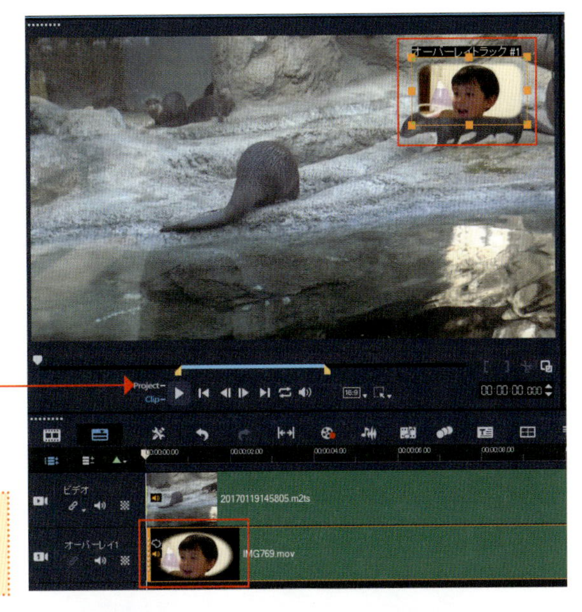

Point!
設定した結果を確認するときは「Project（プロジェクト）」モードで再生します。

Reference
「高度なモーション」で子画面を飾る

子画面の周囲を枠で囲んだり、影をつけたりする場合はオーバーレイトラックのクリップをダブルクリックしてオプション画面を開き、「効果」タブにある「高度なモーション」を選択します。

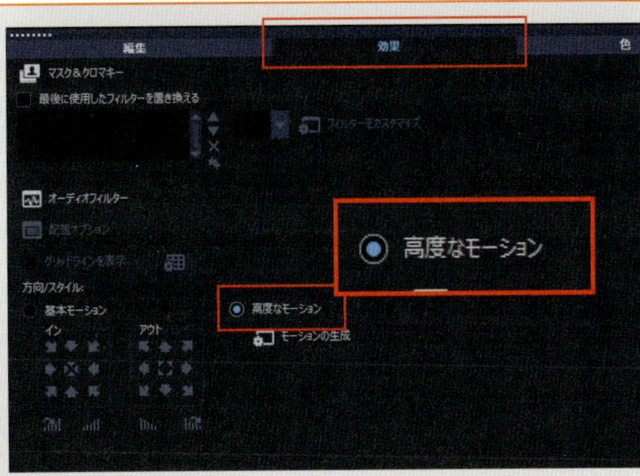

次に「モーションの生成」ウィンドウが開くので、枠で囲む「境界線」や、影をつける「シャドウ」の項目などの詳細を設定します。

05 「リップル編集」とオブジェクトの「グループ化」

リップル編集とは、不意にクリップを削除したときにほかのトラックのクリップに影響を与えないようにする便利な機能です。

VideoStudio 2019ではクリップを分割して削除や移動したときに、トラック上に空白ができないように自動でクリップ間を詰めるようになっています。ビデオトラックにしかクリップがないときは特に問題ありませんが、そのほかのトラックにビデオクリップをはじめ、タイトルやオーディオなど複数のクリップが並んでいる場合は、それら別のトラックにあるクリップの位置がずれてしまい全体の構成が崩れてしまいます。それを防いでくれるのが「リップル編集」という機能です。

リップル編集が無効のとき

ビデオトラックの図のクリップを削除します。

削除すると、ビデオトラックのみ左に詰められるので、タイトルやミュージックの流れるタイミングがズレてしまいます。

リップル編集が有効のとき

削除しようとするとアラート（警告）が出ますが、そのまま「はい」をクリックします。

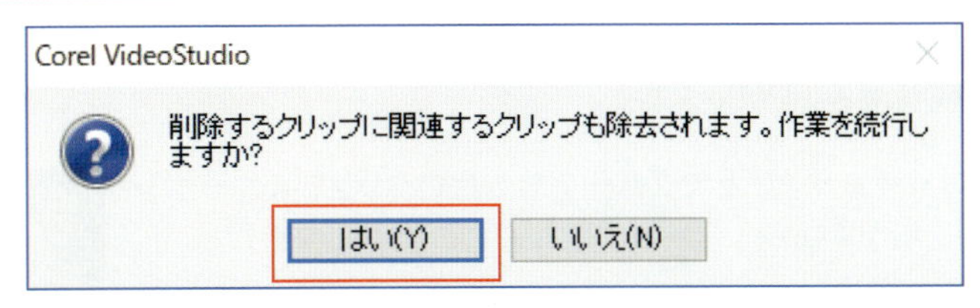

Point!
アラートの「削除するクリップに関連するクリップ」というのは前後のトランジションや、同じ位置にあるほかのトラックのクリップのことです。

リップル編集の有効/無効の切り替え

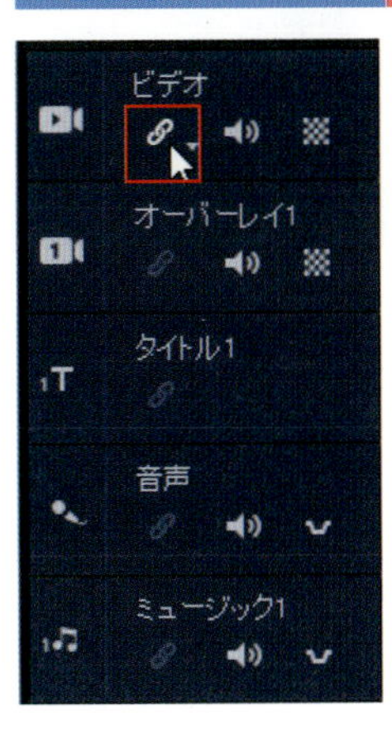

切り替えは、ビデオトラックの図のアイコンをクリックしてから各トラックの同じアイコンをクリックします。

●リップル編集が有効

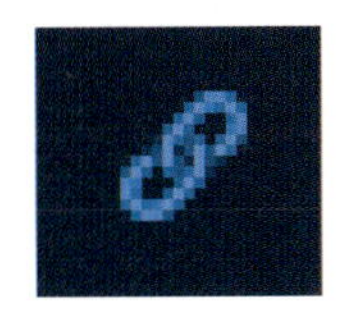

●リップル編集が無効

Point!
アイコン右下の下向き三角をクリックしてメニューを表示して選択することも可能です。

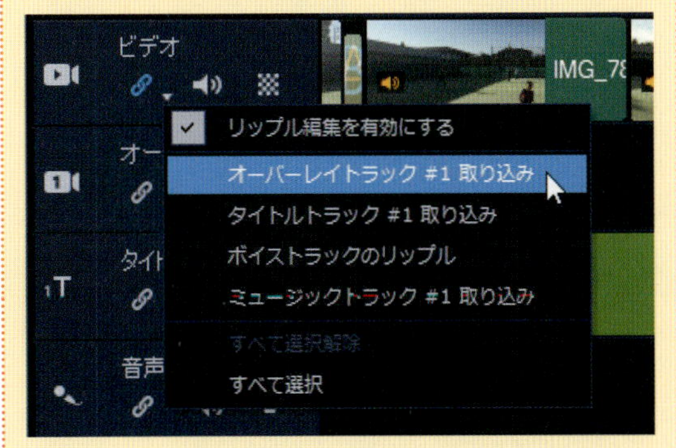

オブジェクトの「グループ化」

トラック上の複数のクリップ（オブジェクト）をグループ化することによって、タイムライン上を同時に移動や削除することができます。

①タイムライン上でグループ化したいクリップをキーボードの「Shift」キーを押しながら、選択します。

②選択中のクリップ上で右クリックして、表示されるメニューから「グループ化」を選択、クリックします。

③グループ化されたクリップのどれかをドラッグすると、そのほかのクリップもいっしょに移動や削除することができます。

④グループを解除したい場合は、クリップ上で右クリックし、メニューから「グループ解除」を選択、クリックします。

06 「トリミング」で使いたいシーンを選別する

トリミングとはクリップの必要な部分を切り出す作業です。

切り出すといっても、フィルムのように不要な部分を切り取って捨ててしまうわけではありません。デジタルビデオ編集の世界では元のビデオはそのまま残しておき、必要な部分のみを再生できるように加工していきます。

クリップをタイムラインに配置する

クリップをタイムラインのビデオトラックに配置します。

Point!

ここではすでにライブラリに必要なクリップを取り込んでいます。ライブラリに取り込む方法はChapter2をご覧ください。

方法❶ プレビューでトリミングする

①プレビューの再生モードが「Clip（クリップ）」モードになっていることを確認します。プレビューのジョグ スライダーを動かして、クリップの必要な部分（残したい箇所の最初のコマ）を探します。

②マークイン（開始点）をクリックします。するとトリムマーカーの左側がその地点に移動します。

③再びジョグ スライダーを動かして、マークアウト（終了点）をクリックします。

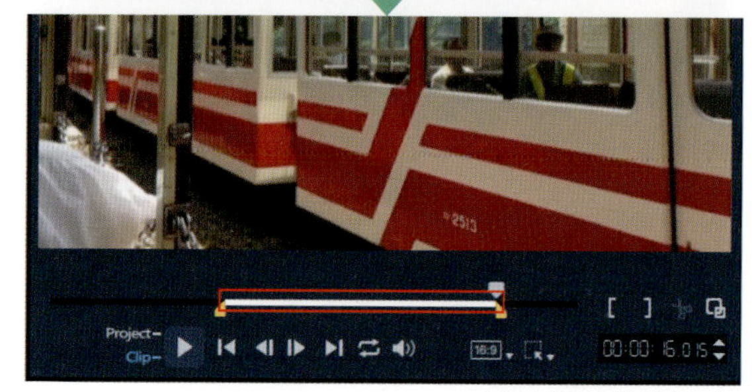

必要な範囲が指定された

④再生して確認してみましょう。

Point!

結果を確認するとき、通常は「Project」モードで再生するのですが、この場合は「Clip」モードのままで再生してください。「Project」モードで再生すると指定した範囲が確定してしまい、変更ができなくなります。

Reference

タイムラインのクリップにも反映される

プレビューでマークイン、マークアウトを指定すると、タイムラインにあるクリップにもその結果が即座に反映されます。

トリミング前のタイムラインのクリップ

ビデオ　IMG_4678.mov

トリミング後のタイムラインのクリップ

ビデオ　IMG_4678.mov

Reference

プレビューがうまく再生されない場合

高画質な動画ファイルは情報量が大きく、非力なパソコンではうまく再生できないことがあります。その場合は「スマートプロキシ」を利用します。これは動作の軽い仮のファイル（プロキシファイル）を作成して、パソコンへの負担を減らす機能です。

作成する動画ファイルは元のデータを使用するため、完成した動画の画質が落ちるということはありません。メニューバーの「設定」から「スマートプロキシ マネージャー」を選択して、「スマートプロキシを有効にする」をクリックします。

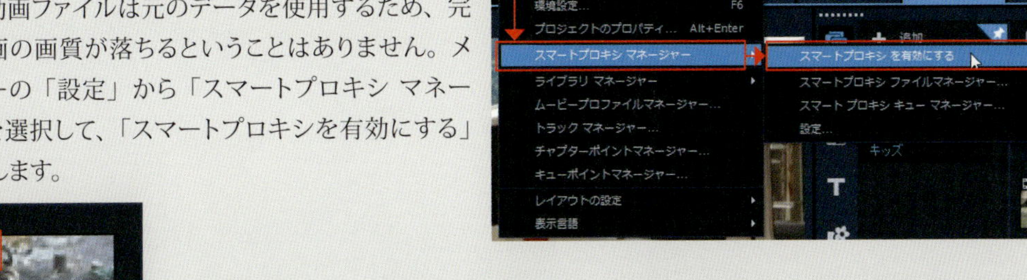

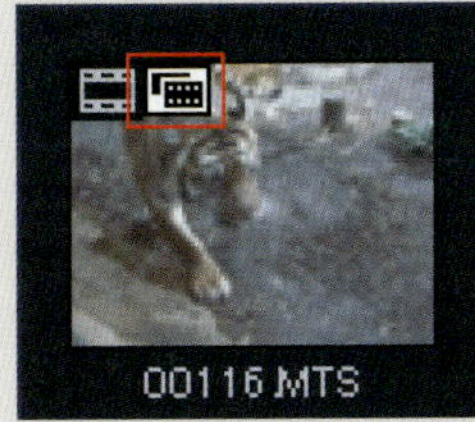

しばらく作業をしていると以下の場所に「スマートプロキシファイル」が作成され、ライブラリやタイムラインにあるクリップにマークが表示されます。

・スマートプロキシファイルの保存場所
「ドキュメント」→「Corel VideoStudio Pro」→「22.0」→「SmartProxy」

方法❷「ビデオの複数カット」でトリミングする

１本のクリップの中に複数使いたいシーンがある場合は「ビデオの複数カット」を使用します。

①ビデオトラックにあるクリップをダブルクリックします。

ビデオ
オーバーレイ1
ダブルクリックする

Point!
ストーリーボードビューでもオプションパネルを開いてこの機能を使用することができます。（→ P.66）

②ライブラリパネルに「オプションパネル」が表示されるので、「ビデオの複数カット」をクリックします。

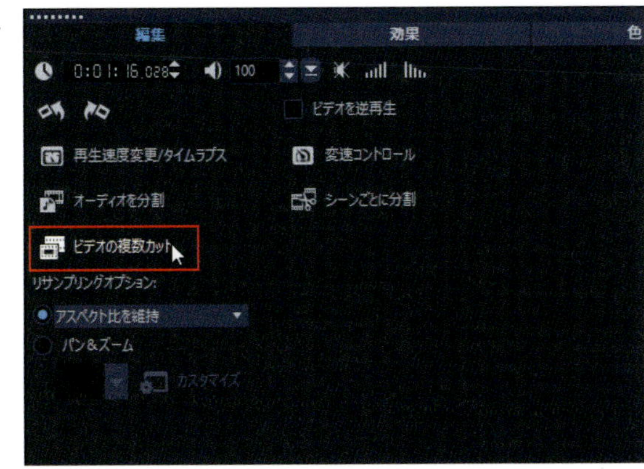

Point!
オプションパネルを閉じる場合はここをクリックします。

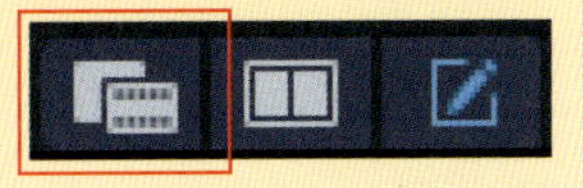

③「ビデオの複数カット」ウィンドウが開きます。

「ビデオの複数カット」ウィンドウ

トリミングに必要なおもな部分をご紹介します。

名称	機能
❶ 選択範囲を反転	指定した範囲と指定しなかった範囲を入れ替える。
❷ ジャンプボタン	タイムコードで指定した間隔で映像をジャンプさせる。
❸ トリムされたビデオを再生	指定した部分のみを再生する。
❹ プレビュー	プレビュー再生するウィンドウ
❺ フレーム表示を変更	スライダーを「−」まで下げると1分ずつ、「+」まであげると1フレームずつ❼に画像を表示する。
❻ ジョグ スライダー	スライダーを左右に動かすことで、フレームの表示を高速で進めたり、戻したりできる。
❼ ビデオを表示	ビデオをフレームに分けて表示する
❽ マークイン／マークアウト	左が開始点、右が終了点を指定する。
❾ ジョグホイール	左右に動かすことで、高速にビデオの位置を移動する。
❿ 早送り／早戻し	左右にドラッグすることで、ビデオの早送り／早戻しが速度を見ながら実行できる。
⓫ 切り出した画像を表示	指定した範囲の最初の画像を表示する

④プレビューで映像を確認しながら、「マークイン／マークアウト」ボタンで開始点と終了点を指定していきます。指定した箇所はジョグ スライダーのバーに、白い帯で表示されます。

⑤「トリムされたビデオを再生」で結果を確認しながら、範囲の指定を繰り返し、最後に「OK」で終了します。

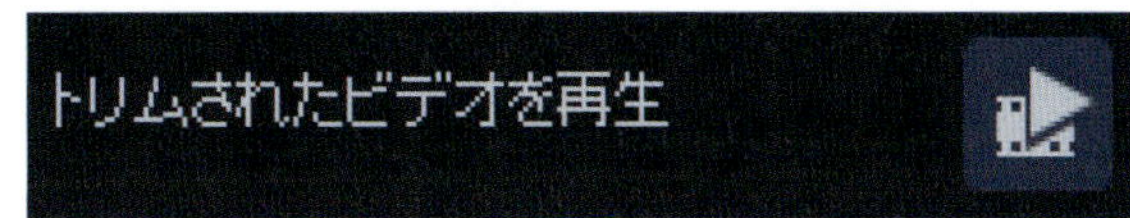

⑥タイムラインには指定した範囲で分割された、クリップが並びます。

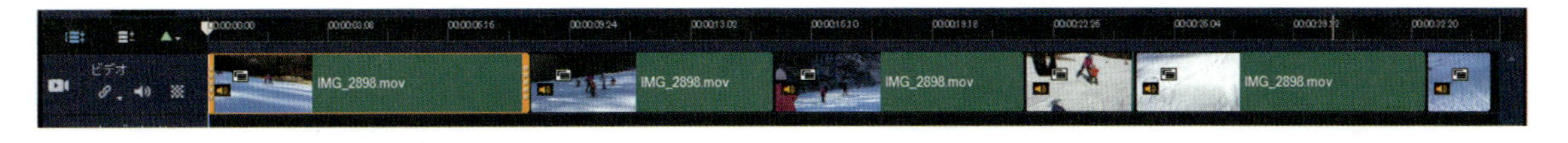

プロジェクトの長さでもわかる

ツールバーにある「プロジェクトの長さ」でも、元のクリップの長さが短縮されているのが確認できます。

方法3 ビデオトラックでトリミングする

ビデオトラックに配置した、クリップを直感的にトリミングする方法です。

①ビデオラックにクリップをクリックして選択すると、クリップの最初と最後に図のようなラインが表示されます。

②このラインをドラッグすると、トリミングすることができます。

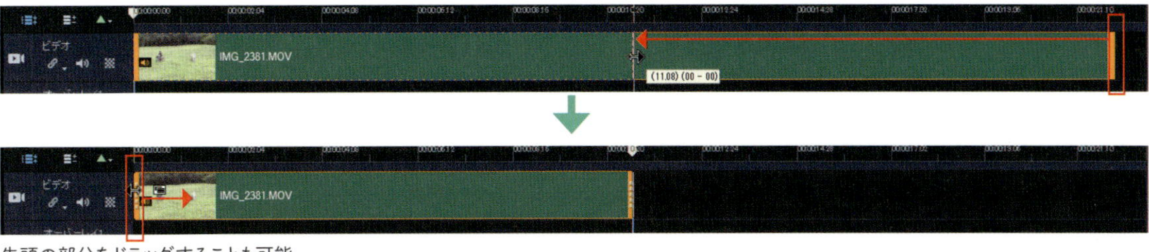

先頭の部分をドラッグすることも可能

Point!

この方法はほかのトラックにあるクリップに対しても有効なので、タイトルの表示や音楽の長さを調節するときにも使用できます。

方法4 ライブラリにあるクリップをトリミングする

トラックに配置する前に、ライブラリにあるクリップをトリミングする方法です。

①ライブラリにあるトリミングしたいクリップをダブルクリックします。

②「ビデオ クリップのトリム」ウィンドウが開きます。操作は先に述べた「ビデオの複数カット」ウィンドウと同じです。ただし複数の指定はできません。

③指定範囲が決定したら「OK」をクリックします。

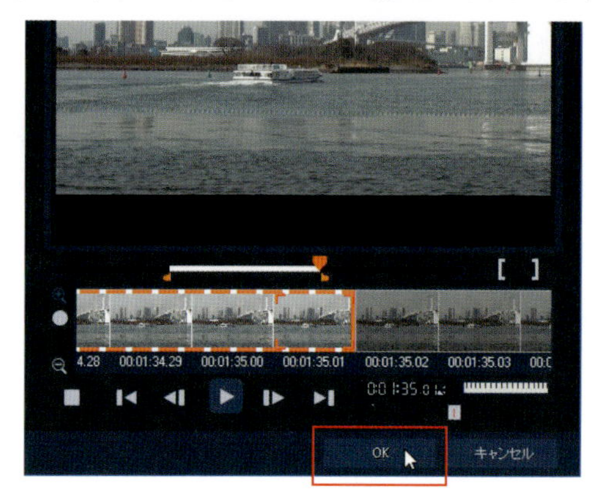

④ライブラリにトリミングした状態で保存されるので、複数のプロジェクトで利用するときなどに便利です。元のファイルももちろんそのまま残っています。

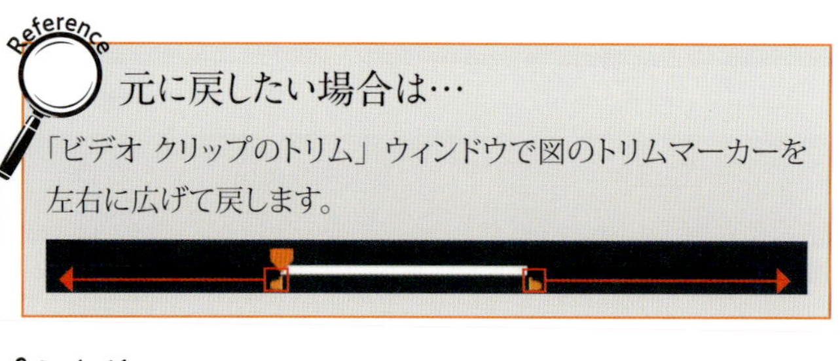

Reference

元に戻したい場合は…

「ビデオ クリップのトリム」ウィンドウで図のトリムマーカーを左右に広げて戻します。

Point!

フィルムのカットのように編集したい場合は→ P.124

07 「トランジション」でシーンとシーンをつなぐ

場面転換をスムーズにつないで自然な演出をするのが「トランジション」です。

クリップとクリップを単純に並べて再生すると、突然画面が変わってしまうので唐突な感じがします。そこで「ワイプ」や「クロスフェード」などのトランジション（移り変わり）でつなぐことで、穏やかに自然に見せることができます。

トランジションの効果を確認する

選択したトランジションがどういう効果なのかは、プレビューで確認することができます。

①ライブラリパネルの表示をトランジションに切り替えます。

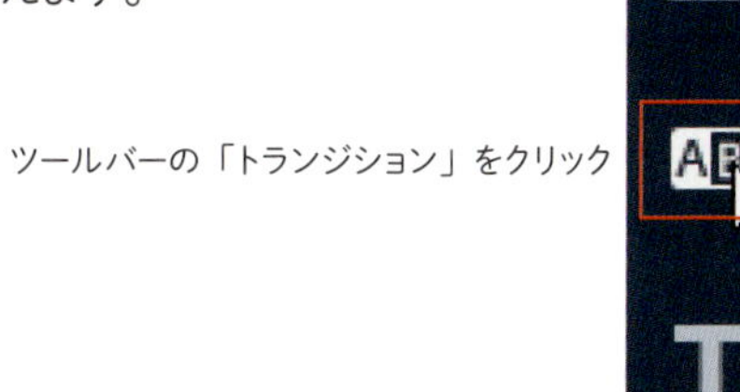

ツールバーの「トランジション」をクリック

②トランジションを選択して、「Clip」モードで再生します。今バージョンから新しく「シームレス トランジション」new が加わりました。

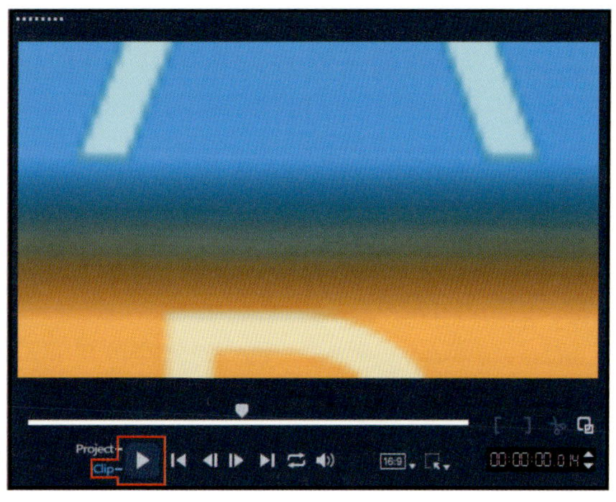

8個のシーム レストランジションが追加

元のシーンが画面に迫るように大きくなって次のシーンと入れ替わり、それが元の大きさに戻ります。

クリップ間にドラッグアンドドロップする

ストーリーボードビューのときはトランジション用の□のスペースがありました（→P.61）が、タイムラインビューの場合は、特に印はなく、設定したいクリップとクリップの間にライブラリからドラッグして持っていくと、図のように画像が反転します。それを確認してドロップします。

①クリップ間にドラッグアンドドロップします。

②トランジションはクリップ間に割り込むような形で、挿入されます。

Point!

結果を確認したい場合は「Project」モードで再生します。

Reference

適用時間の変更と設定のカスタマイズ

初期設定ではトランジションを適用する長さは1秒で、画面が瞬時に切り替わります。この長さを変更するには、タイムライン上のトランジションをダブルクリックして、オプションパネルを開き、タイムコードを操作します。

そのほか、設定のカスタマイズもこのパネルでおこなうことができますが、変更できる内容はトランジションの種類によって変わります。変更できない項目はグレーアウトしています。ここでは「境界線」「色」は変更できません。

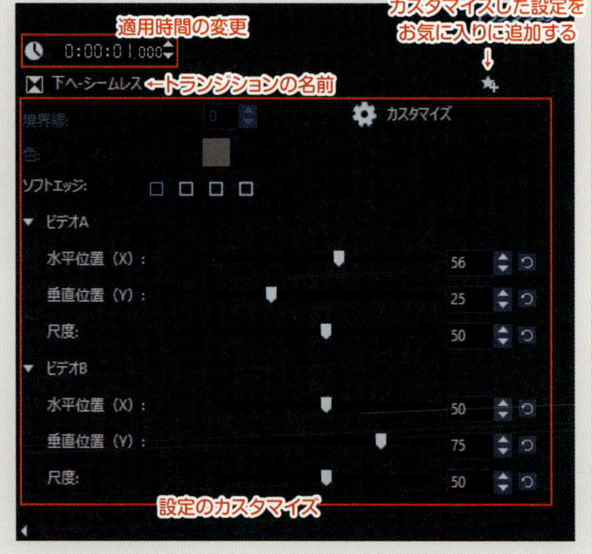

トランジションを置き換える

トランジションを置き換える場合は、適用したい新しいトランジションを選択して、タイムラインにドラッグアンドドロップします。

トランジションを削除する

削除する場合はトランジション上で右クリックして「削除」を選択クリックするか、トランジションを選択してメニューバーの「編集」から削除を選択します。選択してキーボードの「Delete」でも削除できます。

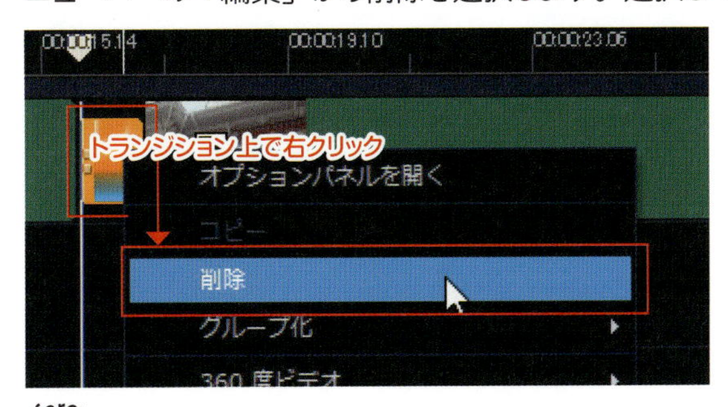

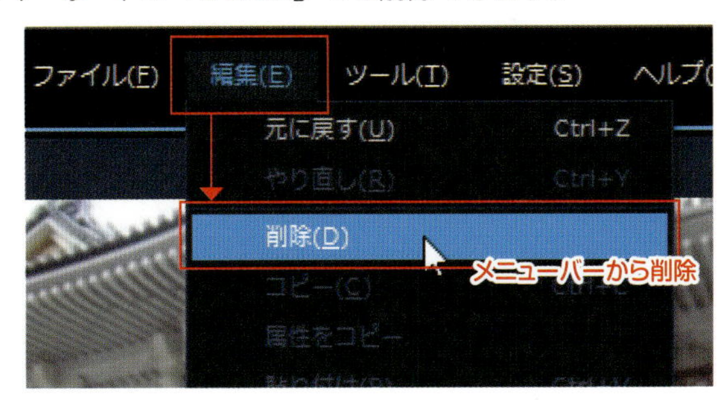

Reference

ムービー全体の長さが変わる

トランジションは流麗な場面の転換を実現します。そのため前のクリップの最後に効果を適用しながら、次のクリップの冒頭にも同じ効果を適用します。つまり３秒のトランジションを利用したとすると、その分だけクリップ同士が重なることになり、ムービー全体の長さが３秒短くなります。ただしトランジションを挿入するときにキーボードの「Ctrl」キーを押しながらドロップすると、トランジション自体をクリップとして取り込むことができ、どちらか一方のクリップにだけ効果が適用されます。この場合、全体の長さは変わりません。-

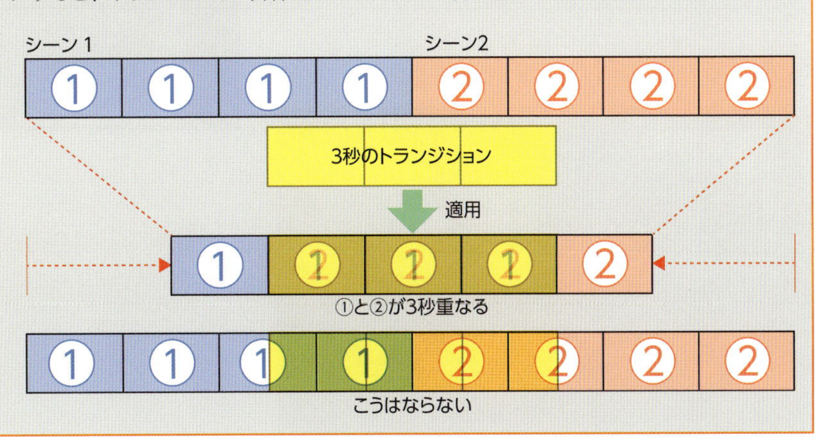

形態トランジション new

VideoStudio 2019から追加された新しいトランジション。地平線や山の稜線などをポイントで指定して元の映像が次の映像へ溶け込むようにスムーズに変換されます。

稜線から島の輪郭に変形するかのようにスムーズに変換します

①ライブラリからカテゴリ「F/X」の中にある「形態」をクリップ間にドラッグアンドドロップします。

②トランジションをダブルクリックしてライブラリにオプションを表示して、カスタマイズを選択、クリックします。

③「モーフィング遷移」ウィンドウが開きます。

④「開始」と「終了」の画面を比べながら各ポイントを指定します。

⑤ポイントの指定が終わったら再生して、プレビューで確認して微調整します。最後に「OK」をクリックしてウィンドウを閉じます。

透明トラック

トランジションはクリップを横に並べて間をつなぐ演出ですが、ここで紹介する「透明トラック」はクリップを重ねて同時再生しながら映像の透明度をコントロールして、オーバーラップ映像をつくることができます。

「透明トラック」に切り替える

①ビデオトラックとオーバーレイトラックにクリップを配置します。

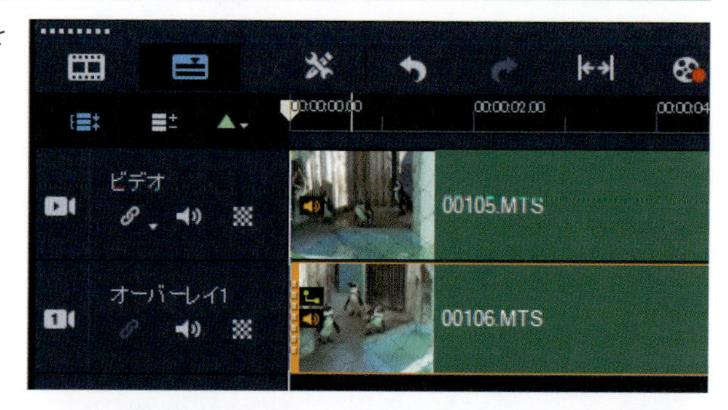

②透明度を調整したいクリップが配置されたトラックの「透明トラック」アイコンをクリックします。ここではオーバーレイトラックを選択していますが、ビデオトラックも同様に調整することができます。

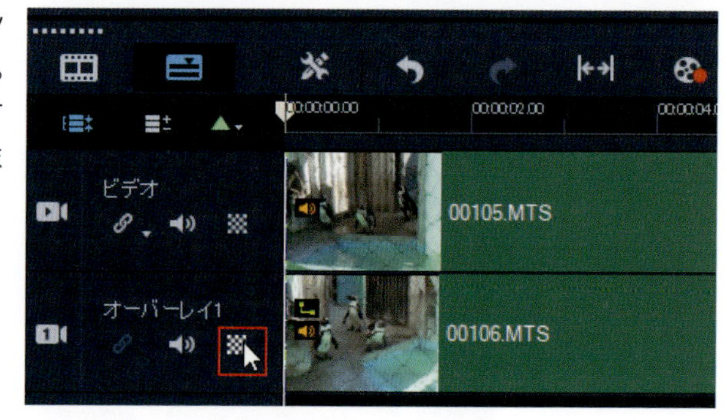

③タイムラインパネルが「透明トラック」モードに変わりました。

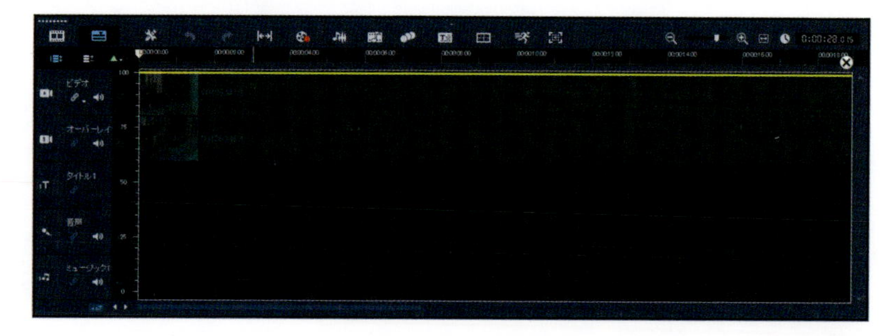

「透明トラック」モード

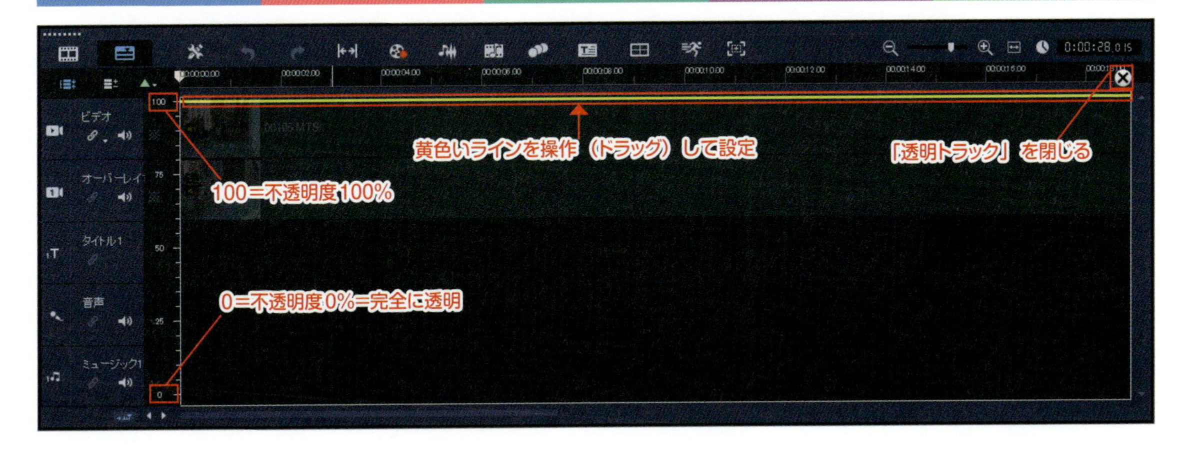

全体に同じ透明度を設定する

黄色いラインを上下にドラッグして透明度を調整できます。ドラッグ中はラインは白に変わり、カーソルも指の形に変わります。

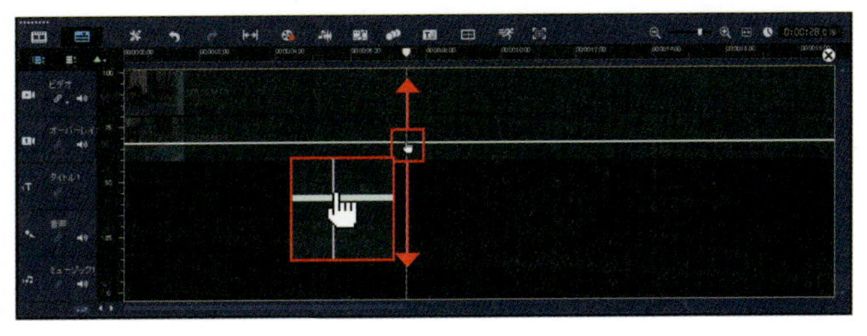
ドラッグするとカーソルが指の形に変わる

キーフレームで不透明度をコントロール

①黄色いライン上をクリックして、キーフレームを追加します。

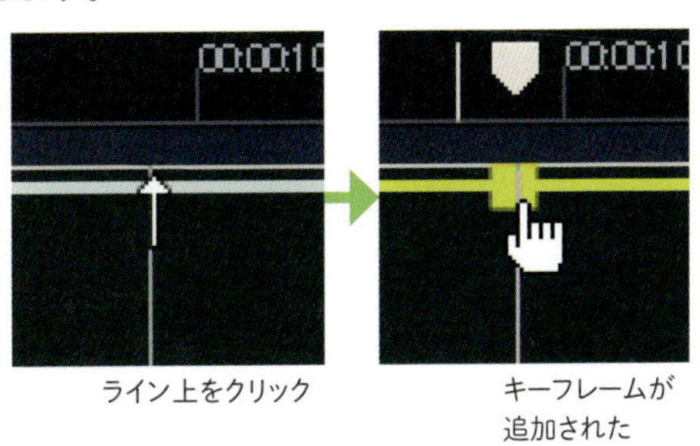
ライン上をクリック
キーフレームが追加された

②同様にあと3か所に追加します。キーフレームはあとからドラッグして動かせるので、適当な位置でかまいません。

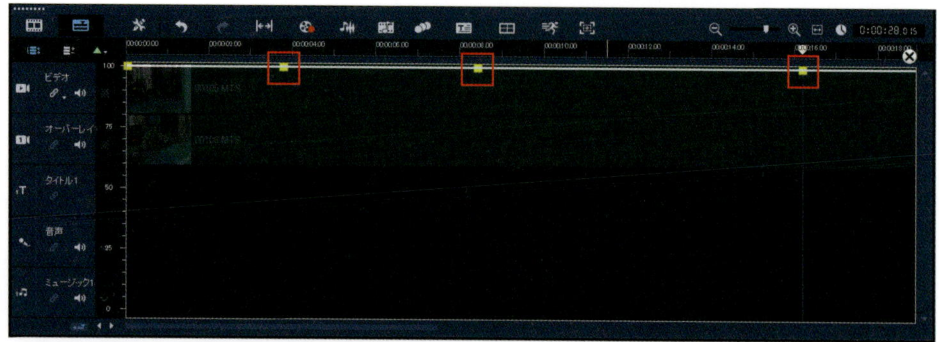

③キーフレームをドラッグして設定します。ここでは図のように設定しました。

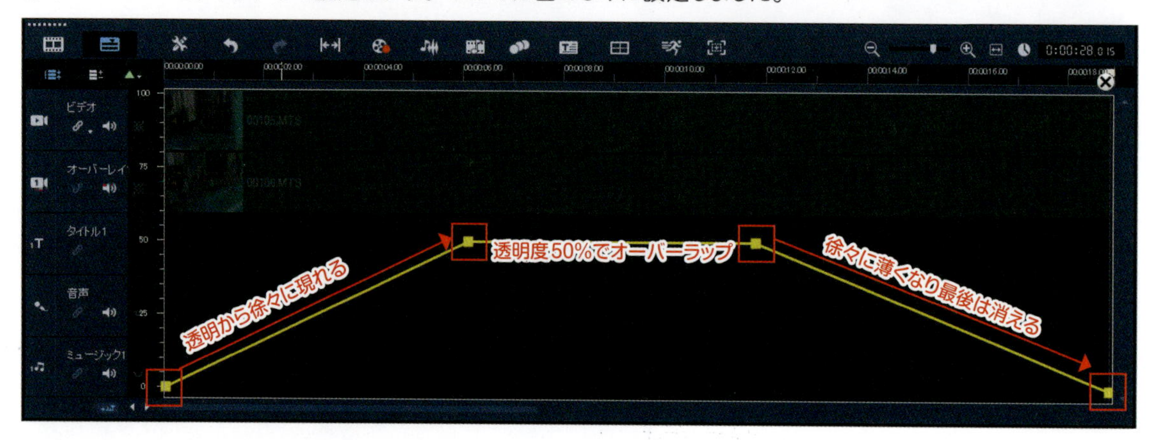

キーフレームを削除する

不要になったキーフレームを削除するには、キーフレーム上で右クリックし、表示されたメニューから「キーフレームを削除」を選択、クリックします。

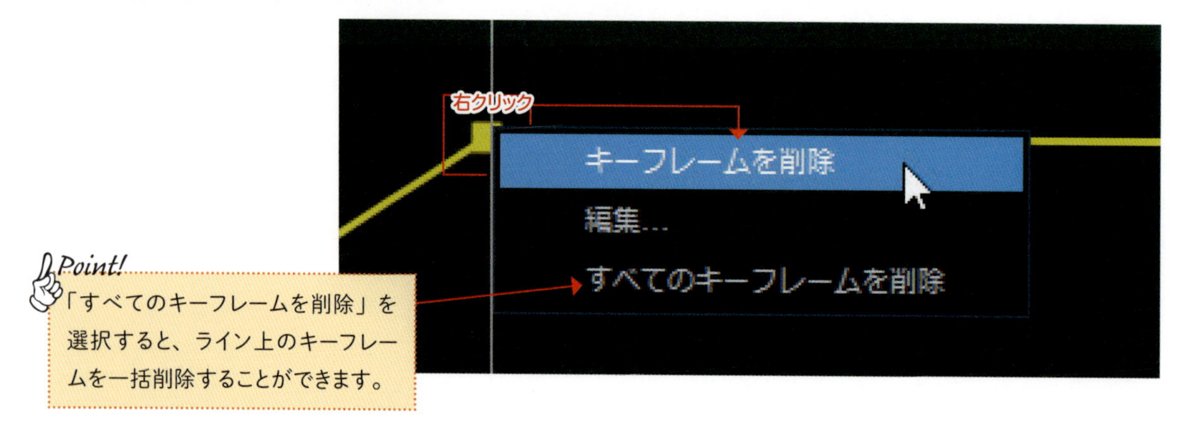

Point!
「すべてのキーフレームを削除」を選択すると、ライン上のキーフレームを一括削除することができます。

08 「フィルター」でクリップに特殊効果をかける

フィルターはクリップにさまざまなエフェクト（特殊効果）をほどこす機能です。

フィルターは画面に雨や稲妻を降らせたり、変形させたりなどいろいろな効果を一瞬にしてかけることができます。

多彩なフィルター

たくさんあるフィルターの中から、いくつかピックアップしてみました。

フィルター適用前

「2Dマッピング」—「クロップ」

「Corel FX」—「渦巻き」

「フォーカス」—「スムージング」

「特殊効果」—「稲妻」

「カメラレンズ」—「モノクロ」

ライブラリを「フィルター」に切り替える

①ツールバーの「フィルター」アイコンをクリックします。

②ライブラリパネルの表示が「フィルター」に切り替わります。

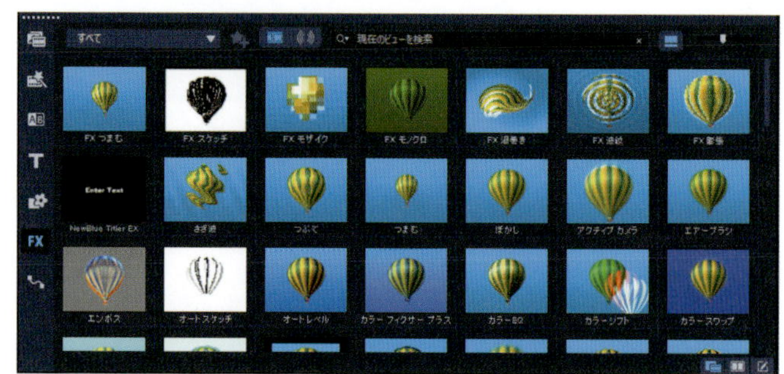

効果を確認する

フィルターの効果はプレビューで確認することができます。

①ライブラリパネルからお好みの「フィルター」を選択します。

Point!

フィルターによっては実際にクリップに適用しないと、効果が分かりにくいものがあります。

②「Clip」モードで再生して確認します。

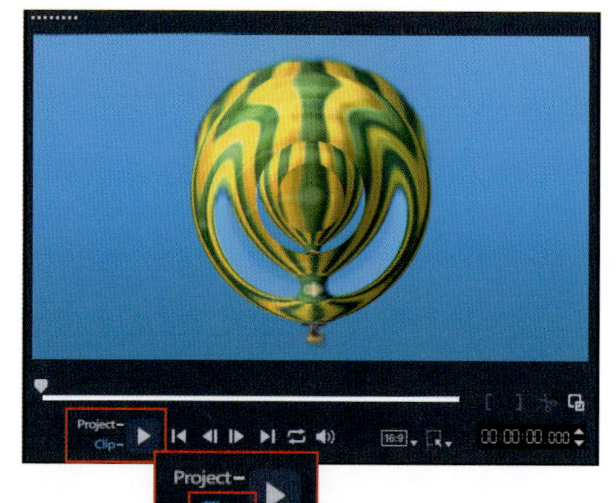

クリップにドラッグアンドドロップする

①設定したいフィルターをビデオトラックにあるクリップに、ドラッグアンドドロップします。ここではカテゴリー「2Dマッピング」の「つぶて」を設定しています。

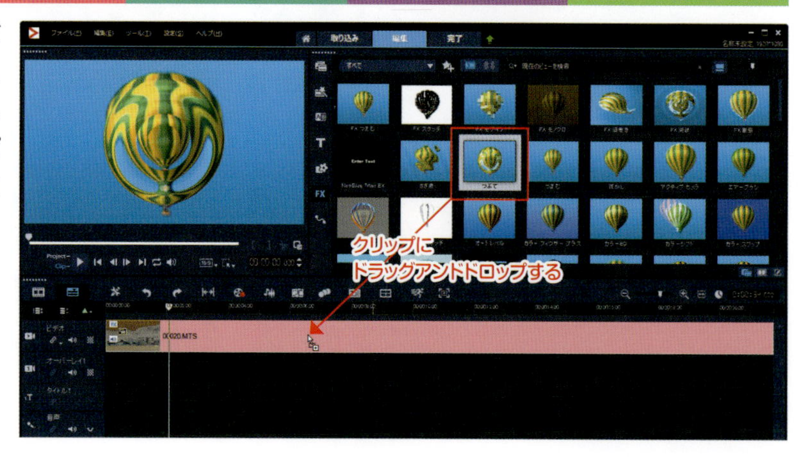

②「Project」モードで再生して、効果を確認します。

Reference

FXマーク

クリップにフィルターを設定すると、ビデオトラックのクリップの左上に「FX」マークが表示されます。

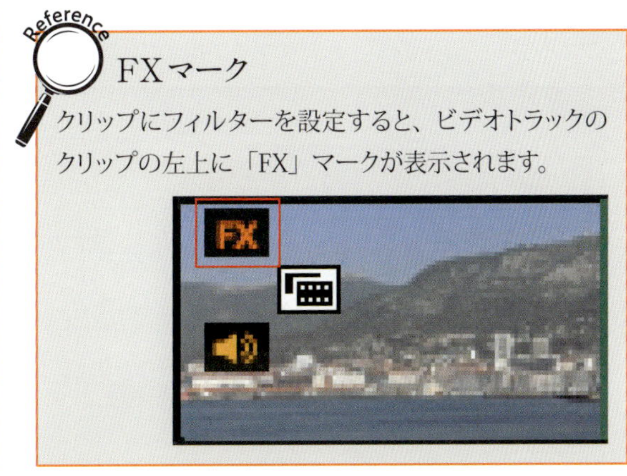

Point!

フィルターはストーリーボードビューでも、ドラッグアンドドロップで設定できます。またオーバーレイトラックのクリップにも適用できます。

フィルターをカスタマイズする

フィルターの種類によっては、効果の具合を細かくカスタマイズできるものがあります。

①フィルターを設定したクリップをダブルクリックして、ライブラリパネルのオプションパネルを開きます。

クリップをダブルクリックする

②オプションパネルの「効果」タブで、いろいろな設定をします。

プリセットから選択する

フィルターによっては、カスタマイズ用のプリセットが用意されています。

プルダウンメニューでプリセットを表示し、プレビューで効果を確認しながら気に入ったものを選択します。

Point!

プリセットとはあらかじめ設定値が調整された見本のことです。

さらに細かくカスタマイズする

フィルターによってはさらに詳細にカスタマイズすることも可能です。

①プリセットのプルダウンメニュー横の「フィルターをカスタマイズ」アイコンをクリックします。

②フィルター名のカスタマイズ用のウィンドウが開きます。

カスタマイズウィンドウ

左側にオリジナル、右側に適用後のプレビューが表示されるので、見比べながらさらに細かい設定ができます。キーフレームを使って詳細に効果を設定（→P.128）することが可能です。

Reference

他社製のフィルターのカスタマイズ画面

フィルターの中にはいろいろなビデオ編集ソフトに特殊効果のプラグインを提供しているNewBlueFX社製のものもあり、カスタマイズ画面を起動すると、また違ったウィンドウが開きます。

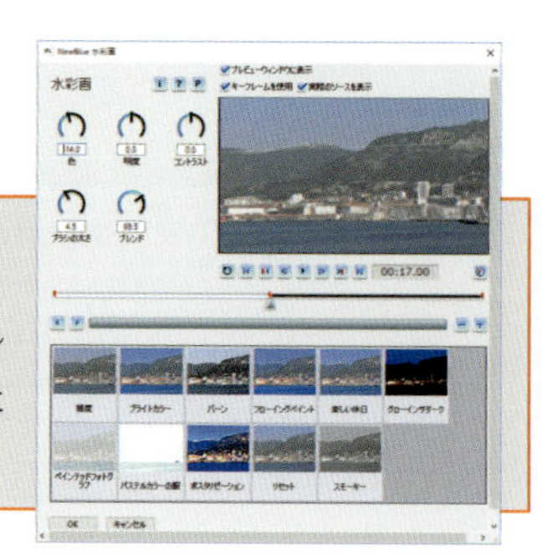

フィルターを置き換える

フィルターを別のものに置き換える場合は、新しいフィルターをクリップにドラッグアンドドロップします。ただしオプションパネルの「効果」タブの「最後に使用したフィルターを置き換える」にチェックが入っていないと、置き換わらずにそのまま複数のフィルターが適用されます。（初期設定ではチェックが入っています。）

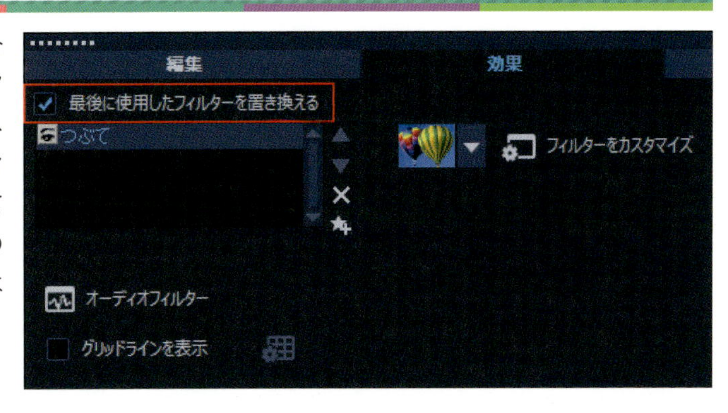

フィルターを複数かける

フィルターは1つのクリップに複数設定することができます。また順番を入れ替えることで、その効果が変わります。

①すでにフィルターをかけたクリップに2つめのフィルターを加えます。ここでは「古いフィルム」を設定したクリップに「レンズフレア」を加えます。

②オプションパネルの「効果」タブで確認すると、「レンズフレア」が加わっています。

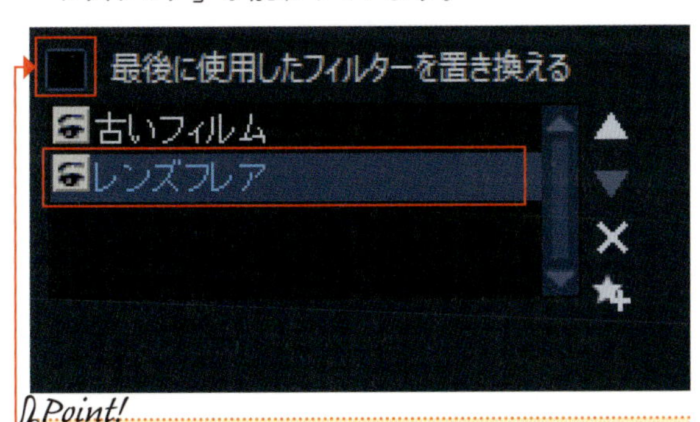

Point!
同じフィルターを二重にかけることも可能です。

Point!
「最後に使用したフィルターを置き換える」のチェックがはずれていないと、複数かけることはできません。

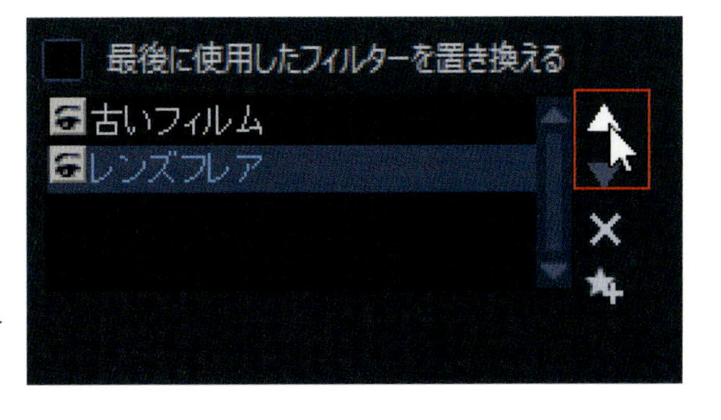

③「効果」タブの上下ボタンで、フィルターの順番を変更します。

Chapter1 Chapter2 Chapter3 Chapter4 Chapter5

フィルターの順番

フィルターの順番を入れ替えると、効果が変化します。

「古いフィルム」→「レンズフレア」

「レンズフレア」→「古いフィルム」

フィルターを削除する

フィルターを削除したい場合は「効果」タブで削除したいフィルターを選択して、「×」ボタンをクリックします。

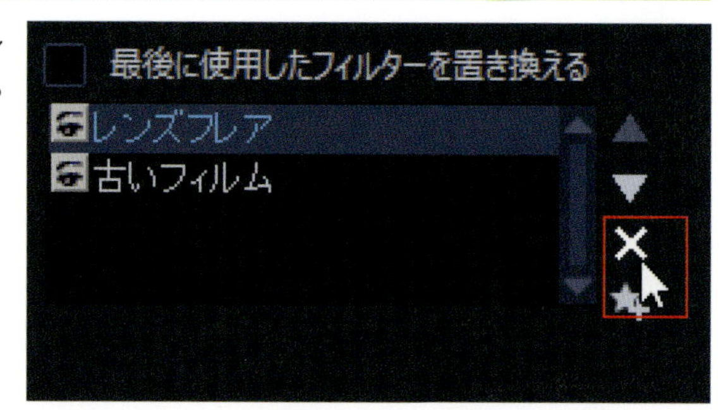

Point!

フィルター名の左にある目のアイコンをクリックすると、削除はされませんが効果を無効にすることができます。動画を書き出した場合も反映されません。

Reference

クリップを変形する

フィルターではありませんが、面白い機能としてクリップを変形させることができます。

①プレビューをダブルクリックして変形用のハンドルを表示させます。

②このハンドルをドラッグして変形します。■は全体の拡大・縮小ができ、■は各頂点を個別に変形することができます。

09 「タイトル」で文字を挿入する

動画に表示される文字をタイトルといいます。

VideoStudio 2019は動画にタイトルを挿入することも、とても簡単にできます。映像だけではわかりにくい場面も解説の文字や字幕を挿入すれば動画の完成度はアップします。プリセットも豊富で、あまり手間をかけずに魅力的な作品に仕上げることができます。

作成例

プリセットを使ってらくらく作成

オリジナルのタイトルで個性豊かに演出

縦書きのタイトル

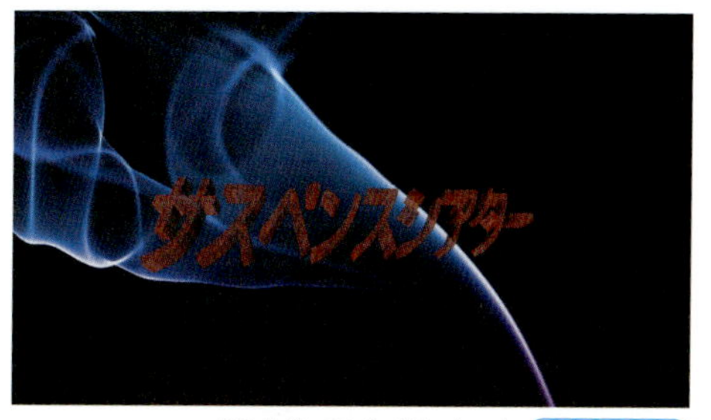

3D文字でスタイリッシュに ULTIMATE

プリセットを利用して簡単に作成する

VideoStudio 2019には簡単にタイトルが作成できるように、アニメーションをはじめいろいろな設定がされたプリセットがたくさん用意されています。文字を差し替えれば見栄えの良いタイトルがすぐに作れます。

①タイトルを挿入したいクリップをビデオトラックに配置し、再生またはジョグ スライダーを動かして、タイトルを挿入したい箇所を見つけます。

②ツールバーの「タイトル」アイコンをクリックします。

③プレビューには「ここをダブルクリックするとタイトルが追加されます」と表示され、ライブラリパネルにはプリセットのタイトルが表示されます。

④ライブラリパネルにあるプリセットのタイトルの中から、お好みのものを探します。

Point!

選択すると、どんなタイトルなのかをプレビューで確認できます。

⑤「タイトルトラック」にライブラリパネルからドラッグアンドドロップします。

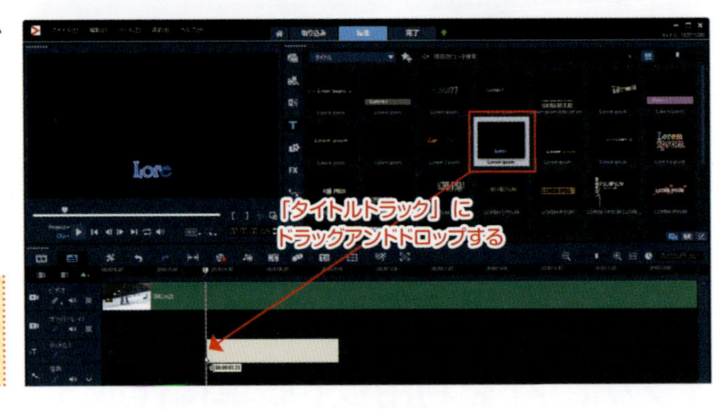

Point!

タイトルは「オーバーレイトラック」に配置することもできます。

⑥配置したタイトルのプリセットをダブルクリックします。

⑦プレビューにタイトルが表示されます。

⑧プレビュー内で変更したい文字列をダブルクリックして、文字が点線のみで囲まれた状態にします。

⑨キーボードの「Back space（バックスペース）」キーを押して、文字を削除します。

Point!

文字列の何文字目をクリックするかによって、⑨の削除が始まる位置が変わるので、キーボードの←→で調整するか、マウスでクリックしなおします。

⑩文字を入力します。

ここでは「Ski Ski Ski」と入力

⑪入力した文字を確定するには、プレビュー内の文字を囲んでいる点線の外側をクリックします。

⑫「Project」モードに切り替えて、再生して確認します。

Point!

入力した文字列を避ければ、プレビュー内のどこでもかまいません。

Point!

タイトルの表示時間を変更したり、文字色を変えたりなど、さらに細かいカスタマイズ方法は次項「オリジナルのタイトルを作成する」で解説します。

オリジナルのタイトルを作成する

文字の入力からスタートしてオリジナルタイトルを作成していきます。最初に文字を入力してからの手順はプリセットを使用する場合とあまり変わらないので、むずかしくはありません。

①タイトルを挿入したいクリップをビデオトラックに配置し、再生またはジョグスライダーを動かして、タイトルを挿入したい箇所を見つけます。

②ツールバーの「タイトル」アイコンをクリックします。

③プレビューに「ここをダブルクリックするとタイトルが追加されます」と表示されます。

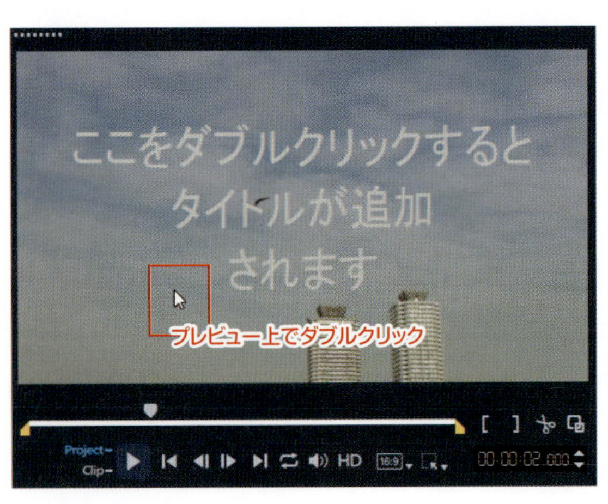

④プレビュー上で、ダブルクリックします。位置はあとから移動できるので、大まかな場所でかまいません。

⑤点線で囲まれたカーソルが点滅します。

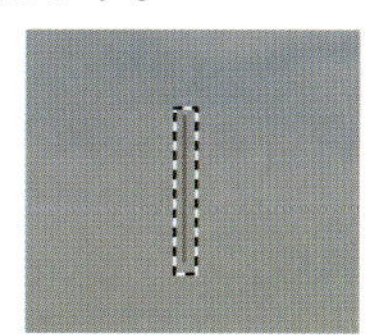

⑥文字を入力します。

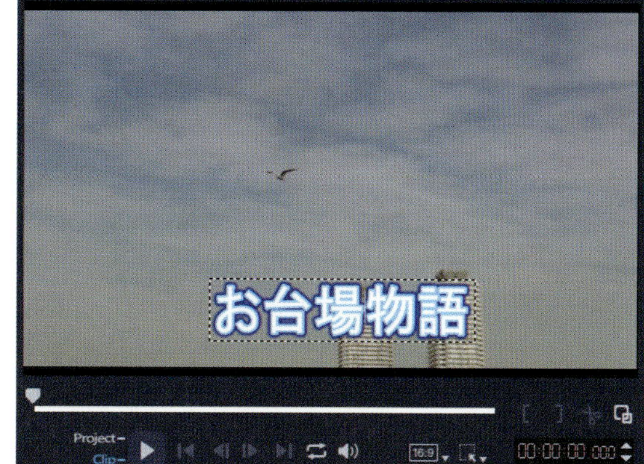

ここでは「お台場物語」と入力

Point!
以前に入力したことがある場合は、文字色やフォントのその設定を引き継いで入力されます。

⑦入力した文字を確定するには、プレビュー内の文字を囲んでいる点線の外側をクリックします。

文字以外のプレビュー内をクリック

⑧文字が確定されて、タイトルトラックに、タイトルのクリップが配置されました。

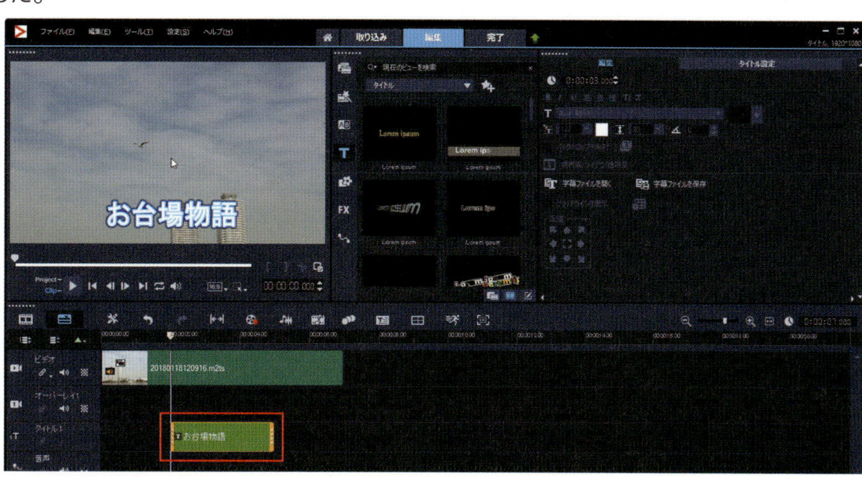

Point!
複数のタイトルを入力する場合は、再びプレビューの挿入したいところをダブルクリックするか、「タイトルトラック」を増やして（→ P.68）入力します。

Chapter1
Chapter2
Chapter3
Chapter4
Chapter5

編集中のタイトルの表示の違い

編集中のタイトルはプレビューで、次のように表示されます。

点線のみで囲まれている

文字列を入力、編集できます。

文字入力モード

複数のハンドルのついた点線で囲まれている

ハンドルを操作して拡大・縮小／回転／影の移動ができます。

選択モード

2 つのモードの切り替え方法

選択モードから文字入力モードへ

選択モードの枠内をダブルクリックします

文字入力モードから選択モードへ

タイトルトラックのクリップをダブルクリックします。

オプションパネルを表示する

タイムラインのタイトルクリップをダブルクリックすると、ライブラリパネルにオプションパネルが表示されます。オプションパネルはタイトルに関するいろいろな設定ができます。

タイトルクリップをダブルクリックする

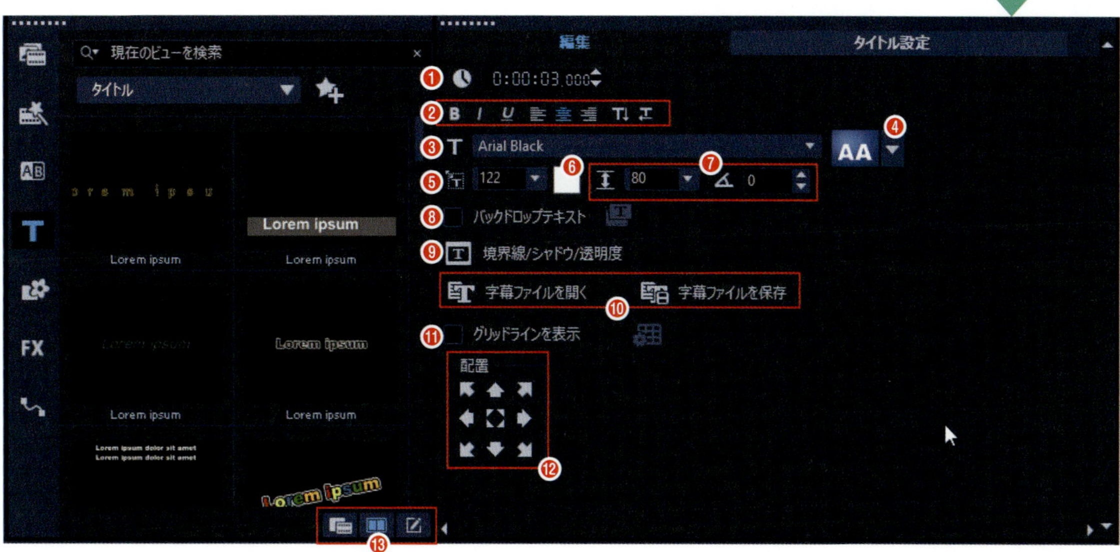

ライブラリパネルにオプションパネルが表示される

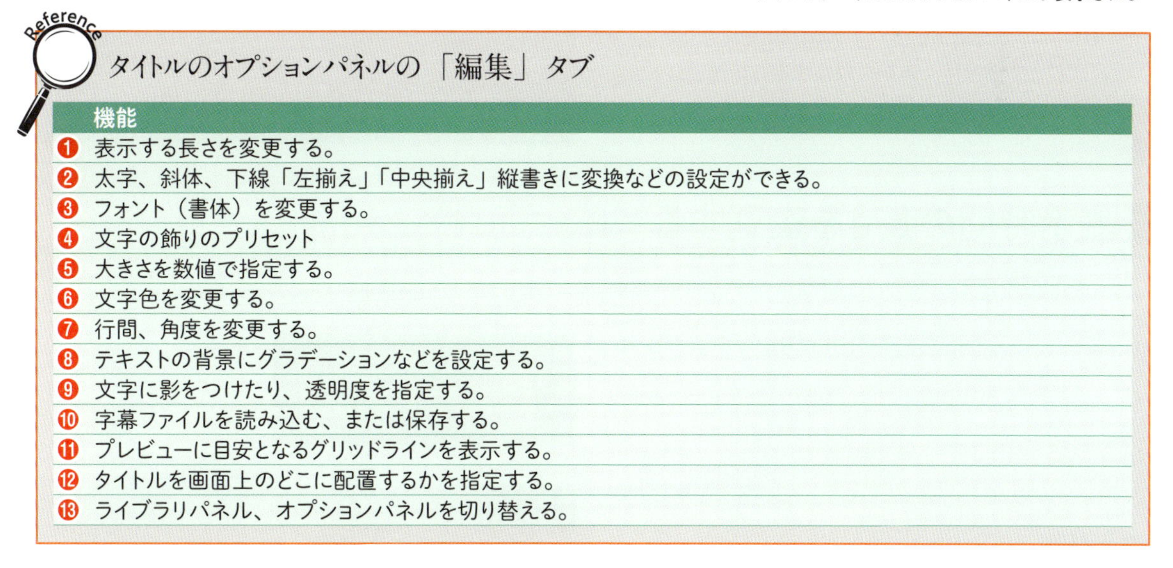

Reference

タイトルのオプションパネルの「編集」タブ

	機能
❶	表示する長さを変更する。
❷	太字、斜体、下線「左揃え」「中央揃え」縦書きに変換などの設定ができる。
❸	フォント（書体）を変更する。
❹	文字の飾りのプリセット
❺	大きさを数値で指定する。
❻	文字色を変更する。
❼	行間、角度を変更する。
❽	テキストの背景にグラデーションなどを設定する。
❾	文字に影をつけたり、透明度を指定する。
❿	字幕ファイルを読み込む、または保存する。
⓫	プレビューに目安となるグリッドラインを表示する。
⓬	タイトルを画面上のどこに配置するかを指定する。
⓭	ライブラリパネル、オプションパネルを切り替える。

横書きを縦書きに変換する

映像によっては縦書きのタイトルを入れたい場合もあります。

①横書きでタイトルを入力する。

②オプションパネルの「方向を縦にする」をクリックします。

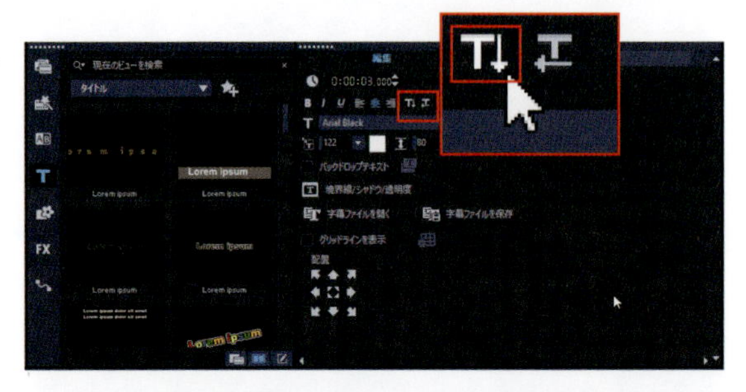

③縦書きに変換されました。

Point!

元に戻したい場合は「方向を縦にする」を再びクリックします。

表示時間の長さを変更する

タイトルが表示される時間は初期設定では3秒です。これをもっと長く表示されるように変更します。

①タイトルトラックにあるタイトルクリップを、ダブルクリックします。

②プレビューの文字が選択されている状態に変わります。

文字の内容を修正したいときは、プレビューの文字をダブルクリックします。

③オプションパネルのタイムコードの数字をクリックして点滅させてから、上下ボタンを操作して値を変更するか、キーボードから数字を直接入力します。

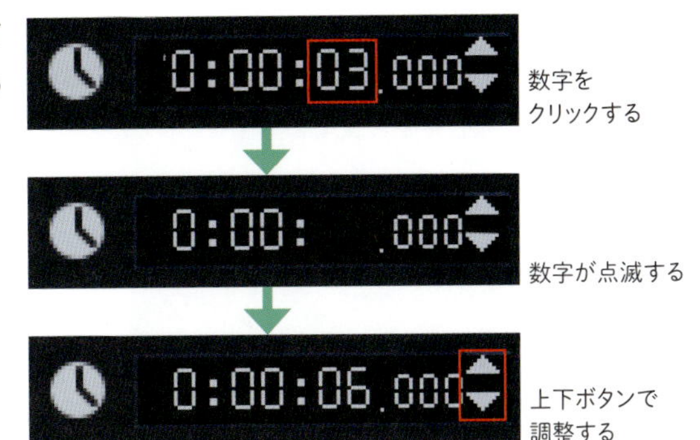

④数字を変更したら、キーボードの「Enter」キー押して確定させます。

⑤タイトルクリップの長さが変更されました。

Reference

タイムライン上で操作する

タイムラインにあるタイトルクリップの両端をドラッグして、調整することもできます。

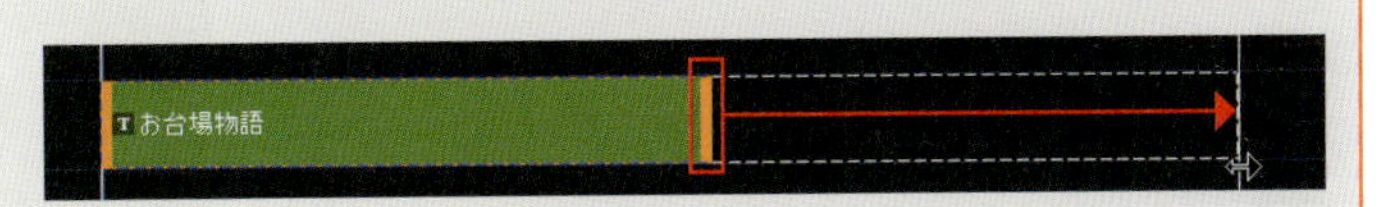

フォント（書体）を変更する

文字の書体いわゆるフォントの種類を変更します。

①タイムラインのタイトルクリップをダブルクリックします。

②プレビューウィンドウのタイトルが、選択されている状態になります。

③オプションパネルのフォントのプルダウンメニューから、使用したいフォントを指定します。

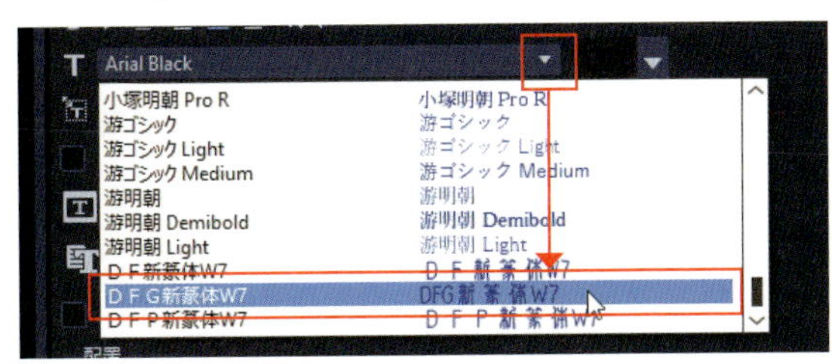

④選択したフォントが反映されます。

⑤変更を確定するには、プレビュー内の文字を囲んでいる点線の外側をクリックします。

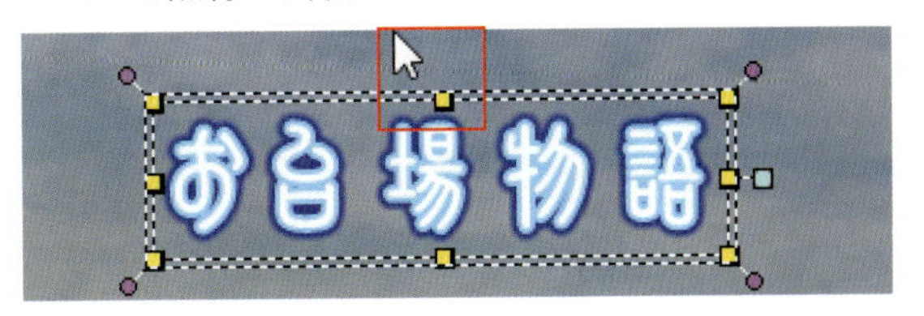

Point!

使用できるフォントはパソコンの環境によって変わります。

文字の大きさを変更する

今度は文字の大きさを変更します。

①タイムラインのタイトルクリップをダブルクリックします。

②プレビューのタイトルが、選択されている状態になります。

③「フォントサイズ」のプルダウンメニューから大きさを指定するか、または数字をクリックして、キーボードから入力します。ここでは「122」から「150」に変更しています。

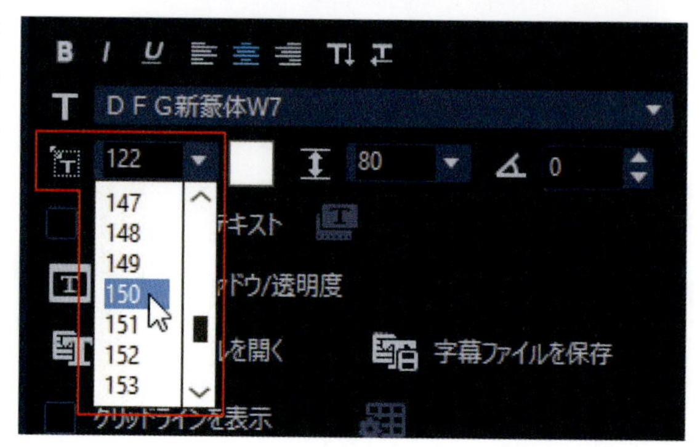

④プレビューで確認します。

変更前

変更後

⑤変更を確定するには、プレビュー内の文字を囲んでいる点線の外側をクリックします。

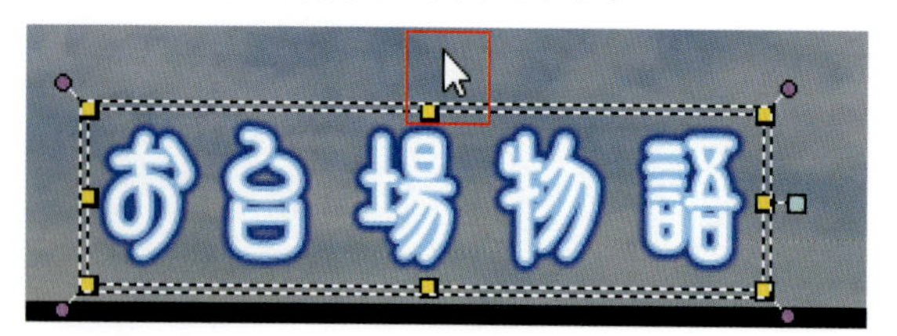

Reference

プレビューで操作する

②のタイトルが選択された状態のときに、文字の周りに表示されるハンドルをドラッグすると、直感的に拡大、縮小、回転が簡単に実行できます。
また文字の移動も同じようにカーソルが指の形に変わるのを確認して、ドラッグすれば、自由に移動できます。

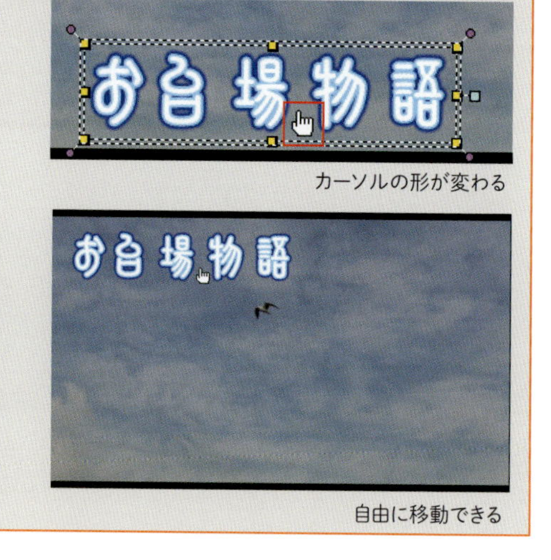

カーソルの形が変わる

自由に移動できる

文字色の変更

文字の色を変更します。

①タイムラインのタイトルクリップをダブルクリックします。

②プレビューのタイトルが、選択されている状態になります。

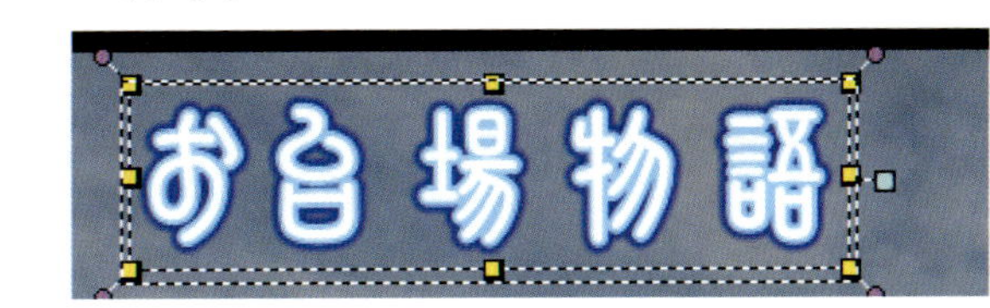

③オプションパネルの色をクリックして、表示された色のリストから使用したい色を選択します。

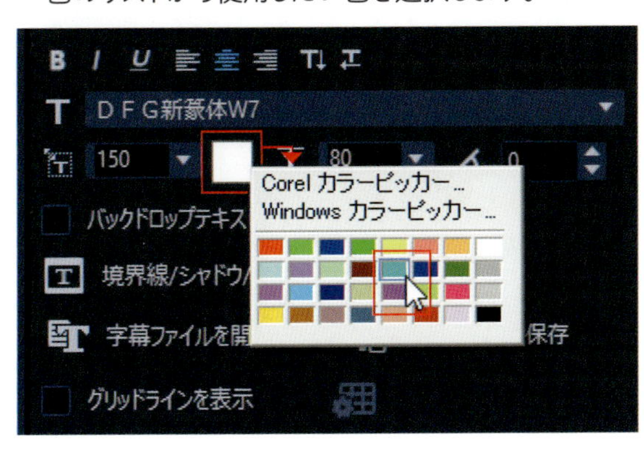

④選択した色が反映されます。

⑤変更を確定するには、プレビュー内の文字を囲んでいる点線の外側をクリックします。

Reference

1文字ずつ色を変える

文字入力のときのように、点線だけで囲まれている状態であることを確認し、変えたい文字をドラッグして反転させ、同じ要領でオプションパネルで色を指定します。

Point!

これらのタイトルの各種設定の変更は、確定させる前であればつづけて一度に実行できます。

境界線／シャドウ／透明度

文字の飾りつけの項目です。文字を縁どりしたり、半透明にしたりできます。

①タイムラインのタイトルクリップをダブルクリックして、プレビューのタイトルを選択した状態にし、オプションパネルの「境界線／シャドウ／透明度」をクリックします。

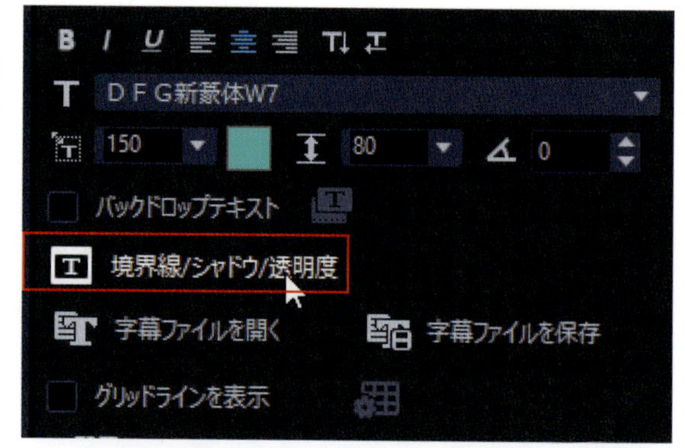

②「境界線／シャドウ／透明度」ウィンドウが開きます。

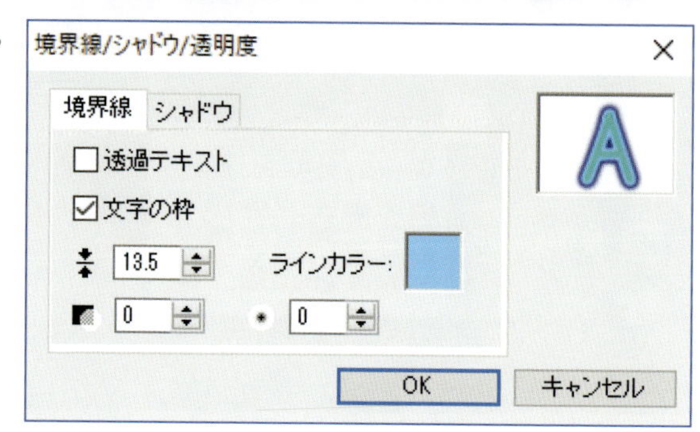

③「境界線」と「シャドウ」のタブを切りかえて、プレビューで効果を確認しながら設定していきます。

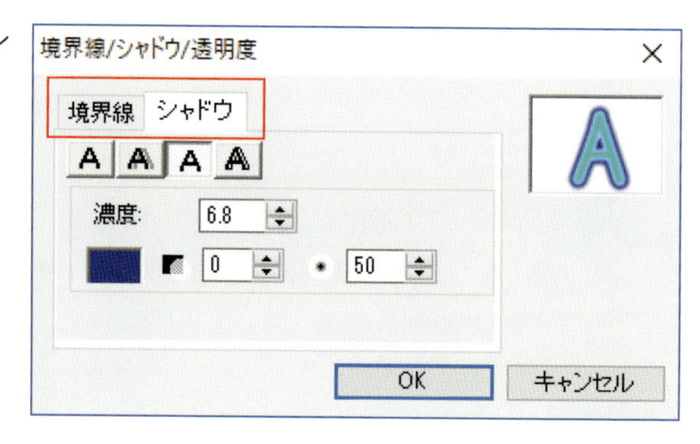

④設定を終えたら「OK」をクリックします。

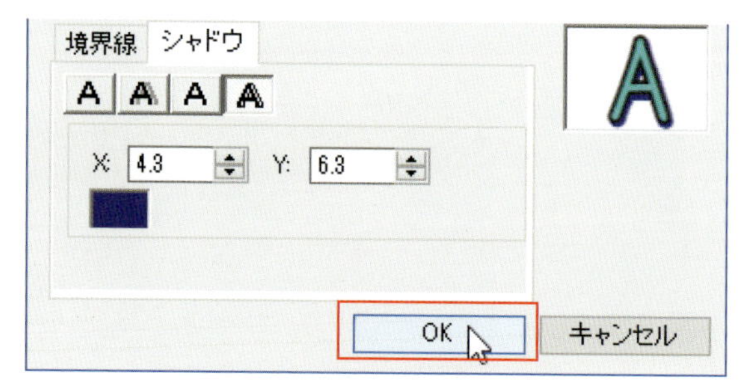

タイトルのアニメーション

①タイトルトラックにあるクリップをダブルクリックします。

②オプションパネルが開くので、「タイトル設定」タブを選択して切り替えます。

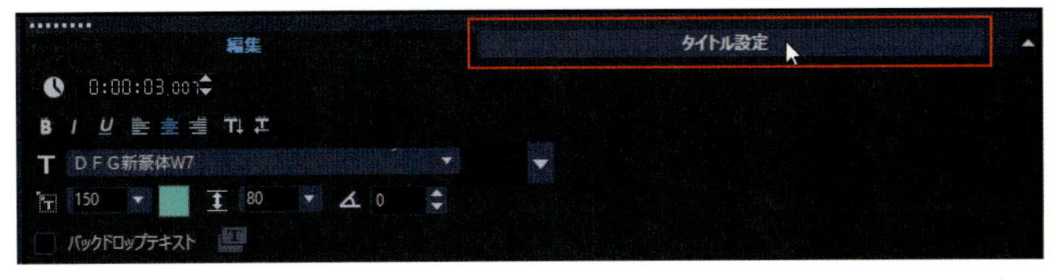

Reference　タイトルのオプションパネルの「タイトル設定」タブ

	機能
❶	アニメーションの設定に切り替える
❷	「適用」チェックボックス
❸	カテゴリーとカスタマイズ
❹	アニメーションのデモ画面※

※「適用」をチェックしないと表示されない

③❷「適用」にチェックを入れて、❹のデモ画面を表示します。

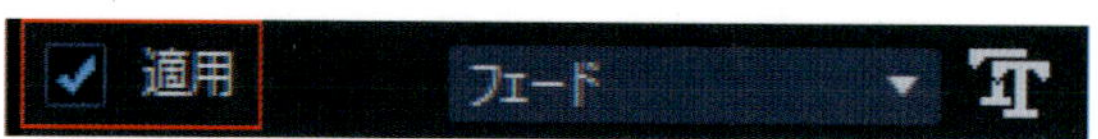

④カテゴリーのプルダウンメニューから動きを選択します。

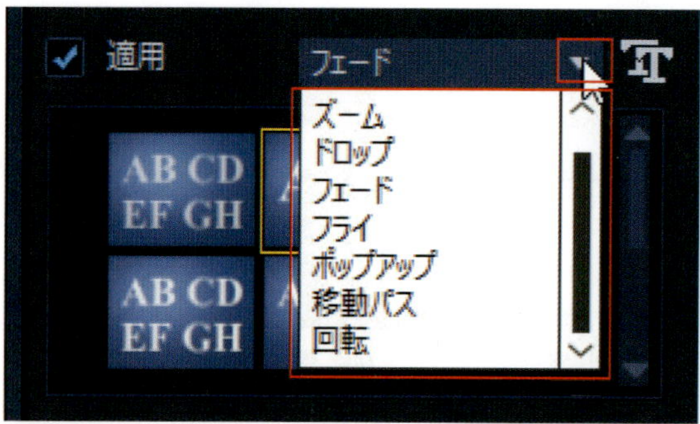

⑤デモ画面を参考にして、アニメーションの動き方を選択します。ここでは「フェード」の図のアニメーションを選択しています。

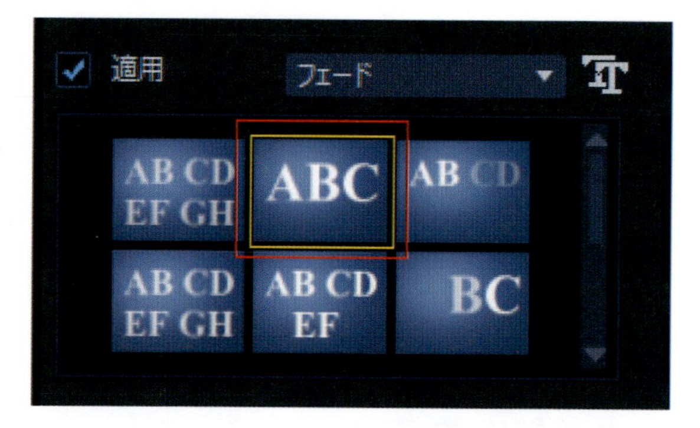

⑥プレビューで再生して、動き方の確認をします。

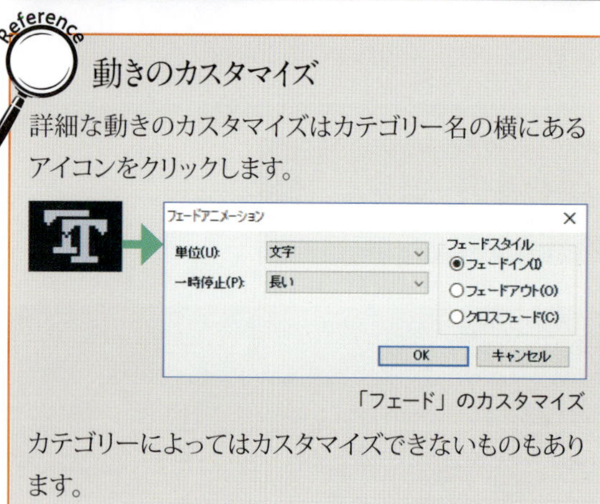

Reference　動きのカスタマイズ

詳細な動きのカスタマイズはカテゴリー名の横にあるアイコンをクリックします。

「フェード」のカスタマイズ

カテゴリーによってはカスタマイズできないものもあります。

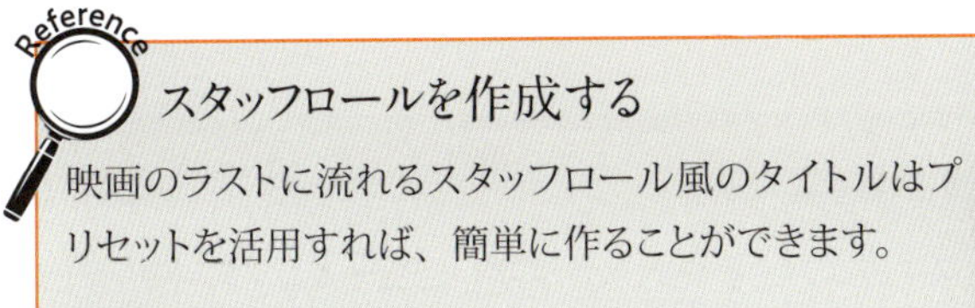

スタッフロールを作成する

映画のラストに流れるスタッフロール風のタイトルはプリセットを活用すれば、簡単に作ることができます。

慣れないうちはこのプリセットのアニメーションの設定を開いてみて、参考にすることをおすすめします。

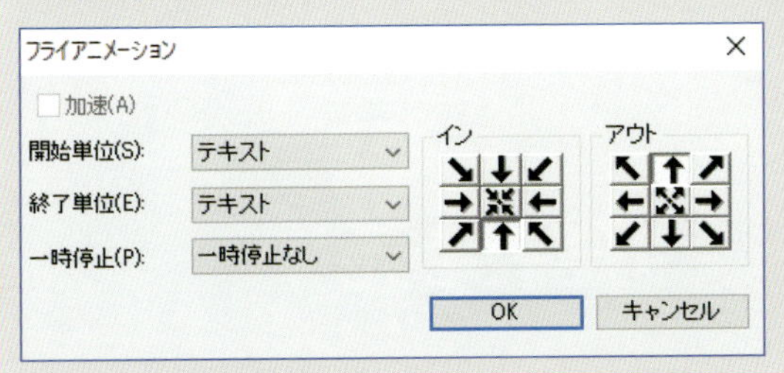

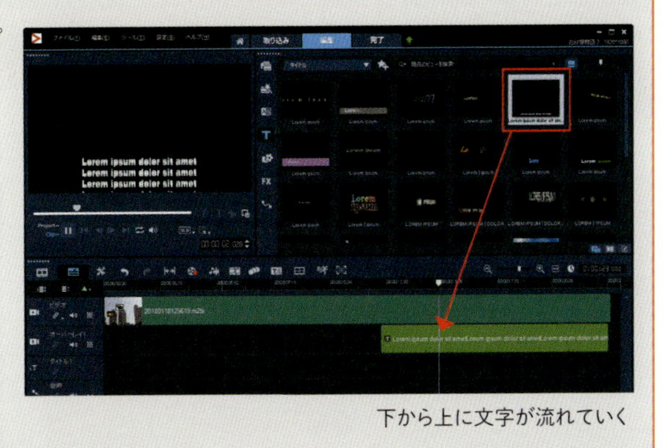

下から上に文字が流れていく

タイトルにフィルターをかける

タイトルのクリップには通常のビデオクリップと同じように「フィルター」というエフェクト（特殊効果）をかけることができます。細かい操作は「アニメーション」のときと同じく「タイトル設定」タブでおこないます。

①ツールバーの「フィルター」をクリックして、ライブラリパネルに「フィルター」の一覧を表示します。

②ライブラリパネルで選択した「フィルター」をタイトルトラックにあるクリップにドラッグアンドドロップします。ここではカテゴリー「メイン効果」の「風」を設定しています。

③カスタマイズはオプションパネルの「タイトル設定」で実行します。タイトルのクリップをダブルクリックしてオプションパネルを開き、「タイトル設定」タブをクリックします。

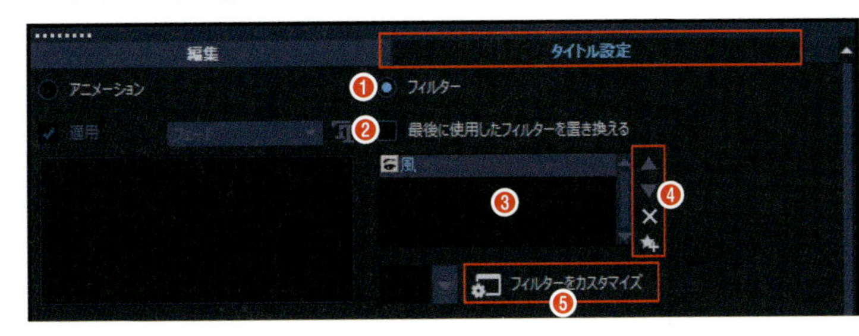

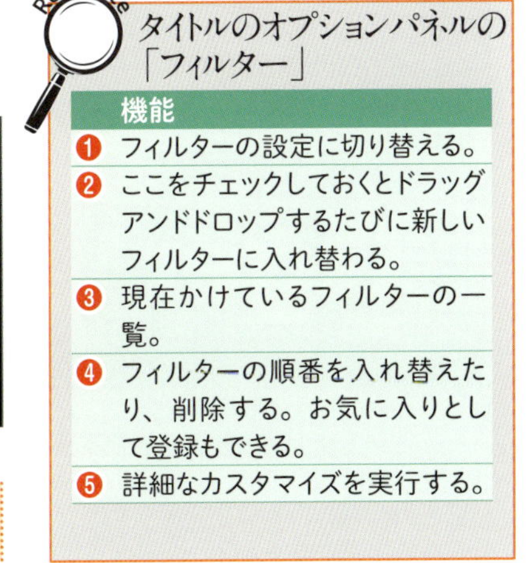

タイトルのオプションパネルの「フィルター」

	機能
❶	フィルターの設定に切り替える。
❷	ここをチェックしておくとドラッグアンドドロップするたびに新しいフィルターに入れ替わる。
❸	現在かけているフィルターの一覧。
❹	フィルターの順番を入れ替えたり、削除する。お気に入りとして登録もできる。
❺	詳細なカスタマイズを実行する。

Point!

「フィルター」はクリップに対して複数かけることも可能です。（→ P.95）

タイトルに画像を取り込む new

タイトルの文字の中に画像を取り込める機能が新しく搭載されました。

①取り込みたい画像をタイトルトラックのタイトルクリップにドラッグアンドドロップします。

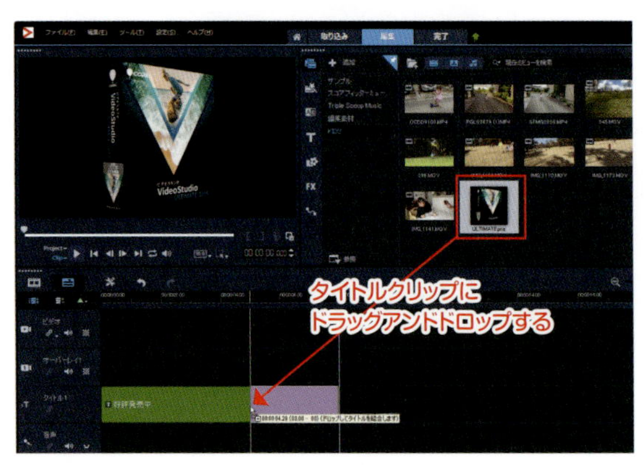

②画像の位置や大きさはプレビューで、ハンドルを操作して調整できます。

③タイトルと同じだけの時間表示をしたい場合はドラッグして調整します。

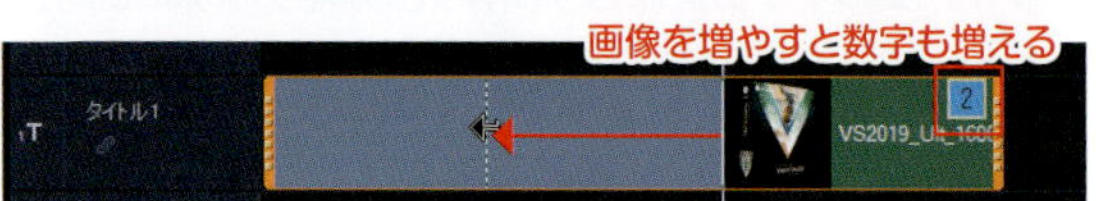

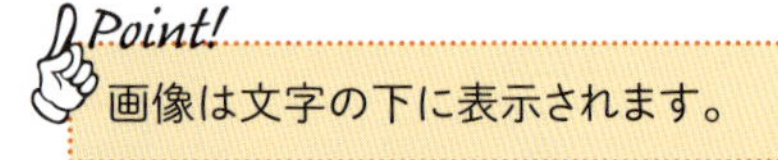

Point!

画像は文字の下に表示されます。

Reference

3D タイトルとテキストマスク ULTIMATE

ULTIMATE では立体的な 3D タイトルの製作やマスクを適用したテキストの製作が可能です。

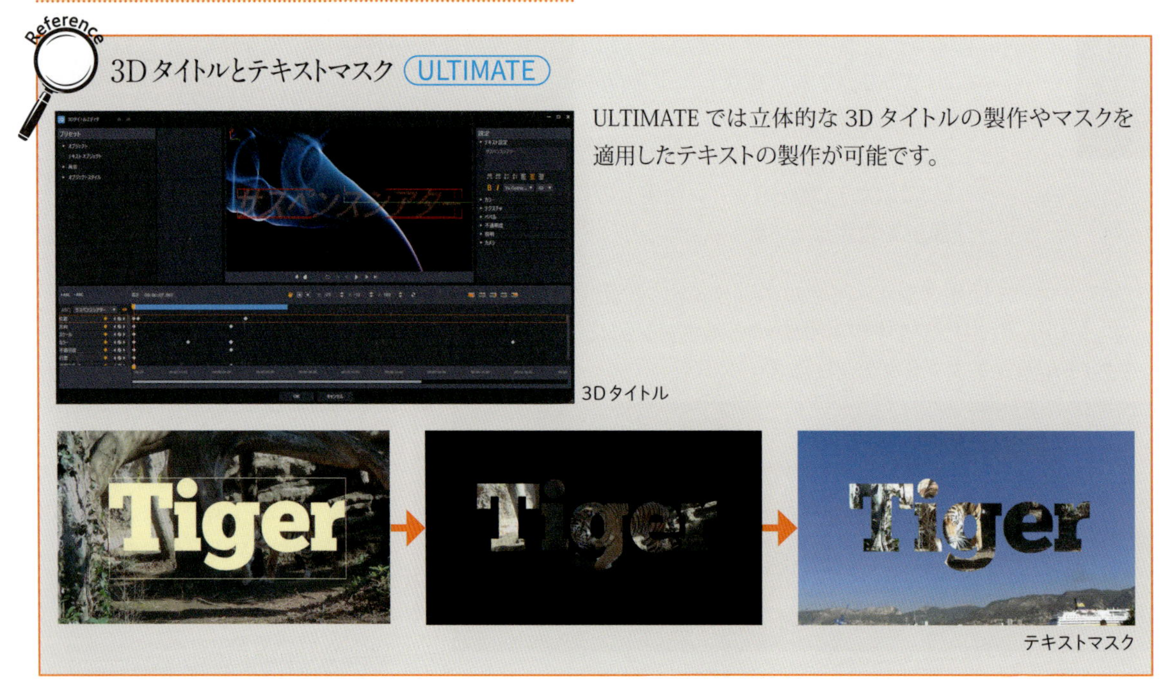

3D タイトル

テキストマスク

10 「オーディオ」でシーンを盛り上げる

オーディオはBGMや効果音など、シーンを盛り上げるのに欠かせない要素です。

VideoStudio 2019 にはサンプルオーディオとして、BGM用の音楽や効果音などが数多く収録されています。ファイルは「サンプル」フォルダーを開くと確認できます。

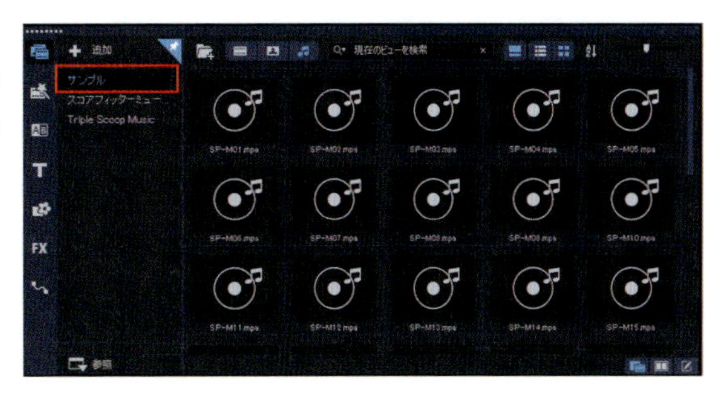

Point!

オーディオファイルのみを表示する。

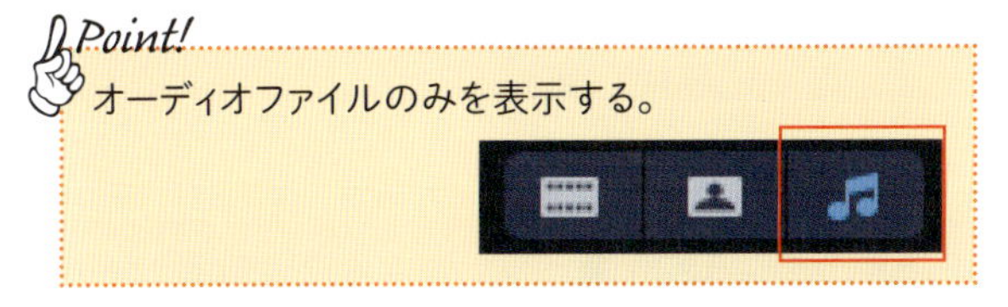

オーディオをタイムラインに配置する

基本的にオーディオは「ミュージックトラック」、ナレーションなどの音声データは「ボイストラック」に配置します。

①ビデオトラックにあるクリップの再生またはジョグ スライダーを操作してオーディオを開始したい位置を見つけます。

②ライブラリパネルのオーディオデータを「ミュージックトラック」に、ドラッグアンドドロップします。

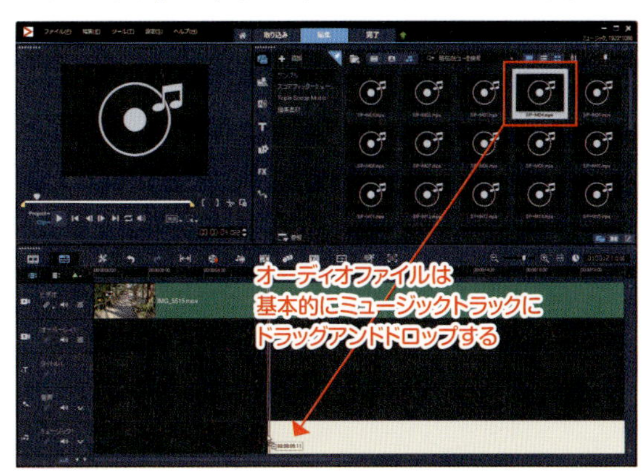

Point!

配置するオーディオを確認したい場合は、「Clip」モードで再生します。

オーディオの音量を調整する

動画の完成時に再生される音量を調整します。なお同じ方法でビデオクリップやボイストラックにあるクリップの音も調整できます。

①調整したいオーディオクリップをダブルクリックして、ライブラリパネルにオプションパネルを表示します。

SP-M04.mpa　ダブルクリックする

②図のように上下ボタンか、その隣にある▼をクリックして、メーターを表示し、調整します。

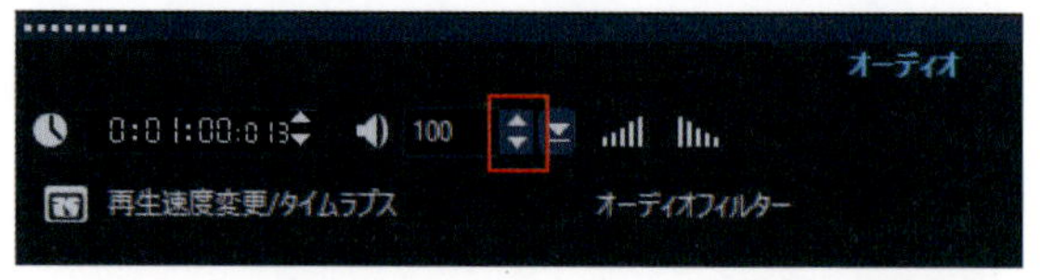

上下ボタンで調整する

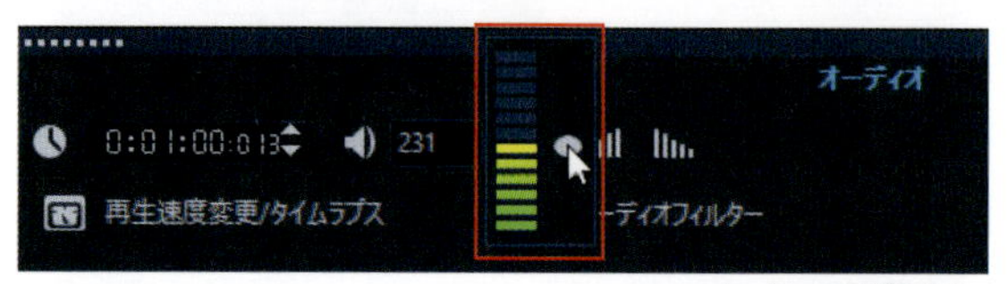

メーターで調整する

Reference

プレビューのボリュームアイコン

プレビューのボリュームアイコンは編集作業中のボリュームを調整するもので、ここを操作しても完成した動画には反映されません。

③プレビューで再生して確認してみましょう。

Point!

オーディオの波形を利用して、視覚的に調整する方法もあります。(→ P.121)

オーディオクリップをトリミングする

オーディオクリップの長さを調整します。オーディオクリップがビデオクリップより長い場合、画面は真っ暗なのにBGMだけが流れることになります。そういう場合はオーディオクリップをビデオクリップの長さに合わせます。

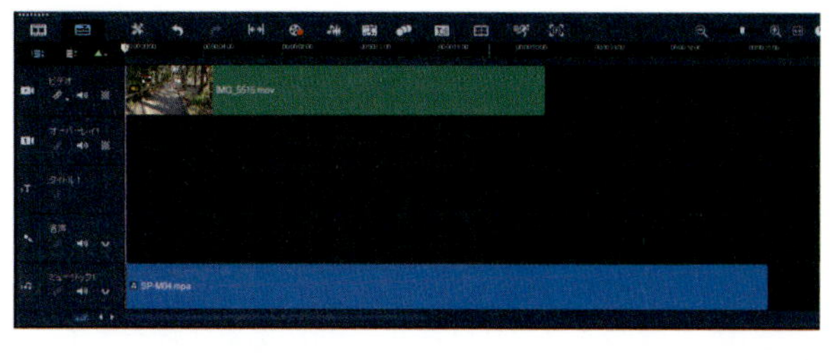

オーディオクリップがビデオクリップより長い

①オーディオクリップを選択して、終点にカーソルを合わせ、カーソルの形が矢印型に変わるのを確認して、左方向へドラッグします。

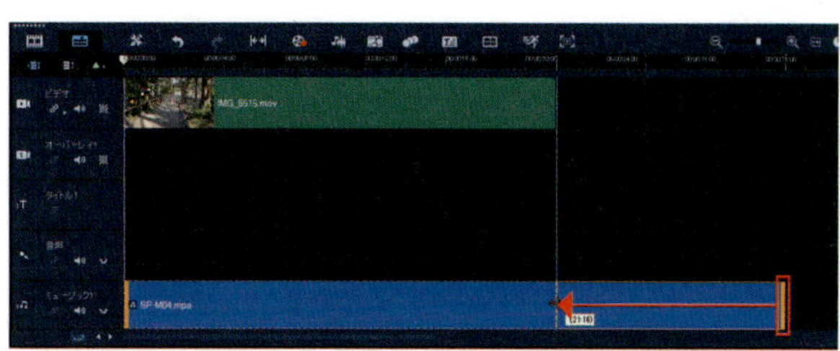

②ビデオクリップと長さが同じになりました。

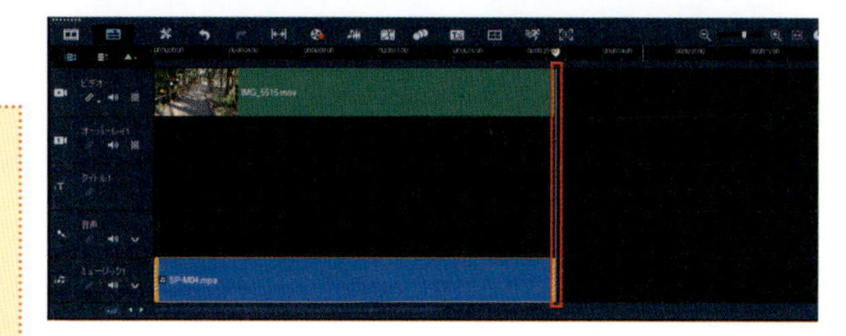

Point!

この方法でクリップを伸縮して、ほかのクリップの開始点／終了点に近づけると、そのクリップの長さと同じ位置に吸いつけられるようにスナップすることができます。この操作はオーディオ以外のクリップでも有効です。

フェードイン／フェードアウト

音が徐々に大きくなるのを「フェードイン」、逆にだんだん小さくなっていくのを「フェードアウト」といいますが、VideoStudio 2019ではこれをワンクリックで設定できます。

①調整したいクリップをダブルクリックして、ライブラリパネルにオプションパネルを表示します。

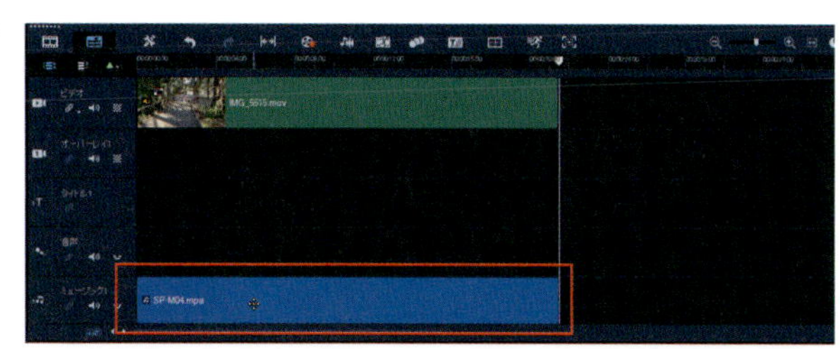

②クリックすることで、設定されます。もちろんフェードイン / フェードアウトを同時に設定することも可能です。

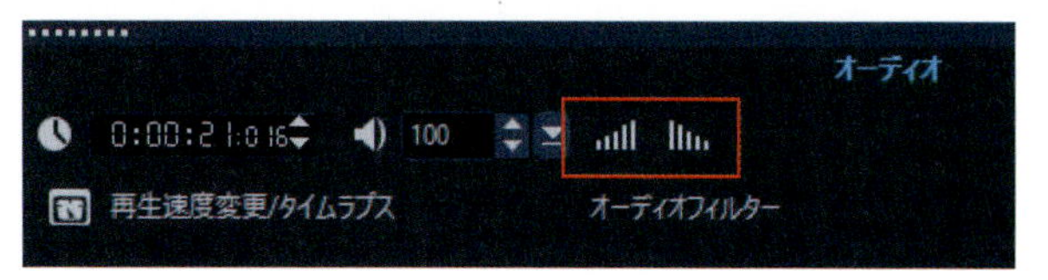

左がフェードイン、右がフェードアウト

Chapter1 Chapter2 Chapter3 Chapter4 Chapter5

オーディオフィルターを設定する

クリップに特殊効果をかけるのがフィルターですが、オーディオには専用の「オーディオフィルター」が用意されています。

①ツールバーの「フィルター」をクリックします。

②ライブラリパネル上部にある「オーディオフィルターを表示」アイコンをクリックします。

③ライブラリパネルの表示が「オーディオフィルター」に切り替わるので、設定したいフィルターをタイムラインのオーディオクリップにドラッグアンドドロップします。ここでは「エコー」を使用しています。

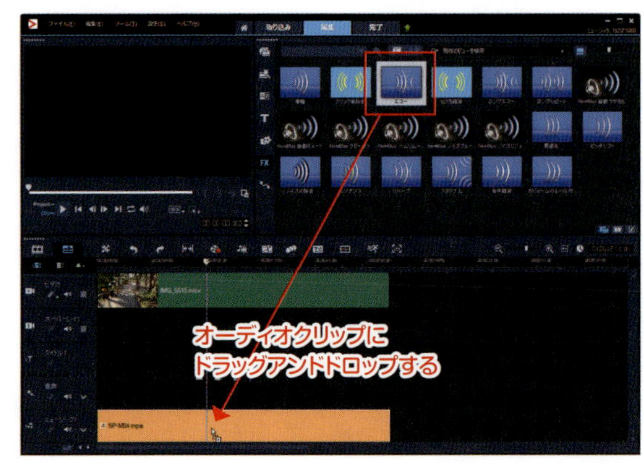

④「Project」モードで再生して、効果を確認します。

Reference さらに詳細に設定する

オーディオクリップをダブルクリックして、ライブラリパネルにオプションパネルを開き「オーディオフィルター」の文字列をクリックして、「オーディオフィルター」ウィンドウを表示します。

設定したフィルターの項目を確認して、「オプション」をクリックします。

フィルター名のウィンドウが開くので、さまざまな調整をします。

設定後、「OK」をクリックします。

オーディオフィルターを除去する

①タイムラインにあるオーディオクリップ上で、右クリックし、表示されるメニューからオーディオフィルターを選択、クリックします。

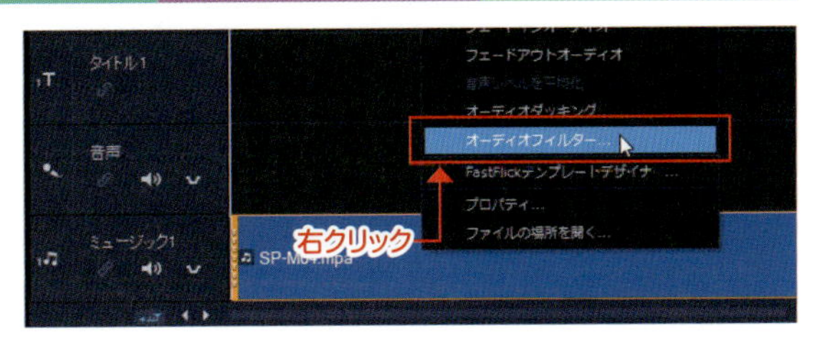

②「オーディオフィルター」ウィンドウが開くので、「<<除去」または「すべて除去」を選択し「OK」をクリックします。

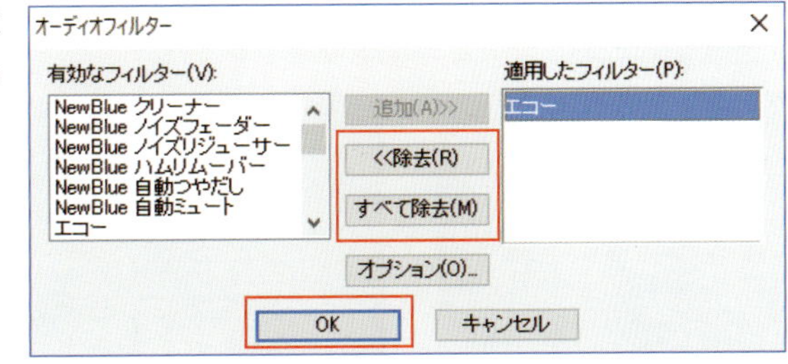

スコアフィッターミュージック

ビデオにBGMをつけたいけれど、ビデオの長さと合わない。動画の途中で終わってしまったり、真っ暗な画面に音楽だけが流れたり…それを解決してくれるのが「スコアフィッターミュージック」です。ビデオクリップの長さに合わせて音楽のエンディングをきれいに自動調整してくれます。

①ライブラリパネルの「スコアフィッターミュージック」をクリックします。

②「ライブラリを準備中」と表示されるので、終わるまで待ちます。

③ライブラリにアイコンが表示されたら、選択して「Clip」モードで試聴して、使用する曲を決定します。

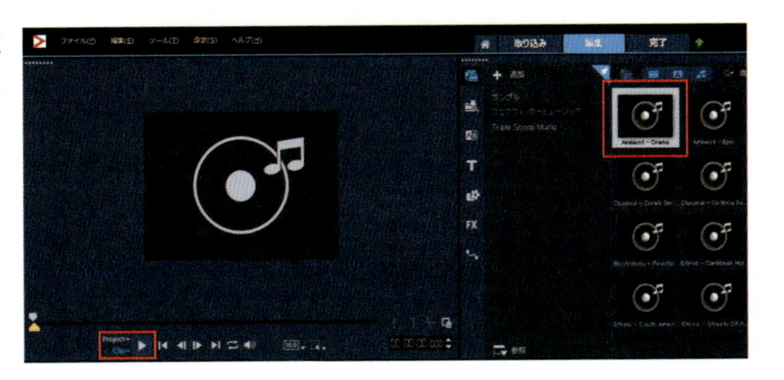

④ミュージックトラックにドラッグアンドドロップします。

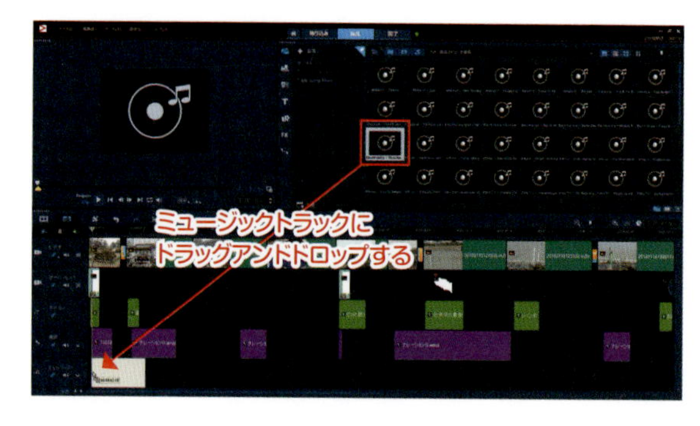

⑤そのほかのトラックのクリップとの兼ね合いを加味して、長さをビデオクリップに合わせます。

⑥処理が終わると「回転」から「音符」へとマークが変わるので、「Project」モードで再生して確認します。

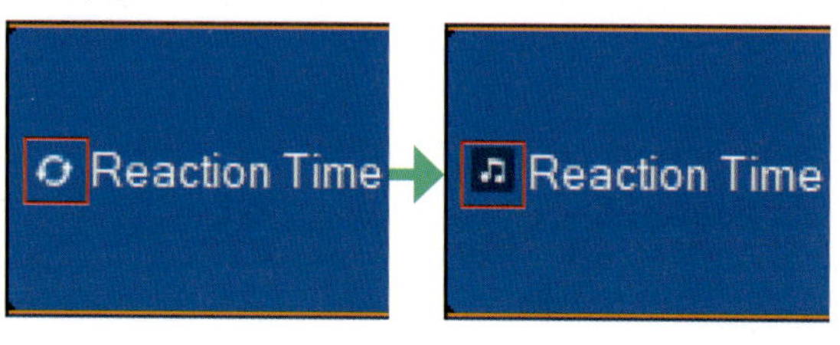

Point!
配置する曲はいくつでも OK です。

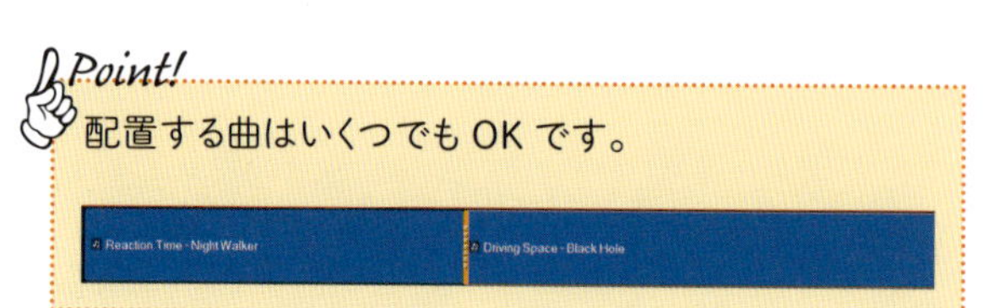

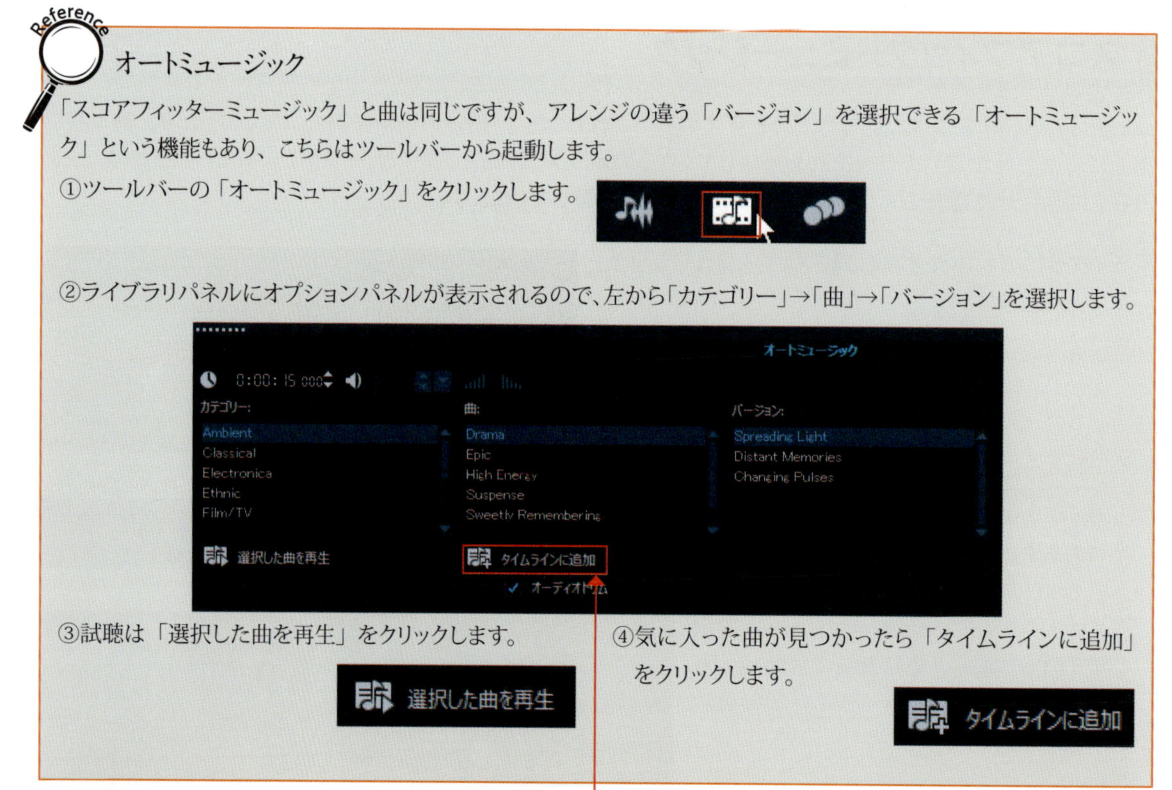

Reference

オートミュージック

「スコアフィッターミュージック」と曲は同じですが、アレンジの違う「バージョン」を選択できる「オートミュージック」という機能もあり、こちらはツールバーから起動します。

①ツールバーの「オートミュージック」をクリックします。

②ライブラリパネルにオプションパネルが表示されるので、左から「カテゴリー」→「曲」→「バージョン」を選択します。

③試聴は「選択した曲を再生」をクリックします。

④気に入った曲が見つかったら「タイムラインに追加」をクリックします。

Point!
追加する前にタイムラインのスライダーを挿入開始位置に動かしておきましょう。そうしないと曲が思いもよらない場所に挿入されてしまいます。また「オーディオトリム」のチェックも常に入れておくことをおすすめします。

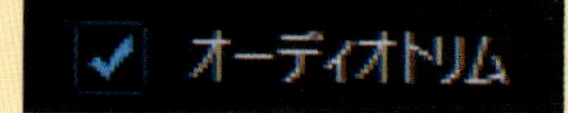

サウンド ミキサーを起動する

サウンド ミキサーを起動して音量を調整します。

①トラックに各種クリップが配置されている状態で、ツールバーからサウンド ミキサーを起動します。

②ライブラリのオプションパネルに「サラウンドサウンド ミキサー」が表示され、タイムラインにあるクリップもオーディオ編集モードに変わります。

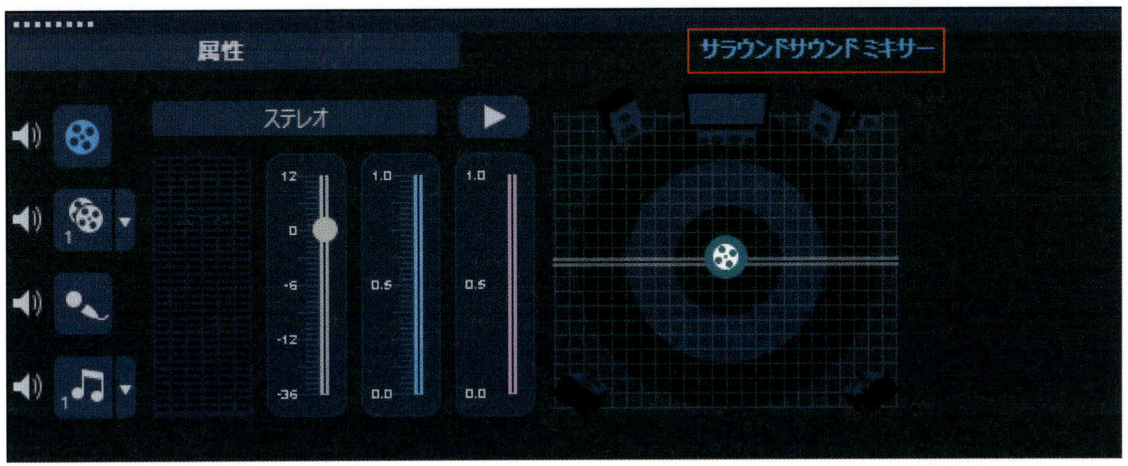

サラウンドサウンド ミキサー

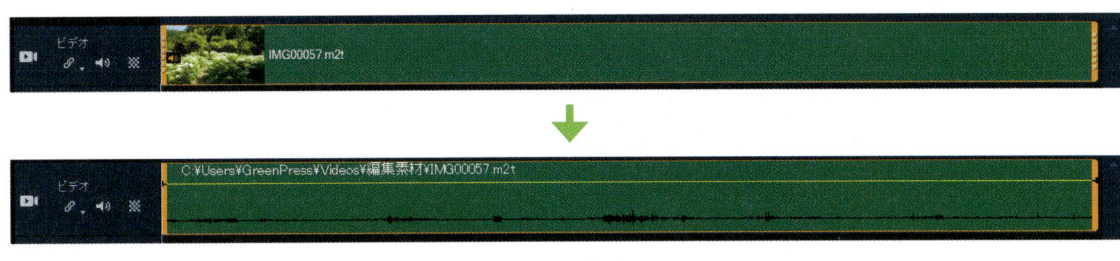

Point!

サウンド ミキサーを閉じれば、タイムラインのクリップは元の表示に戻ります。閉じるにはツールバーの「サウンドミキサー」アイコンを再度クリックします。

サラウンドサウンド ミキサー

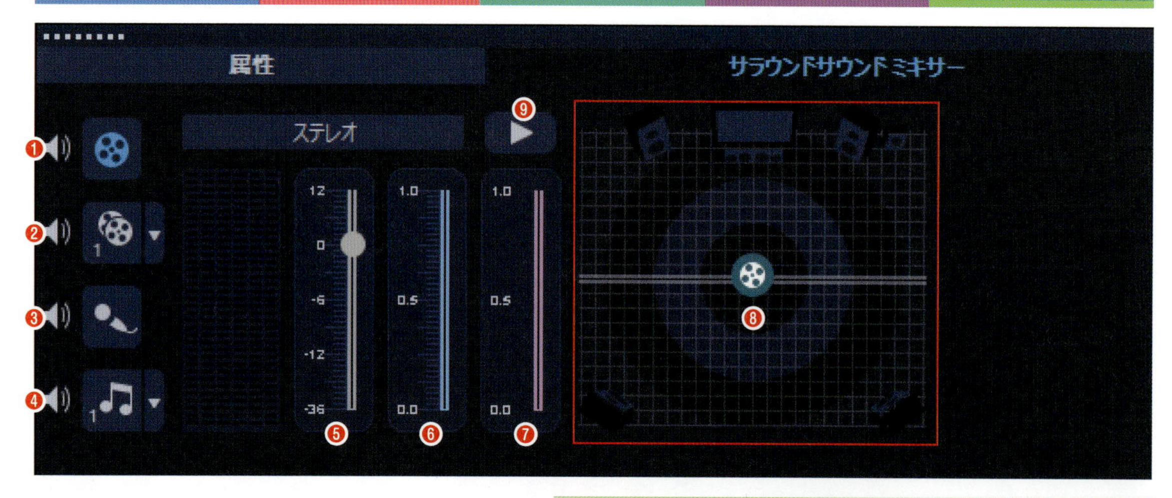

❶	ビデオトラックの音量を調整する。
❷	オーバーレイトラックの音量を調整する。
❸	ボイストラックの音量を調整する。
❹	ミュージックトラックの音量を調整する。
❺	全体の音量
❻	中央（スピーカー）
❼	サブウーファー
❽	バランスの調整（視覚的に調整）
❾	再生

ビデオトラックの音量を調整する

①サラウンドサウンド ミキサーの❾再生ボタンか、プレビューの再生ボタンをクリックします。

Point!
再生中に右クリックするとデフォルト（初期値）に設定されます。

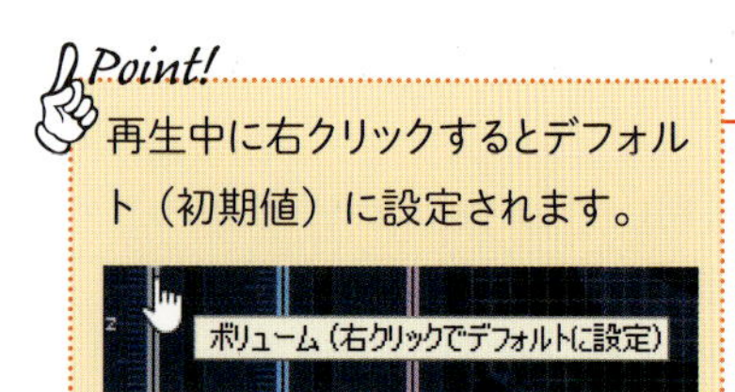

②オプションパネルの全体の音量を上下すると、リアルタイムにビデオトラックの音量も変化します。

視覚的に音量を調整する

①サウンド ミキサーを起動して、オーディオ編集モードにします。

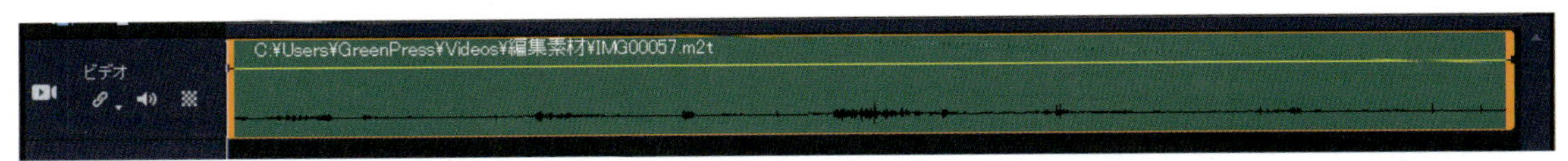

②黄色いライン上にカーソルを持っていくと、カーソルの形が変化するので、その場所でクリックします。

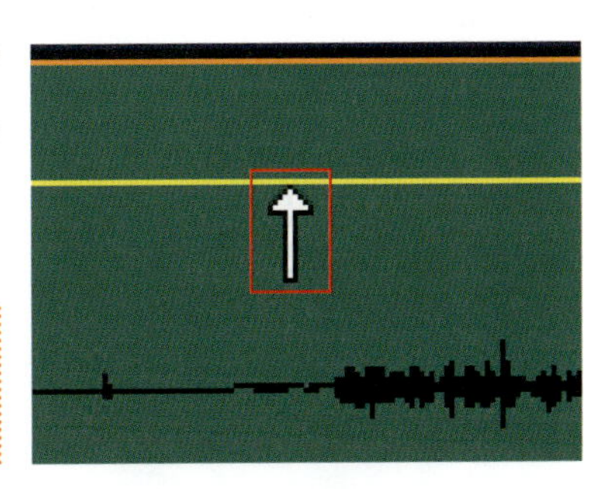

Point!
ラインが黄色ではなく青い場合はそのクリップが選択されていません。クリックして選択しましょう。

③コントロール用のが追加されます。同じようにここでは 4 か所クリックしてを追加しました。

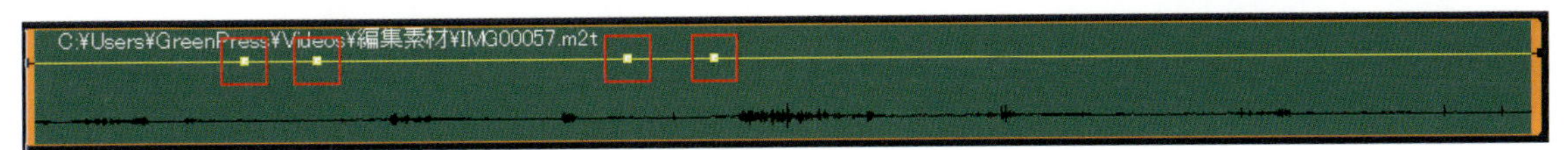

④をドラッグするとラインが動きます。下に引っ張るとその部分のオーディオの音量が下がり、上に引っ張ると音量が上がります。青いラインが元の音量です。

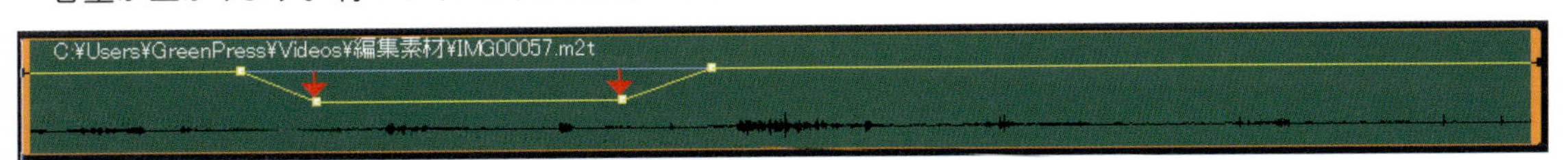

⑤コントロール用のを削除するには、削除したいをドラッグしてタイムラインの外へ持っていき、ドロップします。

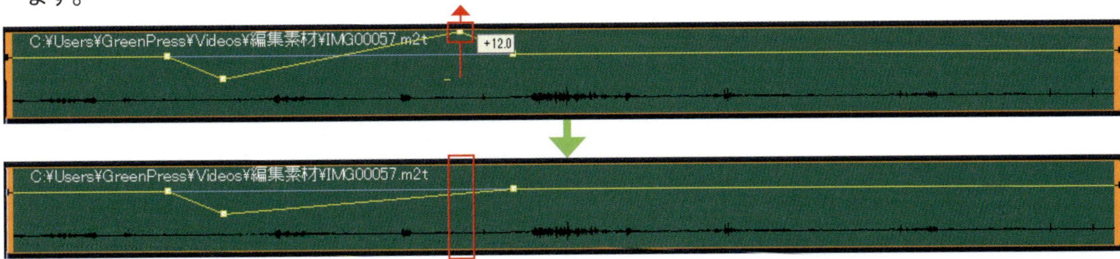

Reference

サウンド ミキサーの「属性」タブ

サウンド ミキサーの「属性」タブではフェードイン／フェードアウト、数値によるボリュームの調整ができます。またオーディオファイルによっては「オーディオチャンネルを複製」をチェックすることによって、ステレオ音源の片方の音を無音にすることができます。

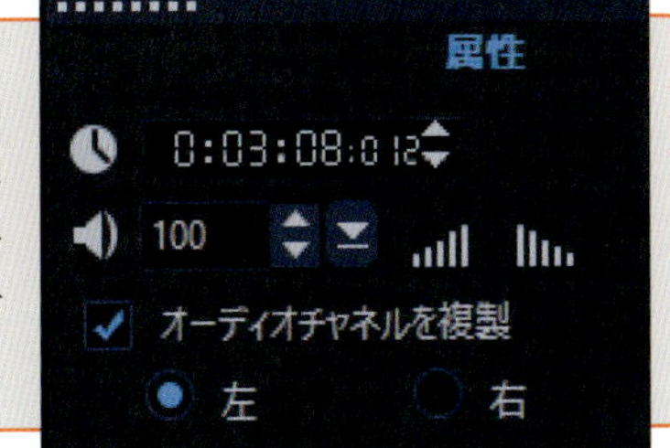

オーディオダッキングで音声をクリアにする

ミュージックトラックのBGMとボイストラックにある音声の音量のバランスを自動的に分析して、ビデオトラックの音声を聞き取りやすくしてくれる機能が「オーディオダッキング」です。効果がよくわかるようにウェーブデータを表示します。

①ツールバーの「サウンド ミキサー」アイコンをクリックします。

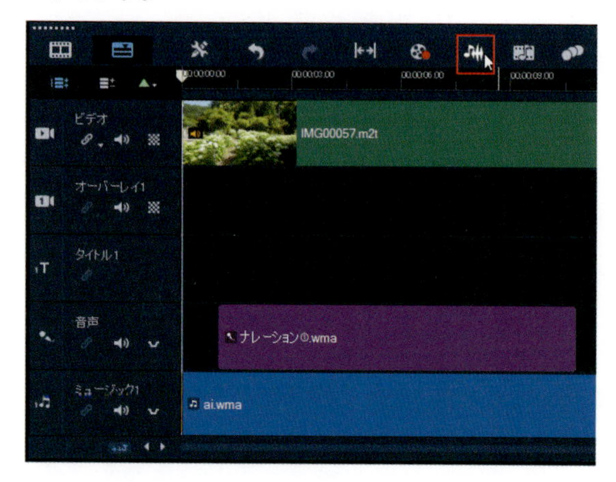

②ウェーブデータが読み込まれます。

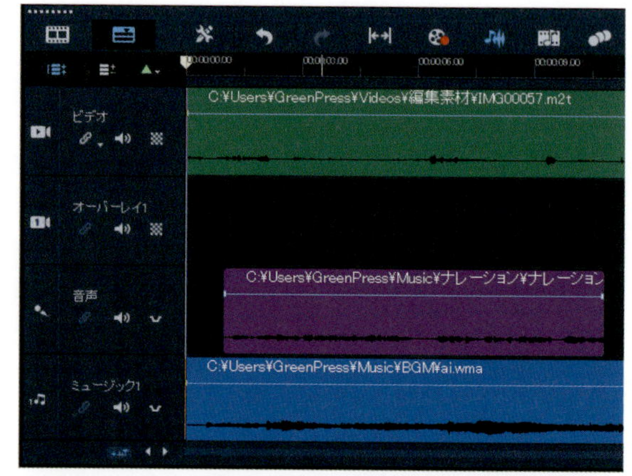

③ミュージックトラックにあるオーディオを選択して、右クリックします。表示されるメニューから「オーディオダッキング」をクリックします。

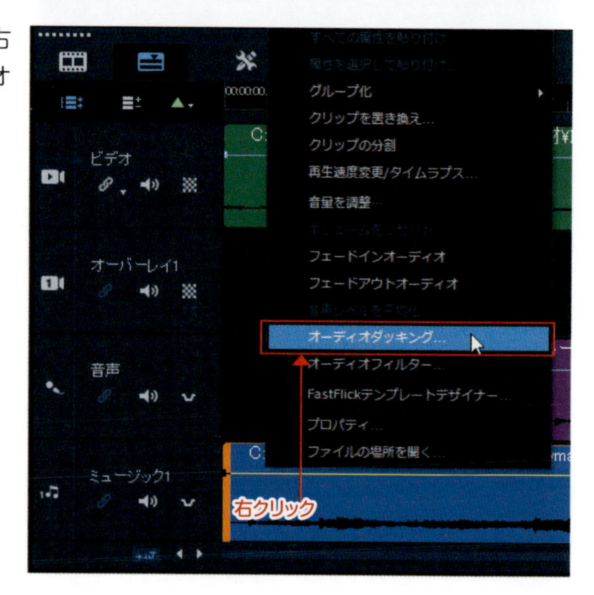

④「オーディオダッキング」ウィンドウが開きます。

❶ **ダッキングレベル**	0～100の間で指定する。数字が大きいほど適用部分のBGMの音量が低くなる。
❷ **感度**	ダッキングをするために必要な音量のしきい値。
❸ **アタック**	❷の設定に合致したあと、音量が下がるまでにかかる時間を設定する。
❹ **デイケイ**	❸とは逆に元の音量までに戻るまでにかかる時間を設定する。

Point!
しきい値とはその値を境に条件などが変わる境界の値のことです。

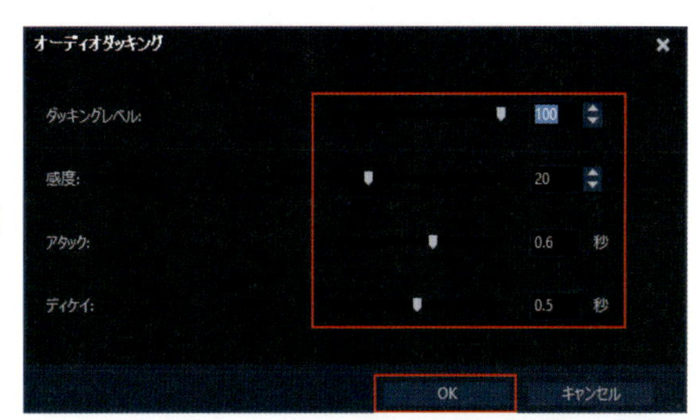

⑤感度やダッキングレベルを調整して、最後に「OK」をクリックします。

⑥分析後、ミュージックトラックの音量が調整されました。

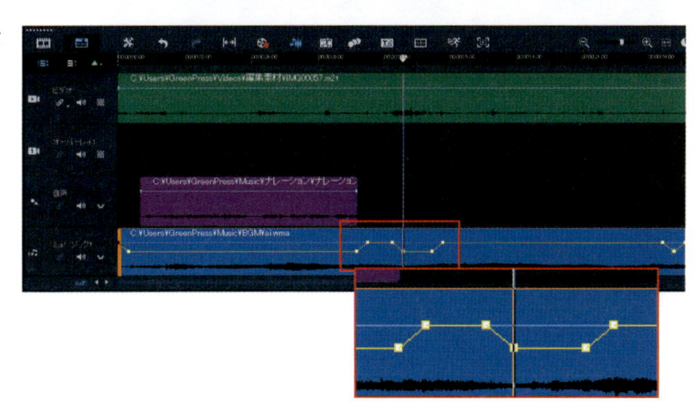

⑦プレビューで再生して確認してみましょう。

Point!
一度で思い通りの結果を得るのは、難しいかもしれません。感度やダッキングレベルを調整して、何度か試してみることをおすすめします。

Reference

ボイストラックの音声も分析

ナレーションなどのクリップがある場合は、ボイストラックの音量も分析の対象となり、ない場合と結果が変わります。

11 クリップの分割、オーディオの分割

所定の位置でクリップを分割する方法とクリップから音声を分割する方法です。

Chapter3-06で紹介したトリミングはクリップの中から必要なシーンを取捨選択して切り出す方法でしたが、フィルムのようにクリップにハサミを入れて分割し、不要な箇所を削除することも可能です。

クリップを分割する

①分割したいクリップをタイムラインに配置します。

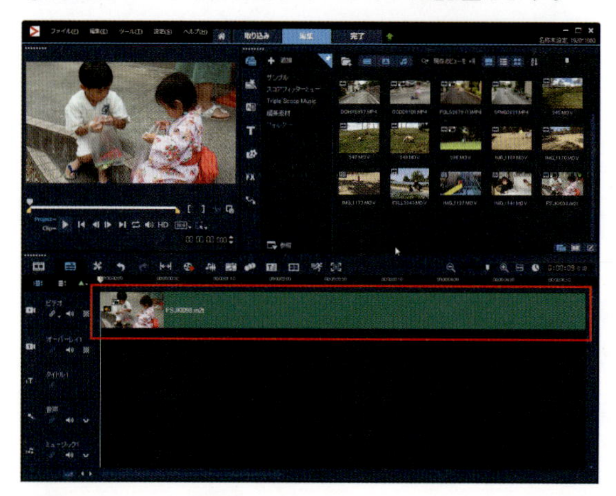

Point! モードは「Project」、「Clip」どちらでもかまいません。

②プレビューの下にあるジョグ スライダーを動かして、分割したいクリップの適切な位置を探します。

Point! 細かい調整はタイムコードや「前のフレームへ」「後のフレームへ」を使用します。

③分割したい位置を見つけたら、「はさみ」アイコンをクリックします。

④クリップが2つに分割されました。不要な箇所（クリップ）は削除します。

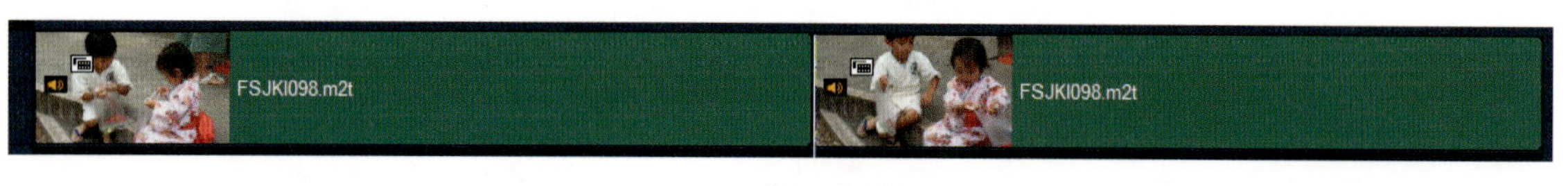

Point! ライブラリには元のクリップがそのまま残っています。

オーディオを分割する

先ほどは1本のクリップを前後2本に分割しました。今度はクリップを映像部分と音声（オーディオ）部分に分割します。タイムライン上のイメージでは1本のクリップを上下で分割する感覚です。

①タイムライン上にあるオーディオを分割したいクリップを選択して、右クリックします。

②表示されるメニューから「オーディオを分割」を選択してクリックします。

③ボイストラックに分割されたオーディオクリップが配置され、元のクリップのオーディオのマークが「あり」から「なし」に変わりました。

Point!

ボイストラックに何らかのクリップがすでにある場合は分割できません。

Point!

オーディオあり

オーディオなし

Reference

ミュートする

トラックのスピーカーマークをクリックすることで、ミュート（消音）のオン・オフを切り替えることができます。

Chapter1 Chapter2 Chapter3 Chapter4 Chapter5

12 クリップの属性とキーフレームの使い方

動画編集を進める際に、知っておくと作業がはかどる「クリップの属性」。また凝った演出をサポートする「キーフレームの使い方」。2つの便利な機能を紹介します。

クリップの属性

属性とはそのものが持っている特徴や性質のことをいいますが、VideoStudio 2019ではクリップに設定した「フィルター」などの効果をさします。

属性のコピー

クリップの属性はその設定をコピーして、ほかのクリップに適用することができます。「モーション」や「色補正」の複雑な設定をコピーして、別のクリップに適用すればまったく同じ動作をさせることが可能なので、とても便利です。

①ここに「ビネット」や「色補正」をほどこしたクリップがあります。

元の映像

加工した映像

②このクリップの属性をコピーします。タイムラインのクリップ上で右クリックし、表示されるメニューから「属性をコピー」を選択、クリックします。

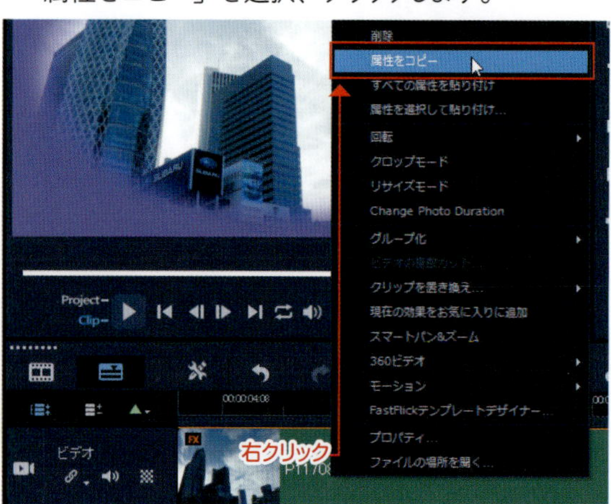

③属性を適用したいクリップ上で右クリックし、表示されるメニューから「すべての属性を貼り付け」を選択、クリックします。

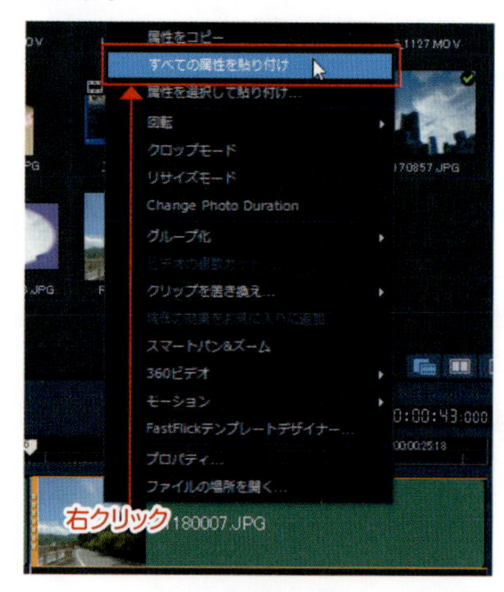

④すべての属性が引き継がれました。

属性を選択して貼り付け

①今度は属性の一部を選択して貼り付けてみます。右クリックで表示されるメニューで「属性を選択して貼り付け」を選択、クリックします。

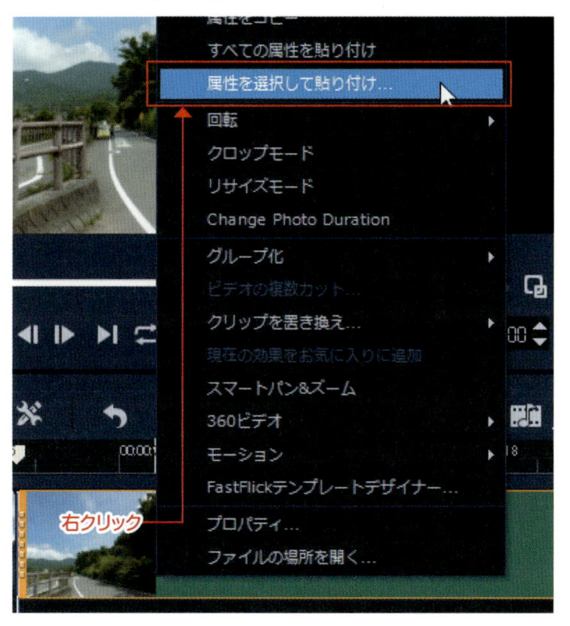

②「属性を選択して貼り付け」ウィンドウが開くので、流用したい属性にチェックを入れて、「OK」をクリックします。ここでは「色補正」と「リサンプリングオプション」にチェックを入れました。

属性を選択して貼り付け

クリップに貼り付ける属性を選択します。

- [ ] すべて(A)
- [ ] オーバーレイオプション(O)
- [x] 色補正(C)
- [x] リサンプリングオプション(E)
- [ ] フィルター(F)
- [ ] 回転(T)
- [ ] サイズとゆがみ(S)
- [ ] 方向/スタイル/モーション(D)

OK　キャンセル

③一部の属性のみ引き継がれました。

キーフレームの使い方をマスターしよう

キーフレームとは文字通りキー（鍵）となるフレームのことです。動画は連続した静止画像を順番に表示して動いているように見えています。その中で指定したフレームで効果を適用したり、今までと違う動きをするように指示を出したりすることによって、凝った演出を可能にします。

一定時間ごとに色を変化させる

VideoStudio 2019ではフィルターなどのカスタマイズをしようとすると、キーフレームの設定画面がよく登場します。ここでは最も簡単だと思われるフィルター「デュオトーン」を使用してキーフレームの操作を覚えましょう。

①クリップに「デュオトーン」（カテゴリー「カメラレンズ」）を設定します。

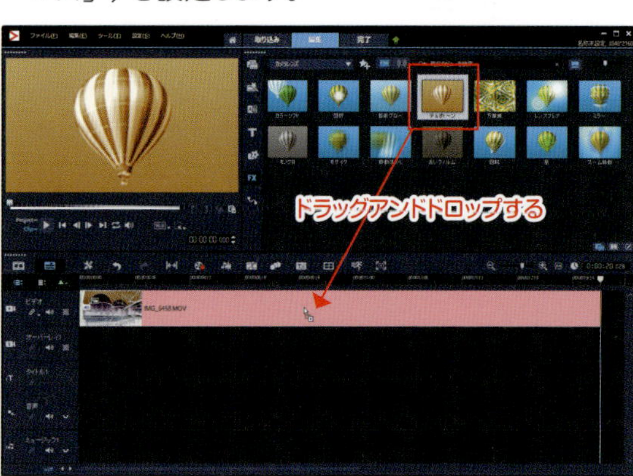

②タイムラインのクリップをダブルクリックして、ライブラリパネルにオプションパネルを表示します。

③「フィルターをカスタマイズ」をクリックします。

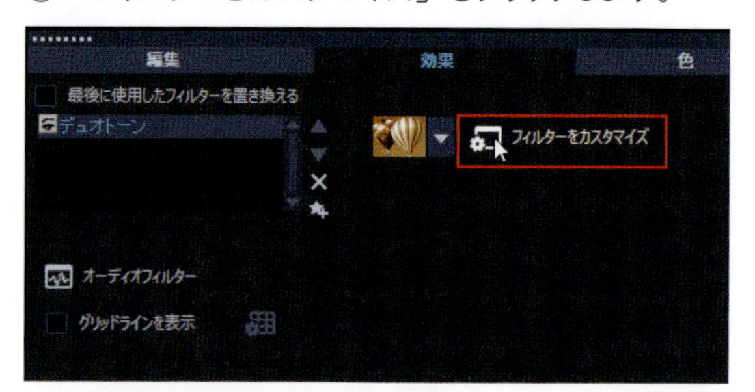

④「デュオトーン」ウィンドウが開きます。

操作ボタンの説明

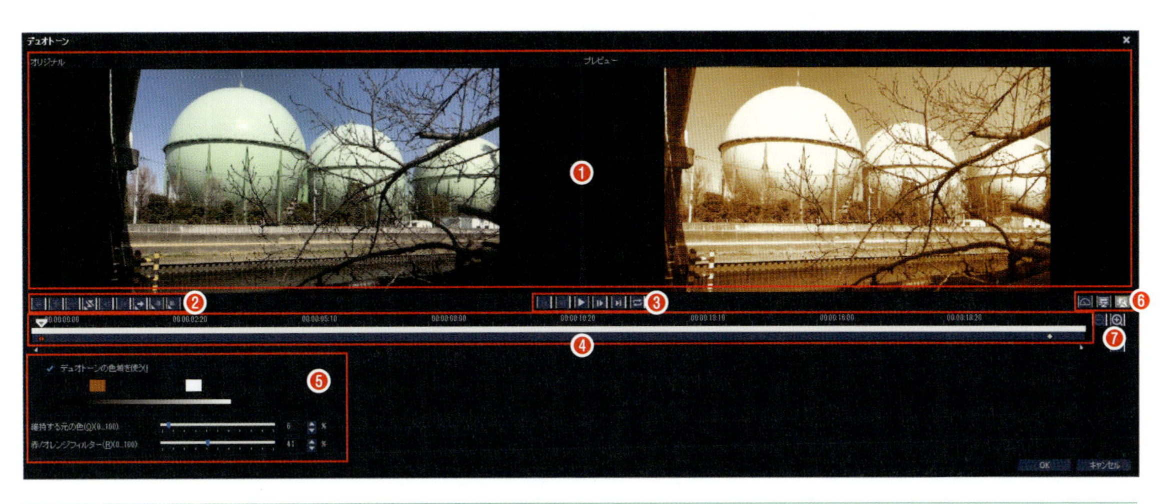

❶	プレビュー画面。左がオリジナルで右が適用後の画面。
❷	キーフレームの設定ボタン。追加したり、除去したりできる。（後述）
❸	動画の最初、最後に移動、1コマ左、1コマ右に移動、ループ再生
❹	ジョグ スライダー。スライダーを移動させることによって目的の場所をすばやく見つけられる。また設定したキーフレームを表示する。
❺	デュオトーンのカスタマイズ項目。
❻	再生速度の変更、デバイスの有効／無効、デバイスを変更する
❼	❹のスケールを拡大・縮小する。

①ジョグ スライダーを 4 秒の位置に移動します。

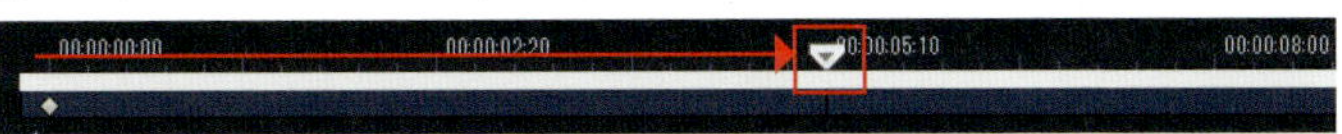

②キーフレームを追加します。

③キーフレームが追加されました。

Reference なぜ4秒?

この動画は約16秒で、途中3回色を変更したいため、4秒、8秒、12秒の位置にキーフレームを設定しています。

Reference キーフレームの操作ボタン

❶	前のキーフレームに戻る
❷	キーフレームを追加
❸	キーフレームを除去
❹	キーフレームを逆転
❺	キーフレームを左に移動
❻	キーフレームを右に移動
❼	次のキーフレームに進む
❽	フェードイン
❾	フェードアウト

④色を変更します。図の箇所をクリックして、「Corel カラーピッカー」を開き、ここではブルーを選択しています。指定後は「Corel カラーピッカー」は「OK」で閉じます。

Corelカラーピッカー

⑤同じ要領であと 2 か所にキーフレームを追加します。

⑥設定が完了したら右下にある「OK」をクリックして「デュオトーン」ウィンドウを閉じます。

⑦プレビューで再生して確認しましょう。

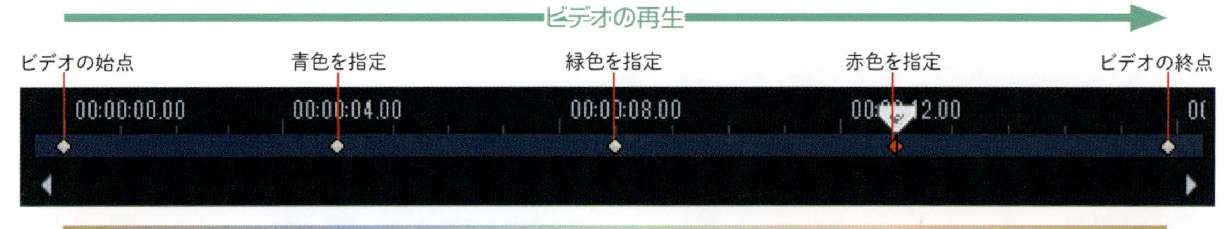

茶色から徐々に青色へ　青色から徐々に緑色へ　緑色から徐々に赤色へ　赤色から徐々に茶色へ

Point!

キーフレームを使いこなすことができれば、斬新でスタイリッシュな映像を制作できるようになります。ぜひチャレンジしてみてください。

Chapter 4

完成した動画を書き出す

編集完了！ 完成した作品をいろいろな用途に合わせて書き出します。

01 完成した作品を書き出してみよう

VideoStudio 2019は編集した動画をいろいろな形式で書き出して、保存することができます。

書き出したファイルでDVDビデオやBlu-rayディスクを作成するのか、スマホなどの携帯機器で再生するのか、目的や用途で保存形式も変わります。VideoStudio 2019は現在普及しているファイル形式にはほぼすべて対応しています。

①「完了」タブをクリックします。

②「完了」ワークスペースに切り替わりました。

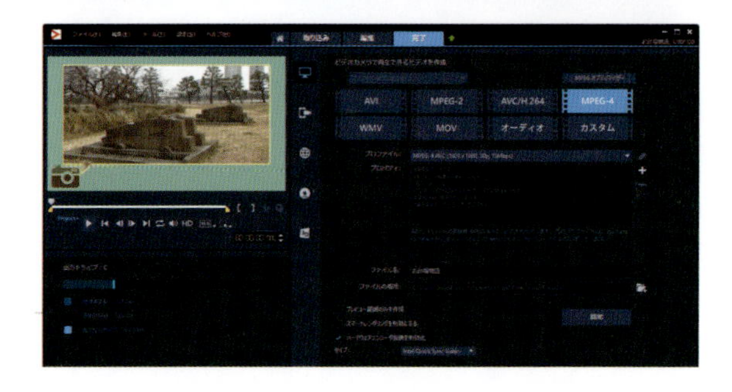

③カテゴリー選択エリアから「コンピューター」を選択します。

Point!
初期設定では「コンピューター」が選択されています。

④ここでは現在もっとも使用されている「MPEG-4」形式で書き出しています。

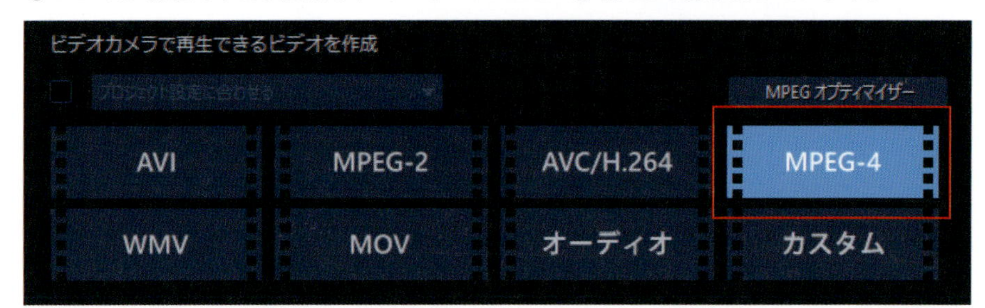

「コンピューター」のカテゴリーで選択できる形式

形式	説明
AVI	Windows標準の動画用ファイルフォーマット。DVカメラなどに採用されている。
MPEG-2	DVDビデオで使われる形式。市販のDVDもすべてこの形式。
AVC/H.264	MPEG-2より圧縮率が高く、しかも高画質。Blu-rayディスク、AVCHDカメラなどで採用されている。
MPEG-4	スマホやデジタルカメラなどの動画に多く採用されており、iPhoneやAndroidなどで動画を扱う場合に使用する。

形式	説明
WMV	Windows Media Video形式　Windows標準の動画用ファイルフォーマット。
MOV	Apple社独自の動画用フォーマット。AppleTV、iPhoneなどで採用されている。
オーディオ	オーディオのみを保存する。
カスタム	主に古い形式のファイルを扱う。ガラケーなどの3GPP形式なども選択できる。

⑤自分の目的に合ったものをプロファイルのプルダウンメニューからから選択します。

Point!

「プロジェクト設定に合わせる」にチェックを入れると、「編集」ワークスペースで設定した解像度やフレームレートなどに自動調整されます。

プロジェクト設定に合わせる

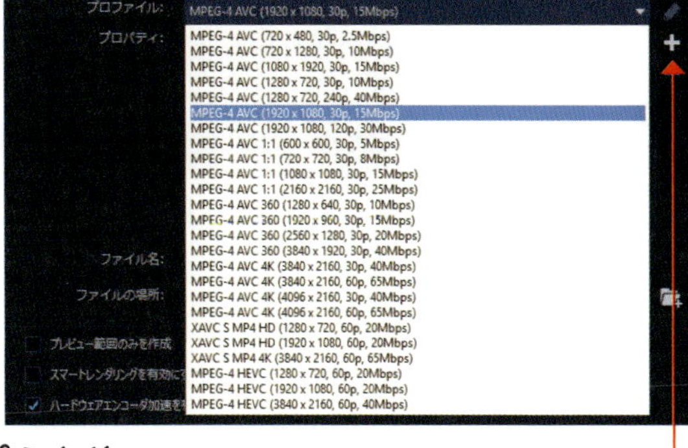

Point!

横にある「+」ボタンを利用すると、プロファイルをカスタマイズできます。

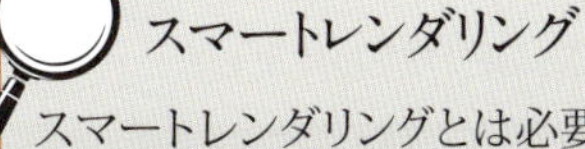

Reference

スマートレンダリング

スマートレンダリングとは必要最小限度の再エンコードを可能にする技術で、プレビュー生成時間を削減できる場合があるので、基本的にはチェックしておきましょう。

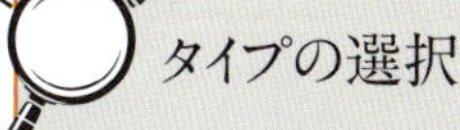

Reference

タイプの選択

使用しているPCに合わせて選択できるハードウェアエンコーダの種類。わからなければ特に選択する必要はありません。

タイプ: Intel Quick Sync Video

Intel Quick Sync Video

NVIDIA CUDA

⑥ファイル名を入力し、保存場所を確認します。

Point!

保存場所は初期設定では以下のフォルダーです。
ドキュメント→ Corel VideoStudio Pro → 22.0

⑦「開始」をクリックします。

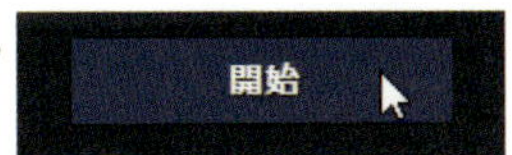

⑧書き出しがスタートします。

Reference

書き出し中にできること

❶プレビューに書き出している動画を表示します。
❷書き出しを一時停止します。再度クリックすると再開します。
❸メーターが進行状況を表示します。
書き出しを中止する場合は、キーボードの「Esc」キーを押します。

Point!

書き出したファイルはライブラリに自動的に登録されます。

⑨完了するとメッセージが表示されます。「OK」で終了します。

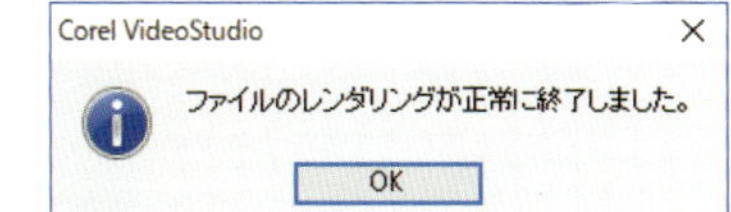

⑩再生して確認しましょう。

パソコンのプレーヤーで再生

02 スマホやタブレットで動画を外に持ち出そう

完成した動画をパソコンではなくスマホやタブレットで鑑賞します。

完成した動画をスマホやタブレットに保存して、外出先で楽しみます。

完成した動画をスマホ、タブレット用に書き出す

①「完了」タブをクリックします。

②「完了」ワークスペースに切り替わりました。

③ツールバーから「デバイス」を選択します。

④「モバイル機器」を選択してプロファイルや保存先を確認し、「開始」をクリックします。ここではファイル名を「ファミリー」として書き出しています。

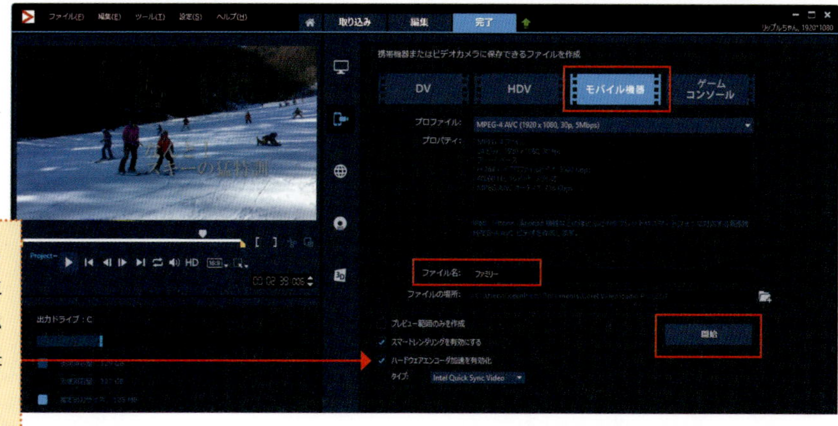

Point!
ハードウェアエンコードとは、エンコードをハードウェアによって行うこと。使用している PC が対応していれば書き出す速度がアップします。

⑤書き出しが完了しました。

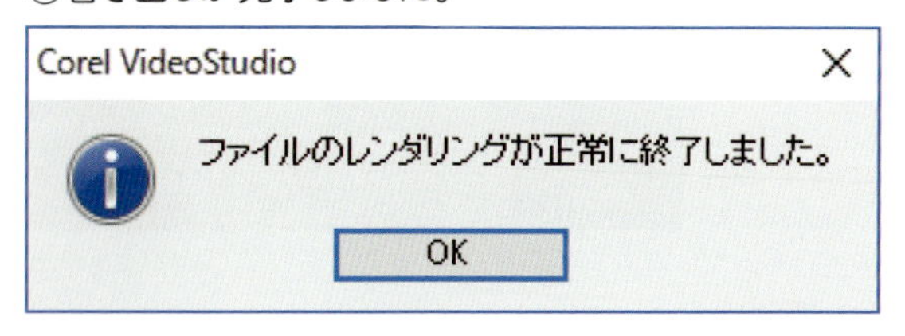

⑥再生して確認してみましょう。

Windows 標準のプレーヤーで再生

iPhoneに動画を転送する

iPhoneやiPadとPCをつないで動画を転送する場合はiTunesに一度取り込んでから行います。iTunesを持っていない場合はWindows版をMicrosoft Storeからダウンロードしてインストールしてください。

① iTunes に動画をコピーします。iTunes を起動して、動画をドラッグアンドドロップします。

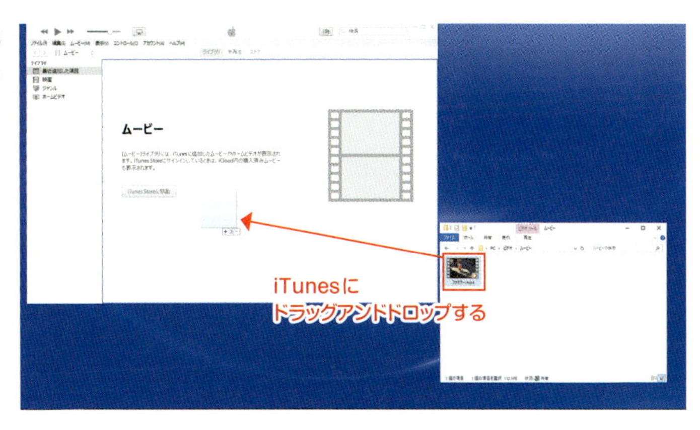

② iTunes に動画が登録されました。

③ iPhone とパソコンとケーブルで接続して、同期します。

④ iPhone で再生できました。

クラウドサービスを利用する

短い（容量の小さい）動画なら、「OneDrive」などクラウドサービスにアップロードしてから、iPhone でそのサービスにアクセスしてダウンロードし、本体に保存してもいいでしょう。

Androidスマートフォンに動画を転送する

完成した動画を書き出す手順はiPhoneのときと変わりません。（→P.134）またAndroidに転送するのはiPhoneより簡単です。

① VideoStudio 2019で作成した動画をAndroidスマートフォンやタブレットの「DCIM」フォルダーにドラッグアンドドロップでコピーします。

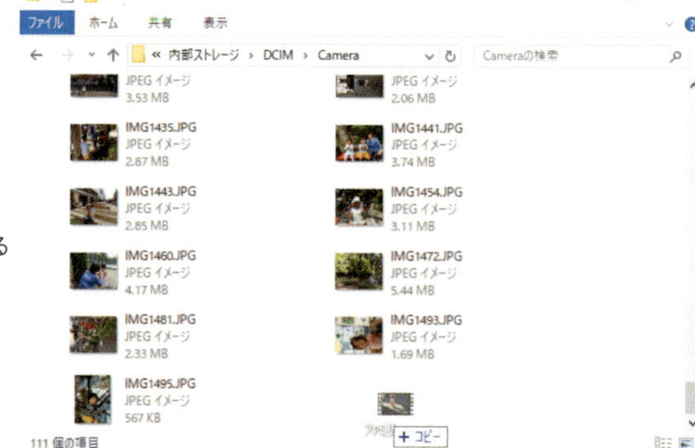

「DCIM」フォルダーにコピーする

Point!

機種によっては「DCIM」フォルダーの内容が異なり、保存場所が違う場合があるので必ず機器の取扱説明書で確認してください。

Reference

AndroidではMP4を再生できない？

コピーしようとすると「このファイルは再生できない」などのアラートが表示される場合がありますが、かまわず「はい」でコピーして再生してみましょう。

②動画を再生することができました。

Reference

縦型の動画をそのままの形で保存する

スマホでビデオを撮影する場合に多いのが、縦型の動画です。VideoStudio 2019では通常のビデオのように編集できます。ただそれを縦型のままムービーとして書き出したい場合は「完了」ワークスペースのプロファイルで1080 × 1920など縦長の指定を忘れずに設定するようにしましょう。

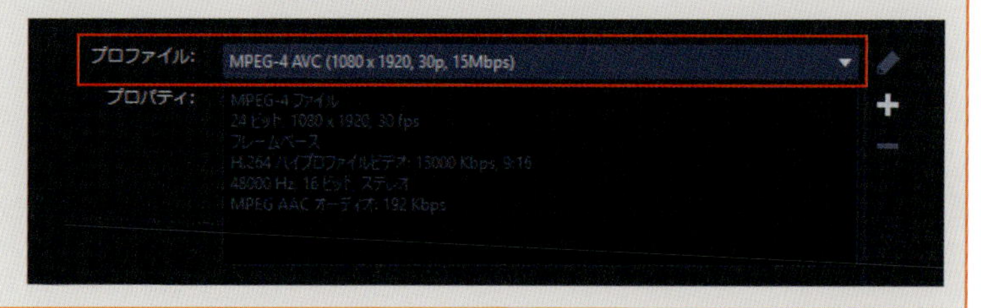

03 メニュー付きAVCHDディスクをつくろう

VideoStudio My DVDの使い方を解説します。

VideoStudio 2019には本体から起動するDVD作成ソフトも付属していますが、ここでは別ソフトとして同梱されている「Corel VideoStudio MyDVD（以下VideoStudio MyDVD）」でメニュー付きのAVCHDディスクを作成してみましょう。

AVCHDフォーマットについて

AVCHDディスクはBlu-rayの技術を応用して、DVDやSDカードなどに高画質（ハイビジョン画質 解像度1920×1080）な映像を記録できます。ただしAVCHDフォーマットに対応したプレーヤーでないと再生できないので注意が必要です。現在普及しているBlu-rayのレコーダーやプレーヤーであればほぼ再生できるでしょう。また一部のドライブレコーダーの中にはSDカードでの再生に対応した機種があります。

Point!
市販の映画などの DVD は標準画質（SD 画質）で解像度は 720 × 480 です。

Point!
AVCHD フォーマットを例に解説していますが、手順は DVD ビデオ、Blu-ray でもほぼ同じです。ただし Blu-ray の作成にはプラグインの購入が必要です。

事前の準備

実際の作業を始める前に、メニューの構造や見せ方をあらかじめ考えておくといいでしょう。単にビデオカメラで撮った映像を羅列するのなら、そのままテンプレートに映像を当てはめていけば、それなりに完成しますが、せっかくメニュー付きのディスクを作るのですから、テーマを決めてある程度の全体像を掴んでおくことは大事な作業です。

VideoStudio MyDVDを起動する

①デスクトップのアイコンをダブルクリックするか「スタート」の「すべてのアプリ」から「Corel VideoStudio 2019」フォルダーを開き「VideoStudio MyDVD」選択してクリックします。

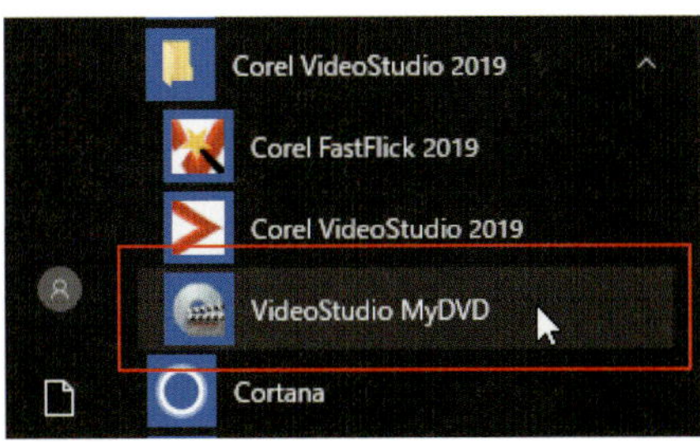

②スプラッシュ画面が表示された後、最初のメニューが表示されます。

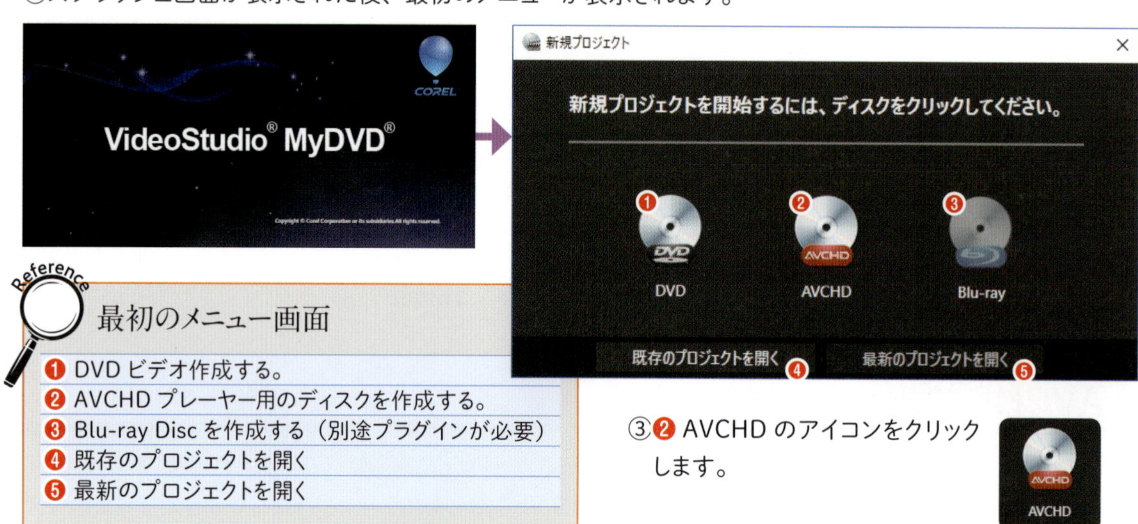

Reference

最初のメニュー画面

❶	DVD ビデオ作成する。
❷	AVCHD プレーヤー用のディスクを作成する。
❸	Blu-ray Disc を作成する（別途プラグインが必要）
❹	既存のプロジェクトを開く
❺	最新のプロジェクトを開く

③❷ AVCHD のアイコンをクリックします。

④プロジェクトに名前を付けるための画面が開きます。変更する場合は「名称」で入力します。

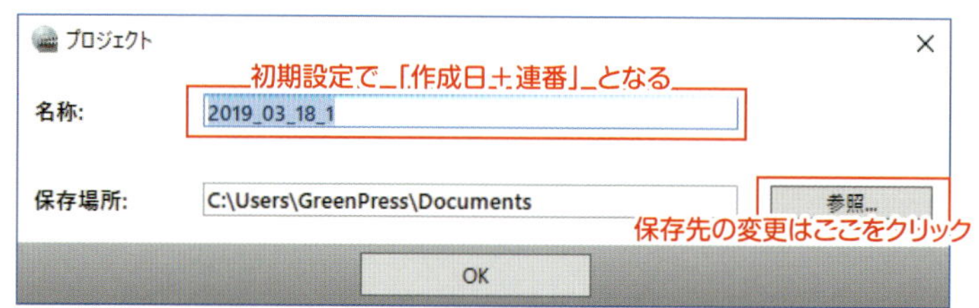

ツリー モードの作業領域

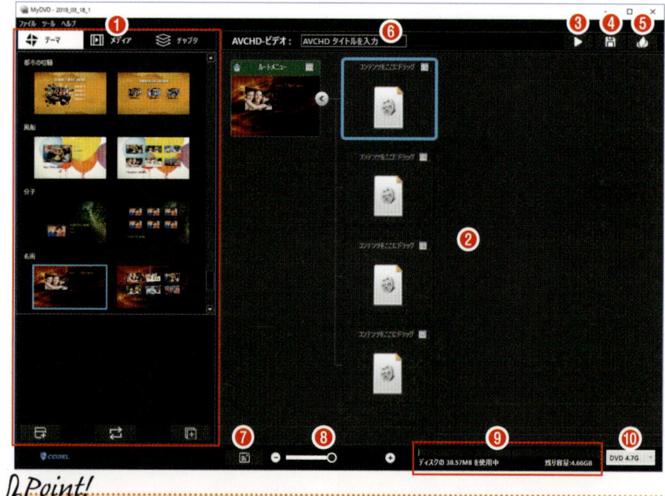

名称	機能
❶ メディアブラウザ	上部のタブで「テーマ」「メディア」「チャプタ」を切り替える。
❷ ツリーパネル	メニュー構造を表示する。
❸ プレビュー	メニューの動作をプレビューする。
❹ ISO	イメージファイル（.ISO）を作成する。
❺ ディスクへの書き込み	ディスクに書き出す。
❻ タイトルを入力	ディスクの名前をつける。
❼ モード切り替え	ツリー モード / メニューエディタを切り替える。
❽ ズームスライダー	ツリー パネルの表示を拡大 / 縮小する。
❾ ディスクの容量	現在の使用量を表示する
❿ ディスクの切り替え	DVD の容量を切り替える。

Point!

❻のタイトルの入力は DVD メディアをパソコンのドライブや DVD プレーヤーに挿入したときに表示されるメディア自体の名称で、メニューのタイトルではありません。

テーマを選択する

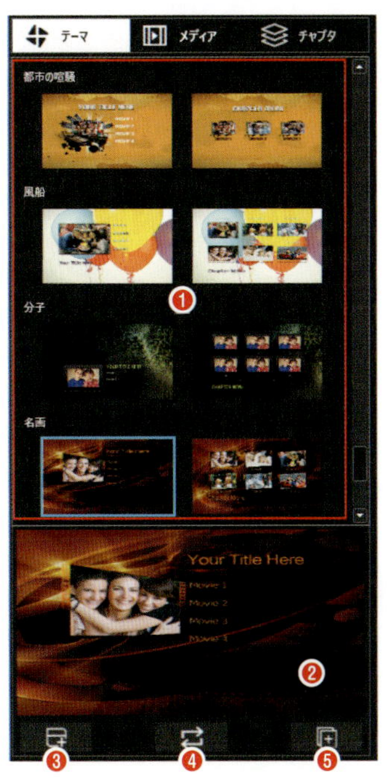

メディア ブラウザに表示されている「テーマ」の中から好きなものを選びます。

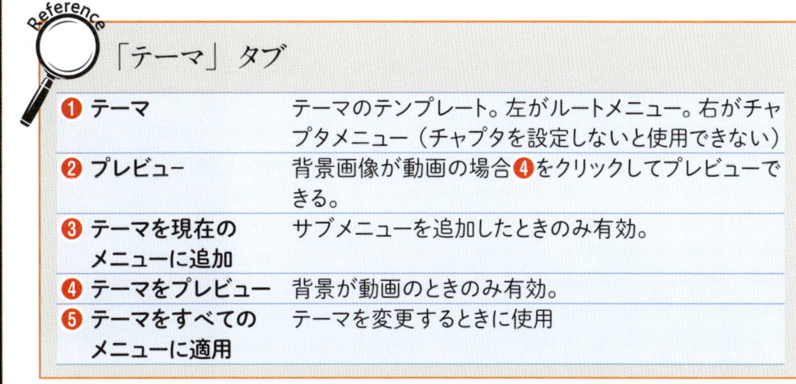

Reference

「テーマ」タブ

❶ テーマ	テーマのテンプレート。左がルートメニュー。右がチャプタメニュー（チャプタを設定しないと使用できない）
❷ プレビュー	背景画像が動画の場合❹をクリックしてプレビューできる。
❸ テーマを現在のメニューに追加	サブメニューを追加したときのみ有効。
❹ テーマをプレビュー	背景が動画のときのみ有効。
❺ テーマをすべてのメニューに適用	テーマを変更するときに使用

❺「テーマをすべてのメニューに適用」をクリックします。

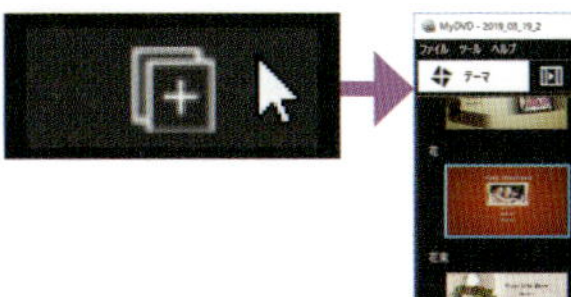

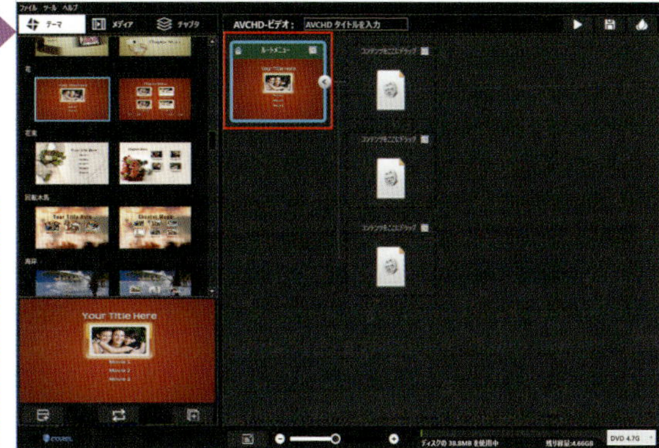

Point!

メニューによって挿入できるコンテンツ（ビデオ）の数が違います。背景の画像はメニュー エディタに切り替えたときに変更できます。コンテンツの追加は不用意に行うと、メニューの構造的にちゃんと動作しない場合があるので、ある程度限定的な機能となります。

コンテンツを挿入する

①タブを「メディア」に切り替える。

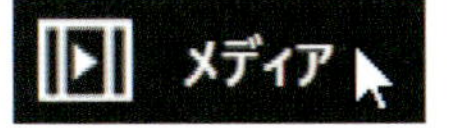

②パソコン内のフォルダーが表示されるので、挿入したいビデオが保存されたフォルダーの場所を指定します。

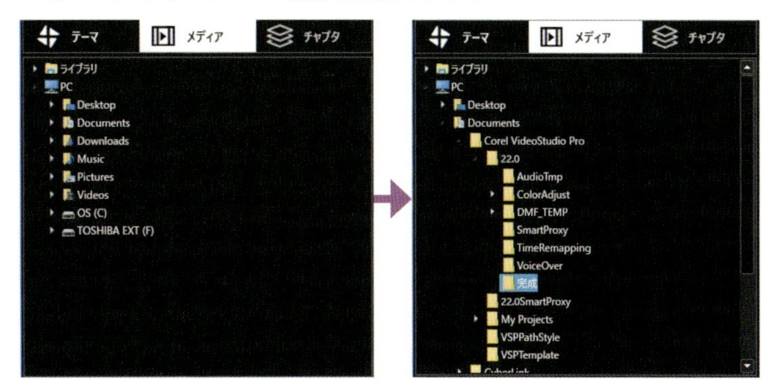

③下にフォルダーの中身のビデオが表示されます。

④「コンテンツをここにドラッグ」とあるところに、ビデオをドラッグアンドドロップします。

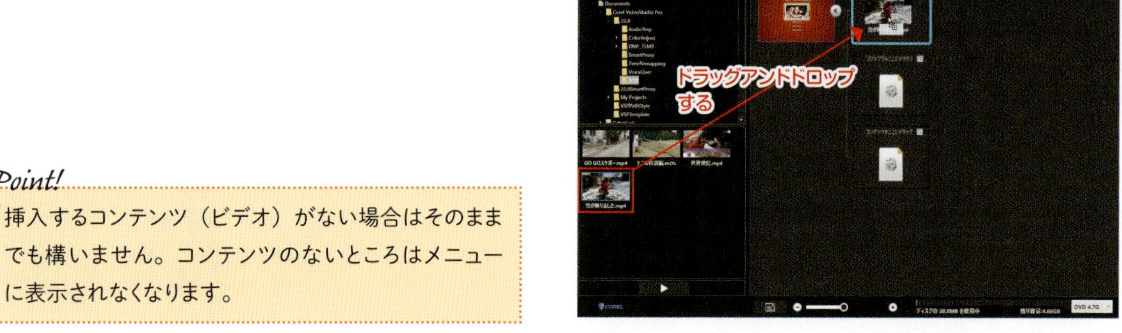

Point!
挿入するコンテンツ（ビデオ）がない場合はそのままでも構いません。コンテンツのないところはメニューに表示されなくなります。

⑤ 3 本のビデオを追加しました。

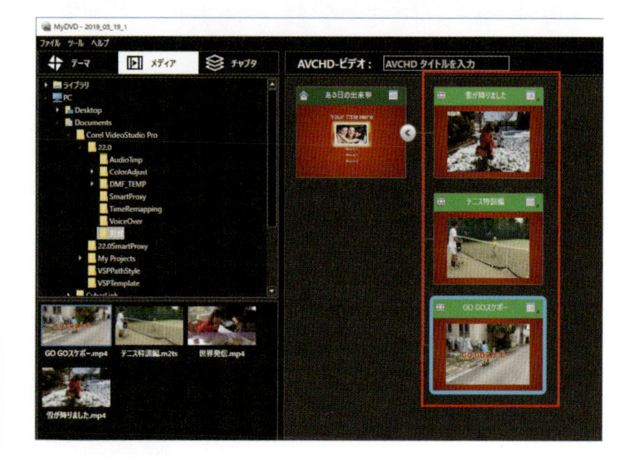

Point!
ビデオの種類は取り込めるものであれば、混在していても問題ありません。

Point!
ビデオのファイル名がそのままメニューのコンテンツ名になります。これはいつでも変更できます。

「ルートメニュー」をメニューのタイトルに変更する

「ルートメニュー」を変更します。これがメニューページのタイトルとなります。

①「ルートメニュー」の文字列をダブルクリックします。

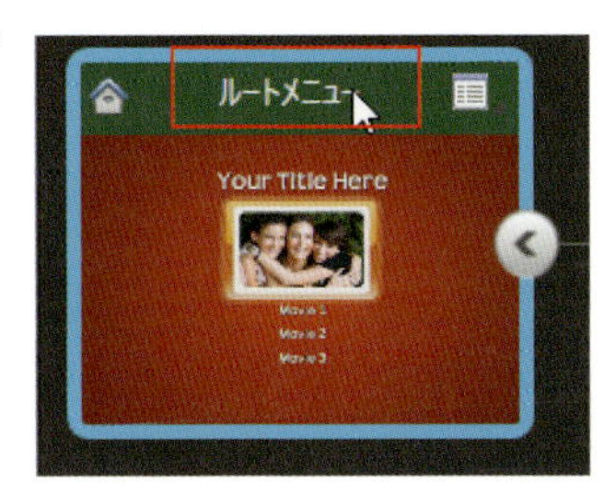

②文字を入力します。

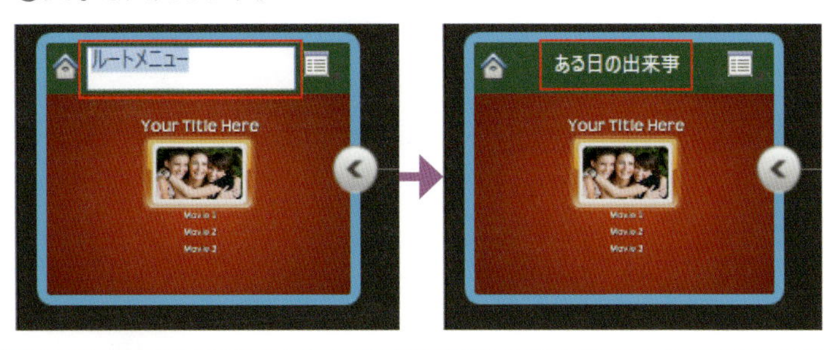

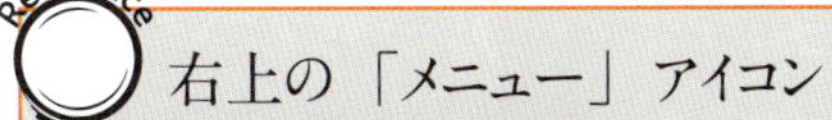

右上の「メニュー」アイコン

雪が降りました
❶タイトルを追加
❷メニューを追加
❸名前を付けて保存

クリックすると項目が表示されます。

❶**タイトルを追加**	ここでいうタイトルはビデオクリップのことで、クリックするとエクスプローラーのウィンドウが開き、クリップを選択できる。
❷**メニューを追加**	サブメニューが追加される。
❸**名前を付けて保存**	①と同じ。メニュー名を変更できる。

同様にクリップのメニュー名を変更するには該当箇所をダブルクリックするか、メニューを表示して「名前を付けて保存」を選択して変更します。

Point!

変更した内容を確認するには「プレビュー」をクリックします。

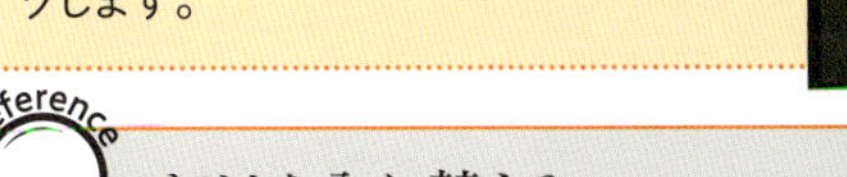

ビデオを入れ替える

追加したビデオを入れ替えたい場合は、「削除」で元の状態に戻してから新しいビデオを追加します。

チャプタを追加する

長いビデオクリップにチャプタを追加します。

Point!
チャプタは長さが 10 秒以下のビデオには設定できません。

①「チャプタを追加」を選択、クリックします。

②メディア ブラウザがチャプタ設定用の画面に変わります。

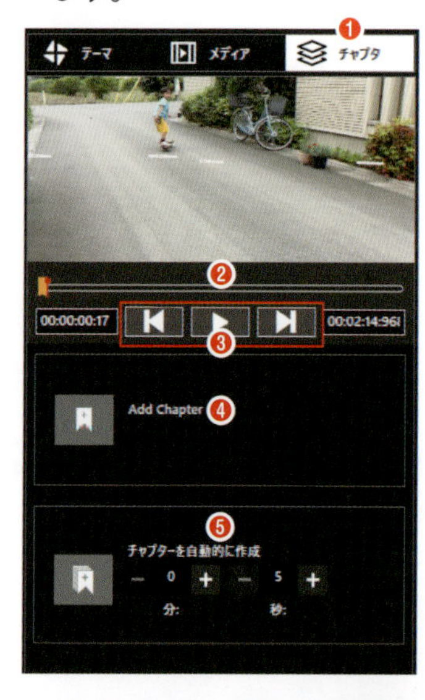

❶「チャプタ」タブ
❷ タイムバー
❸ 再生コントロール
❹ チャプタを追加
❺ チャプタを自動的に追加

③プレビューを見ながら「タイムバー」の赤い線、または「再生コントロール」を操作して追加したい箇所を探します。

④挿入箇所が決まったら、「チャプタを追加（Add Chapter）」をクリックします。

⑤これを繰り返してチャプタを追加します。

Point!

チャプタを削除したい場合は、設定したオレンジの箇所までタイムバーの赤い線を移動して「チャプタを削除（Delete Chapter)」をクリックします。該当箇所で Add（追加）が Delete（削除）に変わります。

Point!

終了まで 10 秒以内の間にはチャプタを設定することはできません。

Reference

自動で追加する

時間を設定して等間隔にチャプタを追加します。

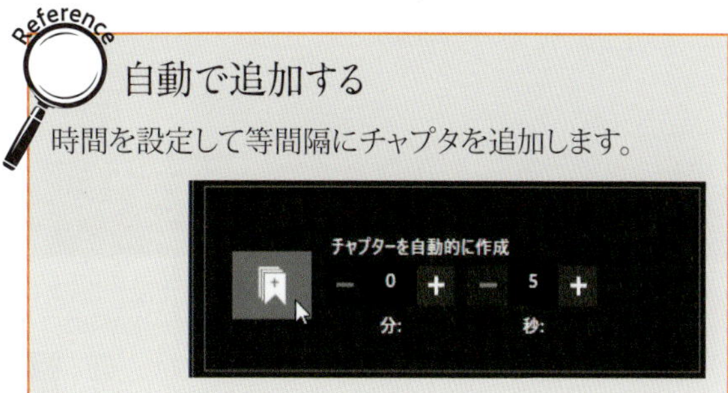

ツリー パネルが変化する

チャプタを追加するとツリー パネルが変化します。

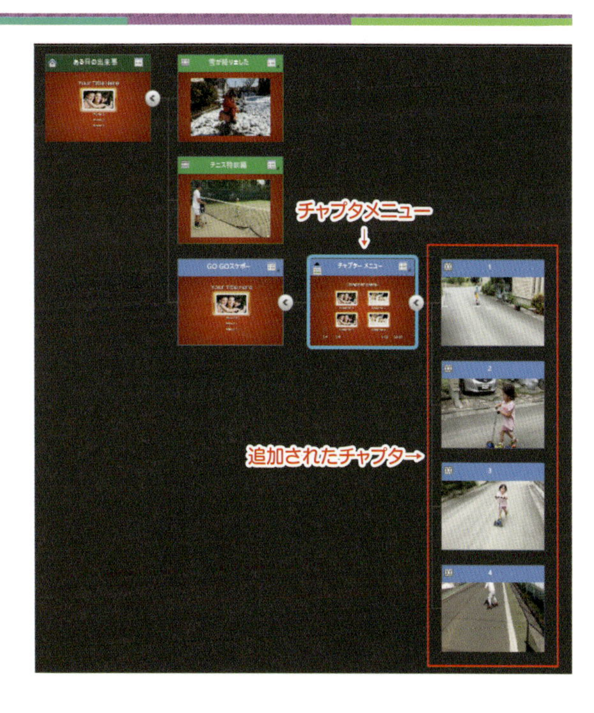

追加されたチャプタの名前は初期設定で数字が振り当てられています。これを変更したい場合は数字をダブルクリックして文字を入力します。

レイアウトをカスタマイズする

①カスタマイズしたいメニューを選択して、「モード切り替え」をクリックします。

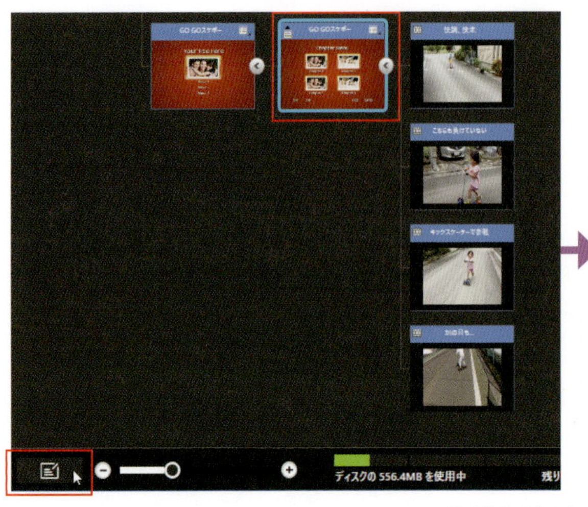

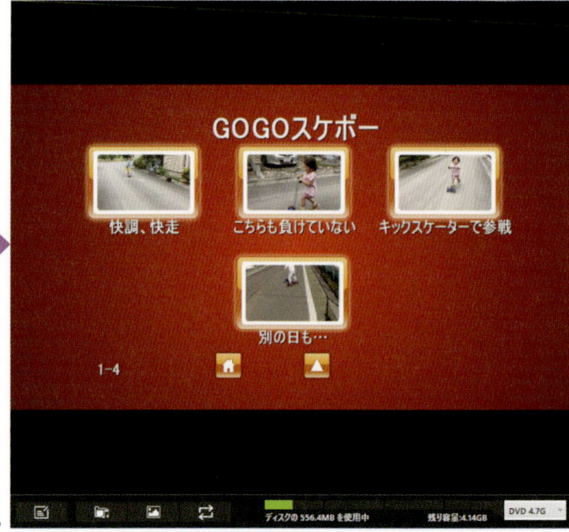

切り替わりました。

②選択すると赤い線で囲まれる各パーツは、画面内で移動や拡大 / 縮小ができます。

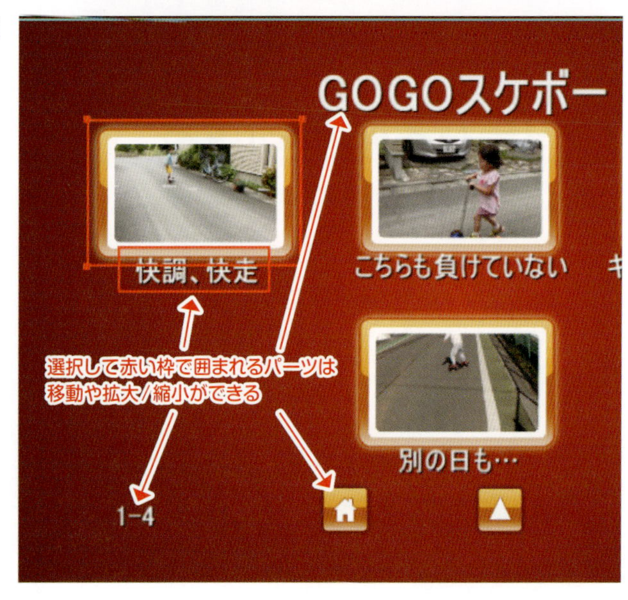

Point!

ここで文字の修正はできません。またチャプタの画像と文字は切り離して配置することはできません。

快調、快走

BGM、背景画像をカスタマイズする

BGM、背景画像は下段のアイコンをクリックするとエクスプローラーのウィンドウが開くので、それぞれ指定して変更します。

❶ BGMを追加
❷ 背景画像を追加
❸ テーマをプレビュー

Point!

使用できるBGMはMP3、WAV形式です。約20秒でループ再生されます。また背景画像はPNG、JPG、BMP、GIFです。動画は使用できません。

設定が終わったらツリー モードに戻ります。

プレビューでメニューの動作を確認する

①「プロジェクトのプレビュー」をクリックします。

(→P.138)

左にあるのはプレーヤーのリモコンを模したもので、同じように操作が可能です。またプレビュー画面内をマウスで選択、クリックしても動作させることができます。

②プレビュー画面が開くので、確認します。

DVDディスクへの書き込み

動作の確認ができたら、DVDに焼いてみましょう。

① DVDドライブに空のディスクを挿入します。

②「プロジェクトの書き込み」をクリックします。

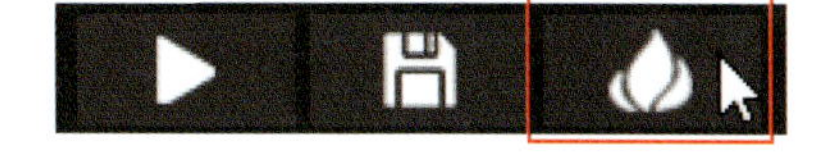

③書き込みが始まります。

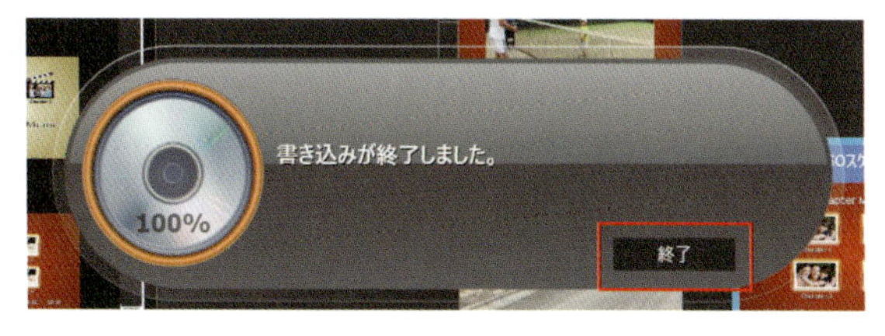

④完了したら「終了」をクリックします。

04 SNSにアップロードしてみよう

YouTubeで作品を公開してみましょう。

内容にもよりますが、できあがった動画を自分や近しい人にだけ見せて満足ですか。中には「これは傑作だ!」世界中の人に見せて評価を仰ぎたい。そういう作品もあるはずです。ここではYouTubeを例に解説します。

①「完了」タブをクリックします。

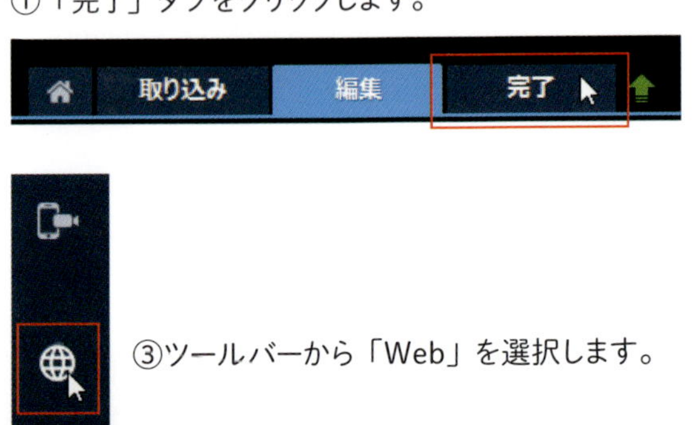

③ツールバーから「Web」を選択します。

②「完了」ワークスペースに切り替わりました。

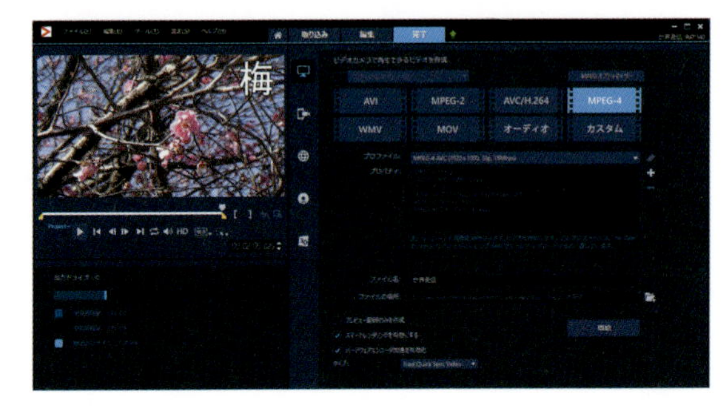

④画面が切り替わるので、選択されているのが「YouTube」であることを確認して、「ログイン」をクリックします。

Point!

YouTubeを利用するには「Googleアカウント」が必要です。持っていない人はあらかじめアカウントを取得しておいたほうが、これからの作業がスムーズに進められます。

⑤Googleアカウントのメールアドレス、パスワードを入力します。

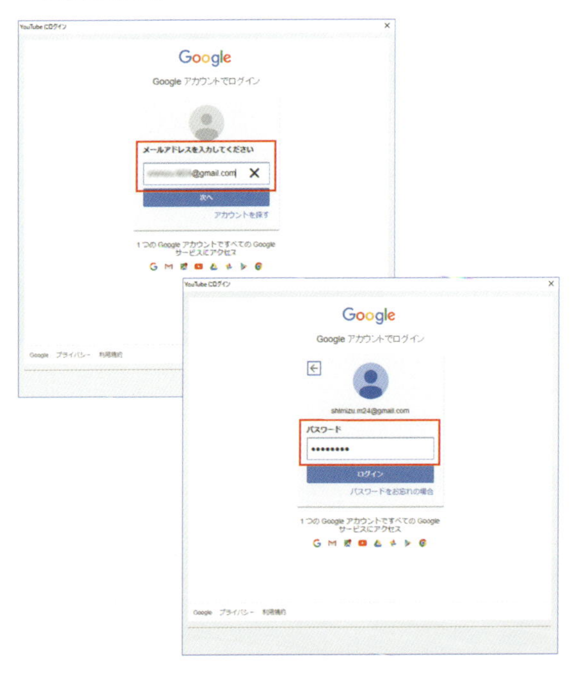

⑥ VideoStudio 2019 が YouTube との通信をしていいかどうかの許可を求められるので、「許可」(「allow」) をクリックします。

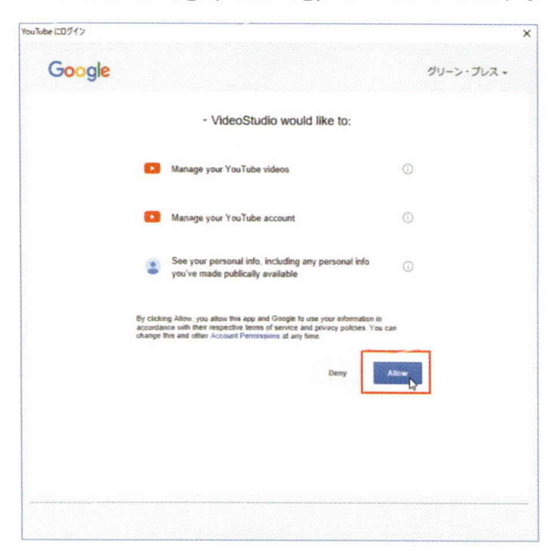

⑦アップロードのための詳細を設定します。

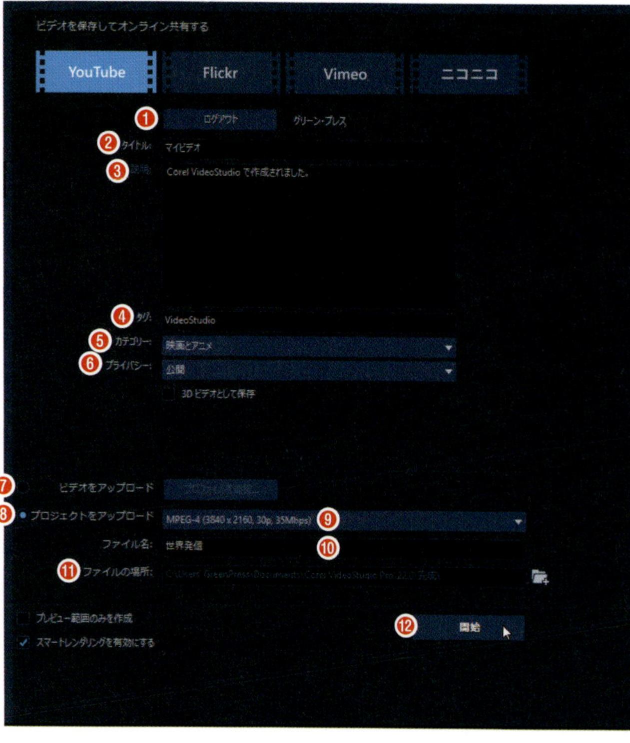

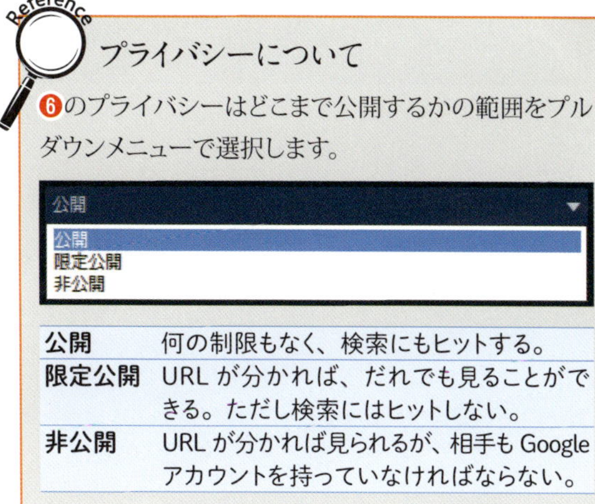

Reference

プライバシーについて

❻のプライバシーはどこまで公開するかの範囲をプルダウンメニューで選択します。

公開	何の制限もなく、検索にもヒットする。
限定公開	URL が分かれば、だれでも見ることができる。ただし検索にはヒットしない。
非公開	URL が分かれば見られるが、相手も Google アカウントを持っていなければならない。

❶ **ログアウト**	YouTube からログアウトする。
❷ **タイトル**	YouTube で公開されるタイトル。
❸ **説明**	内容の説明を入力する。
❹ **タグ**	Web の検索で見つけられるようにするための語句を入力する。
❺ **カテゴリー**	YouTube のカテゴリー。プルダウンメニューで選択する。
❻ **プライバシー**	公開範囲を指定する。
❼ **ビデオをアップロード**	「プロファイルの選択」からすでに保存してあるビデオをアップロードする。
❽ **プロジェクトをアップロード**	動画出力後にアップロードを開始する。
❾ **プロジェクトの設定**	動画出力時の設定を変更する。
❿ **ファイル名**	出力する動画のファイル名（PC に保存する）を入力する。
⓫ **ファイルの場所**	出力する動画の保存場所。フォルダーアイコンで変更できる。
⓬ **開始**	アップロードを開始する。

⑧入力が完了したら、⓬「開始」をクリックします。

⑨ここでは「プロジェクトをアップロード」を選択したので、動画の書き出し後アップロードが始まります。

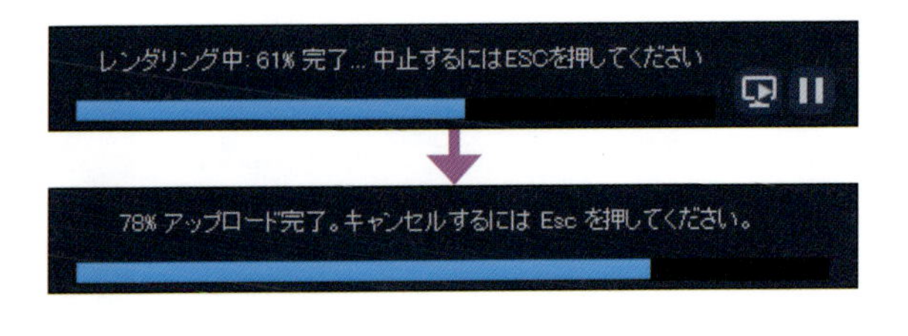

⑩アップロードが完了しました。

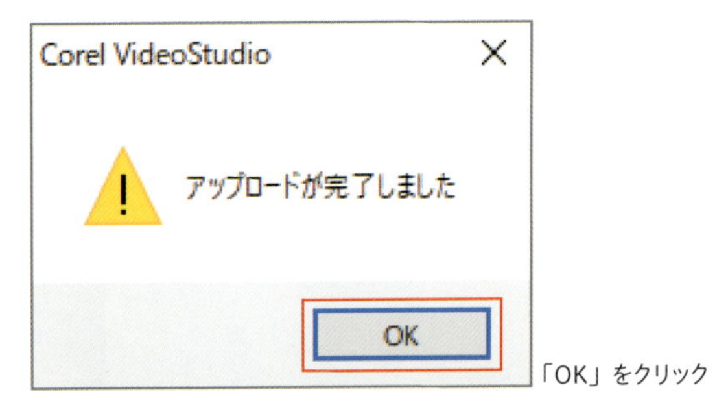

「OK」をクリック

⑪アップロードが完了するとブラウザが起動し、「YouTube」のログイン画面が開くので、ログインしてアップロードした動画を確認します。

著作権に注意しましょう

Web にアップロードする場合は第三者に権利のある画像や音楽を使用していないかなど、著作権に注意しましょう。

保存してある動画をアップロード

すでに編集して書き出した動画をアップロードしたい場合は「ビデオをアップロード」を選択し「プロファイルを選択」でアップロードするファイルを指定して「開始」をクリックします。

ビデオをアップロード　プロファイルを選択...

Chapter 5

多彩なツールを活用する

VideoStudio 2019にはまだまだたくさんの機能が搭載されています。これらのツールを活用して独創的な作品に仕上げましょう。

01 360度動画を活用する

全天球カメラを使って撮影した360度動画を用いて編集します。

360度動画でこんなことができる

リトルプラネット（小さな惑星）new

標準ビデオへ変換

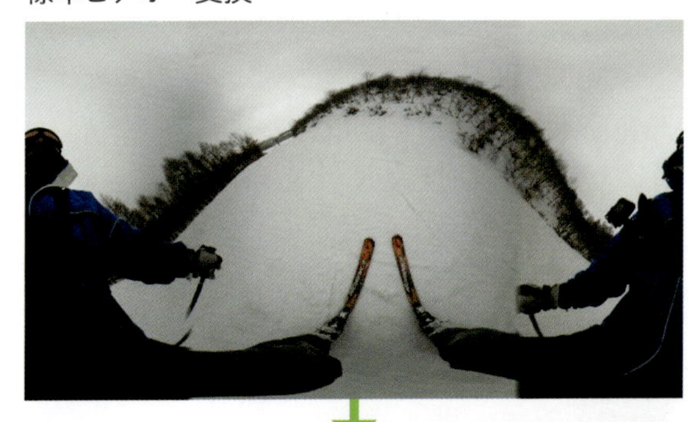

エクイレクタングラーから標準に変換

Point!

左の画像はビル街にカメラを固定して撮影したものを「小さな惑星」に加工しました。右の画像はスキーで滑降しながら撮影したものをいろいろなアングルで再生される動画に加工しました。

Point!

VideoStudio 2019 で扱えるのは「エクイレクタングラー」「フィッシュアイ」「デュアルフィッシュアイ」形式です。エクイレクタングラーから標準へ変換、またはフッシュアイからエクイレクタングラーに変換などに対応しています。ただしエディションによっては使用できないものもあります。

Reference

全天球カメラとは

上下左右全方位の 360 度パノラマ写真または動画が撮影できる装置で、RICOH THETA（シータ）、GoPro Fusion などがある。

映像をグリグリ動かしてみる

全天球カメラで撮った映像（360度動画）をVideoStudio2019に読み込んで、マウスを操作して四方八方に動かしながら見ることができます。

①スキーでゲレンデを滑降しながら撮影した360度動画をタイムラインに配置します。

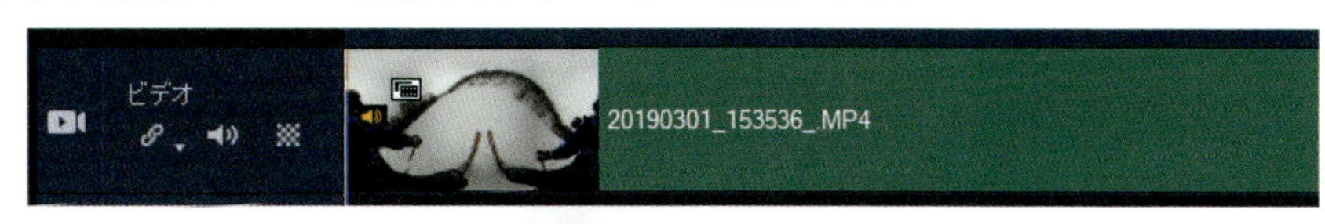

②プレビューを拡大する。

④再生を開始して、プレビュー上でマウスをドラッグすると、上下左右見渡すことができます。

③ 360 をクリックします。

Reference

360度動画が認識されていない場合

まれに前の動画の設定を引き継いで、360度動画だと認識されないことがあります。その場合は「プロジェクトアスペクト比を変更」をクリックして「2：1」を選択します。アラートが表示されたら「はい」をクリックしてください。（→ P.24）

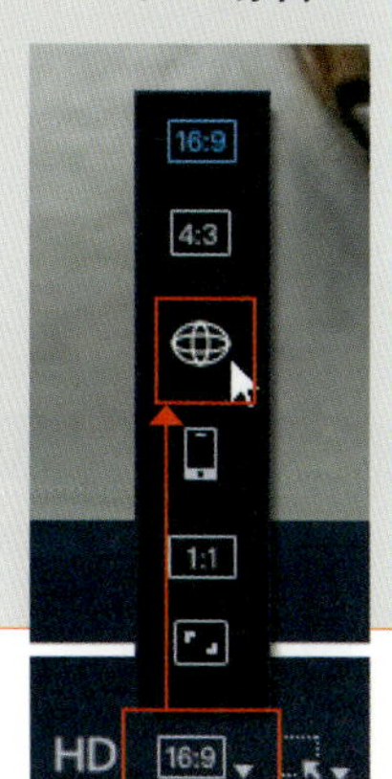

⑤編集画面に戻るには「縮小」をクリックするか、キーボードの「Esc」キーを押します。

Point!

右上にある「×」は VideoStudio2019 本体を閉じるボタンです。

エクイレクタングラーから標準に変換する

①通常のクリップと同様にタイムラインにドラッグアンドドロップして 360 度動画を配置します。

②配置したクリップを選択してメニューバーの「ツール」から「360 度ビデオ」→「スタンダードへの 360 ビデオ」→「エクイレクタングラーから標準」を選択、クリックします。

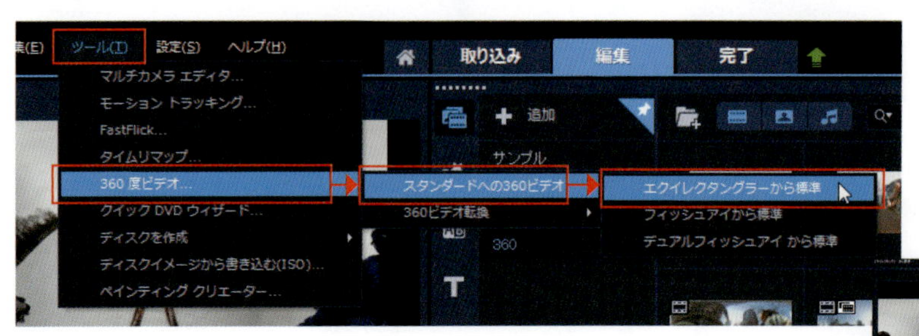

③「エクイレクタングラーから標準」ウィンドウが開きます。

「エクイレクタングラーから標準」ウィンドウ

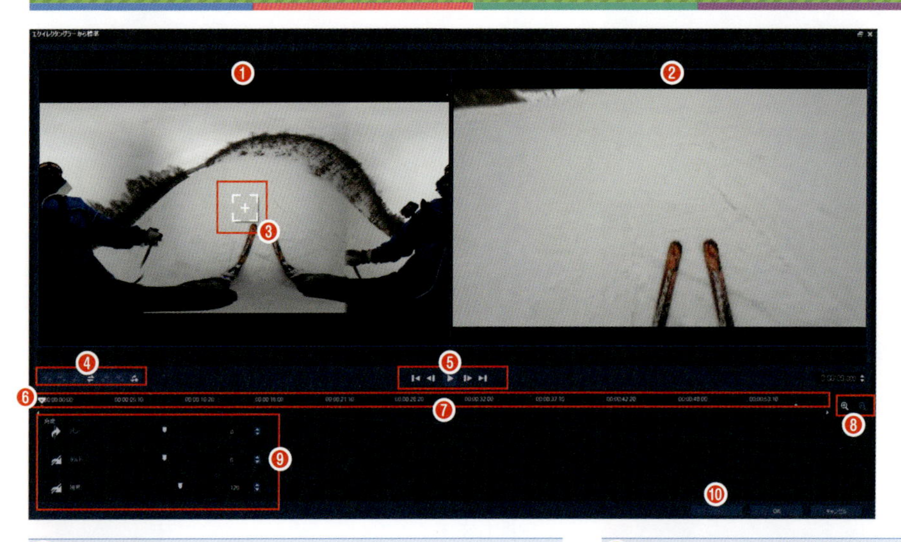

❶ 元の映像

❷ 標準の映像プレビュー

❸ 動かすと標準の映像プレビューも連動して動く。(トラッカー) ❾の数値も変化する。

❹ キーフレームの操作

❺ 再生ボタン、早送り、などビデオを操作する。

❻ 左右に動かして、目的の箇所を高速で見つける (ジョグ スライダー)

❼ キーフレームの位置を表示する (タイムフレーム)

❽ タイムフレームの大きさを変える (左がズームイン/右がズームアウト)

❾ カメラのアングル。パン (カメラを左右に振る) チルト (カメラを上下に振る) 視界 (寄りと引き) を数値で指定するかスライダーを移動して変更する。

❿ すべての設定をリセットする。(使用できるときのみアクティブになる。)

再生しながら自由にアングルを変えてみる

①右の標準の映像プレビューを見ながら、元の映像内のトラッカーを動かすか、標準の映像プレビュー内をドラッグして、スタートのアングルを決めます。

Point!
パンとチルトの数値が変化します。

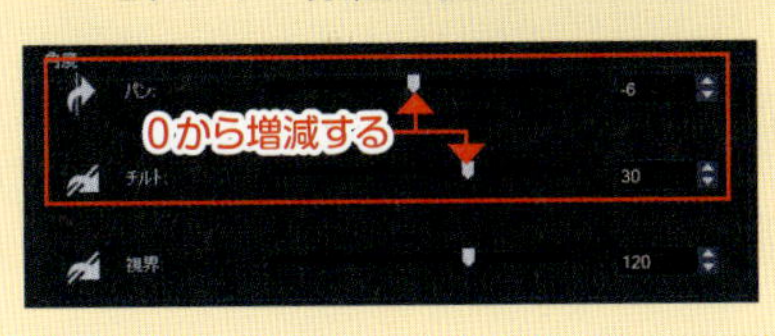

②同時にズームの状況も変化させたいときは、「角度」の「視界」のメーターを操作します。

③「再生」を開始して、映像を見ながら自由にアングルを決めていきます。

④リアルタイムにパンとチルトの数値が変化します。またタイムフレームにそのアングルの変更がキーフレームとして次々に記録されていきます。

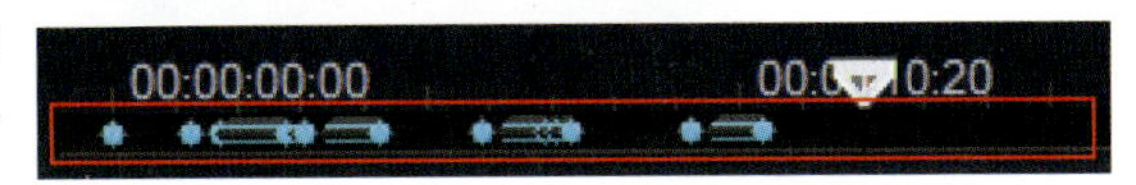

⑤設定が終わったら「OK」をクリックして、ウィンドウを閉じます。

OK

Point!
「OK」の前に「リセット」を押せば、何度でも最初からやり直すことができます。

タイムラインの動画が変化し、マークが表示されます。また通常のビデオと同じように編集することができます。

Point!
極端に何度もアングルが変わるのを見ていると、乗り物酔いのような状態になることがあるので、注意しましょう。

Reference

再生速度を変えて緩急をつける

いろんなまわりの風景もぐるりと見られて楽しい 360 度動画ですが、作者は撮影時の状況もわかっているので面白いと思うでしょうが、他人が見ればどうしても単調で退屈になりがちです。そこでおすすめなのが 5-02 で紹介する「タイムリマップ」や「タイムラプス」で再生する速度を変えて緩急をつける方法です。もうひと手間かけてレベルアップしましょう。

360度タイトルを追加する

360度動画には通常のビデオとは違い、立体的なタイトルを挿入することができます。

①通常の手順でタイトルを追加します。

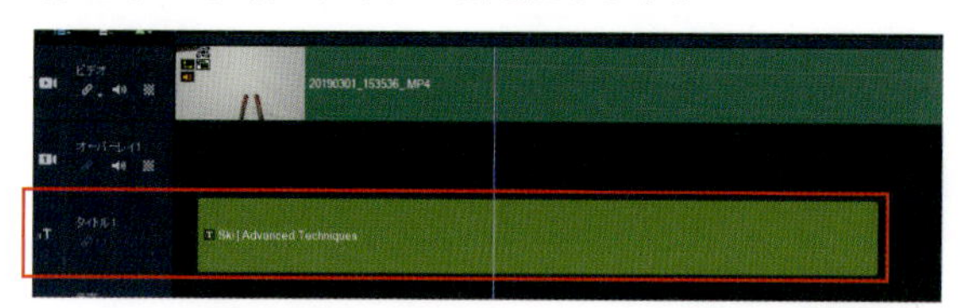

Point!
タイトルの追加の手順は 3-09 を参照してください。

②タイトルを選択して右クリックし、表示されるメニューから「360 度ビデオ」→「標準から 360 度に」を選択、クリックします。

右クリック

③「標準から 360 度に」ウィンドウが開きます。

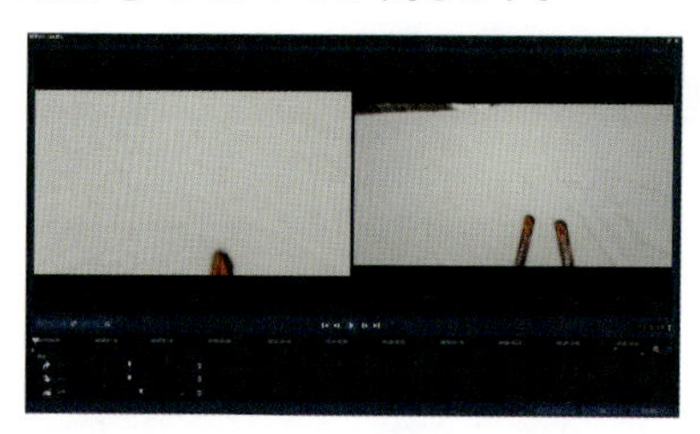

Point!
見た目も機能もほぼ「エクイレクタングラーから標準へ」ウィンドウと同じですが、ここでのタイムフレームはタイトルの表示時間を示しています。

④右側のプレビューを参照しながら、「パン」「チルト」「視界」を調整します。

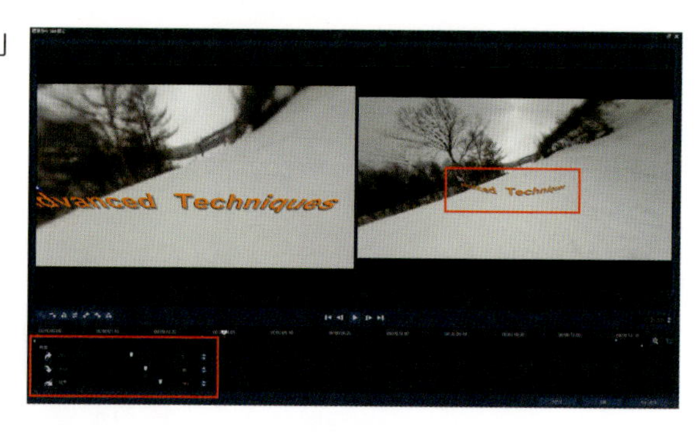

Point!
「標準から 360 度に」とあるように「エクイレクタングラーから標準へ」とは逆の設定になるので「パン」「チルト」「視界」の動きも逆になります。

⑤設定を終えたら、「OK」をクリックしてウィンドウを閉じます。

OK

⑥再生してプレビューで確認してみましょう。

プレビューで確認します

Reference

マーク360度ビデオ

設定をリセットしたい場合は、タイトルクリップを右クリックし表示されるメニューから「マーク 360 度ビデオ」を選択クリックします。

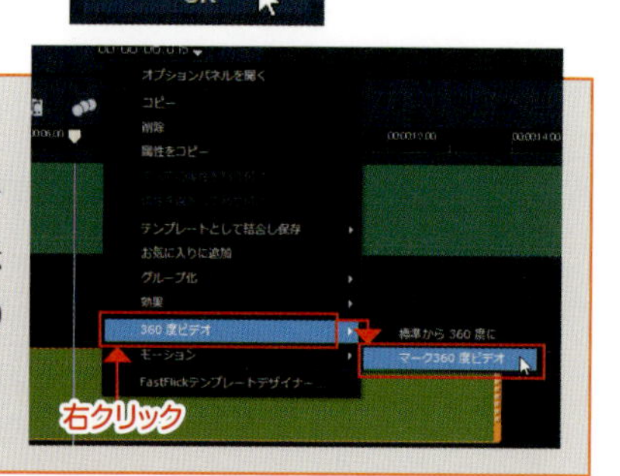

「小さな惑星」「ウサギの穴」に変換する new

①ビル街に360度カメラを固定設置して撮影した360度動画をタイムラインに配置します。

②ビデオを選択して右クリックし、表示されるメニューから「360度ビデオ」→「360ビデオ転換」→「エクイレクタングラーから球状パノラマ」を選択､クリックするか､ビデオを選択してメニューバーの「ツール」から「360度ビデオ」→「360ビデオ転換」→「エクイレクタングラーから球状パノラマ」を選択、クリックします。

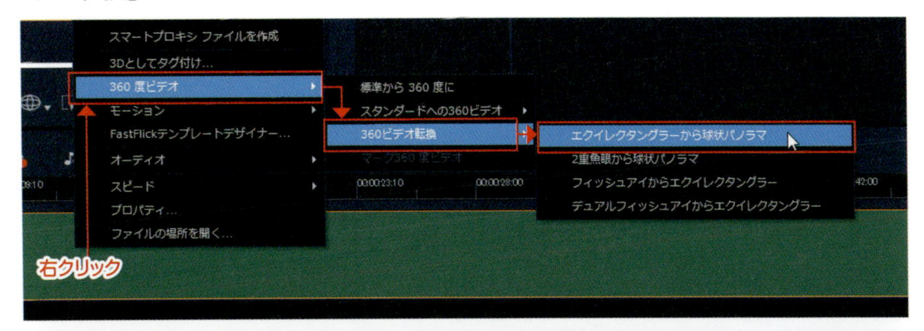

③「エクイレクタングラーから球状パノラマ」ウィンドウが開きます。

④すでに「小さな惑星」が選択されており、プレビューに変換後の映像が表示されています。

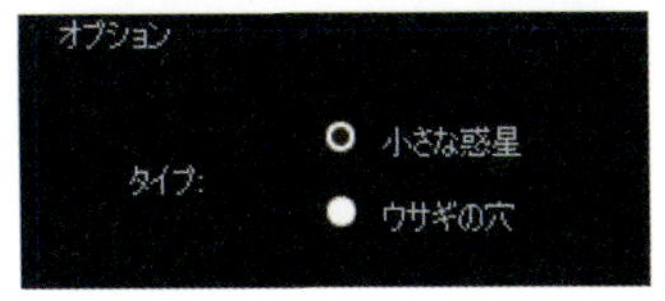

オプションのタイプ

⑤オプションの「ズーム」「回転」のスライダーや数字で調整します。変更するとリアルタイムにプレビューの映像が変わります。

カスタマイズできる「ズーム」「回転」

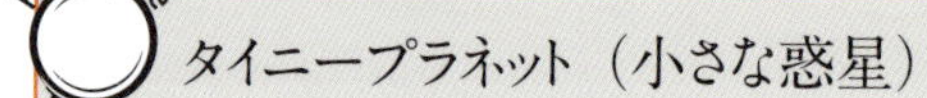

Reference

タイニープラネット（小さな惑星）

地面が小さい惑星のように変形されて、ビル群がそれを取り巻いて林立しているように見えます。

⑥設定を終えたら、「OK」をクリックしてウィンドウを閉じます。

Point!

キーフレームで詳細に設定をすれば、再生中に惑星の大きさを変えたり、回転させたりすることができます。

Reference

ラビットホール（ウサギの穴）

タイプの「ウサギの穴」を選択した場合。「小さな惑星」とは逆に空が中心になって変形され、まるでウサギの巣穴をのぞき込んでいるようなユニークな映像になります。

02 「タイムリマップ」で再生速度をコントロールする

早送りやスローモーション、逆再生の設定をコントロールします。

「タイムリマップ」は1本の動画の中で一部分をスロー再生または早送り再生する指定ができ、くわえて逆再生を繰り返すといったおもしろ動画も簡単に作成できます。ここでは子供テニスの練習風景の動画を使って説明します。

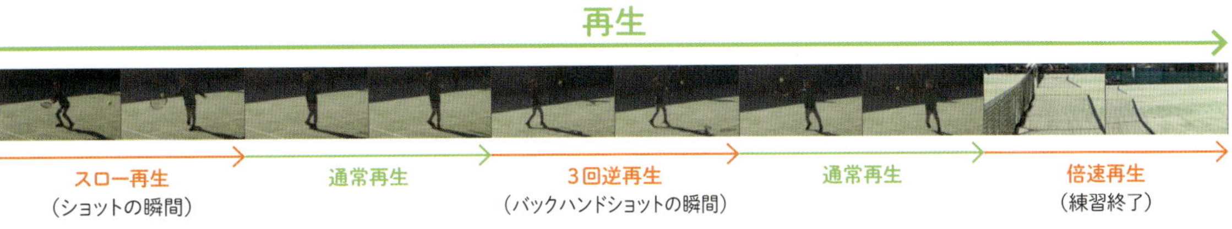

イメージ

「タイムリマップ」ウィンドウを開く

①タイムラインに配置したクリップを選択して、ツールバーの「タイムリマップ」アイコンをクリックします。

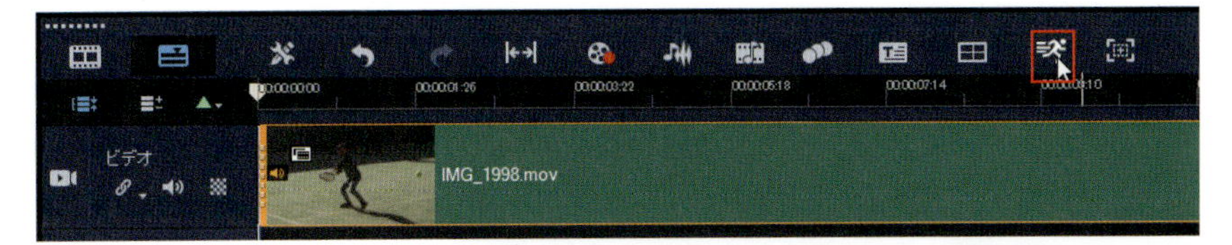

②「タイムリマップ」ウィンドウが開きました。

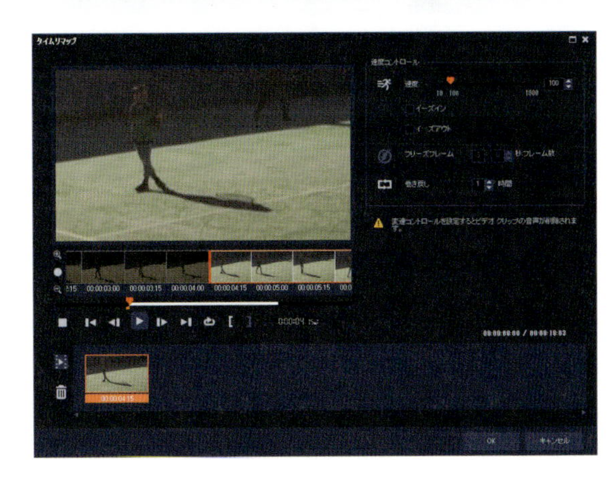

ベストショットをスロー再生にする

ウィンドウの左側はクリップをトリミングするときに使用する「ビデオの複数カット」ウィンドウ（→P.79）に似ていますが、操作の仕方も大体同じです。

①プレビューで確認しながら動画を再生またはジョグ スライダー移動して、効果を設定したい範囲をマークイン／マークアウトで指定します。

②ここでは冒頭からマークインとマークアウトを指定します。

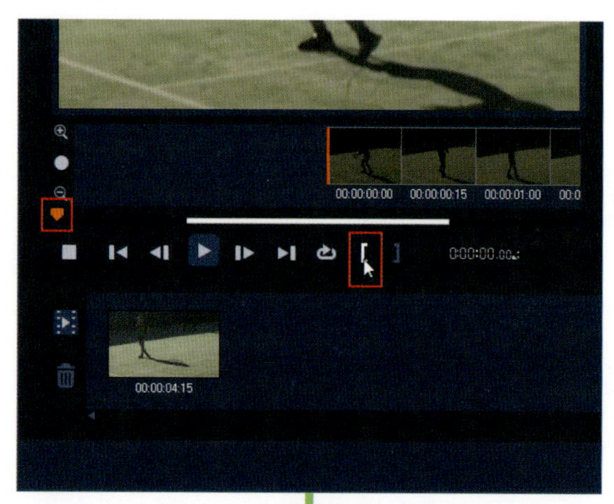

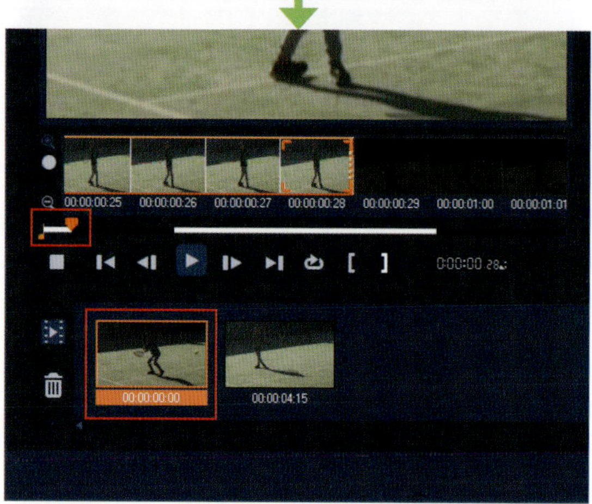

マークアウトも指定すると指定した範囲が白いラインで表示され、その部分の最初の画像が下の一覧に表示されます。

③速度の変更や逆再生の指定はウィンドウの右側の項目で設定します。

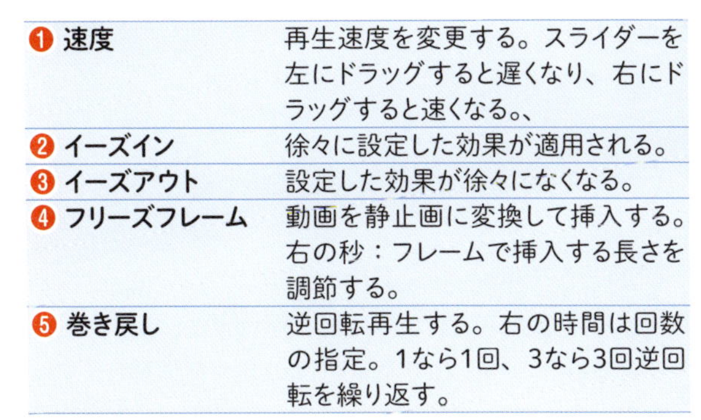

❶ **速度**	再生速度を変更する。スライダーを左にドラッグすると遅くなり、右にドラッグすると速くなる。、
❷ **イーズイン**	徐々に設定した効果が適用される。
❸ **イーズアウト**	設定した効果が徐々になくなる。
❹ **フリーズフレーム**	動画を静止画に変換して挿入する。右の秒：フレームで挿入する長さを調節する。
❺ **巻き戻し**	逆回転再生する。右の時間は回数の指定。1なら1回、3なら3回逆回転を繰り返す。

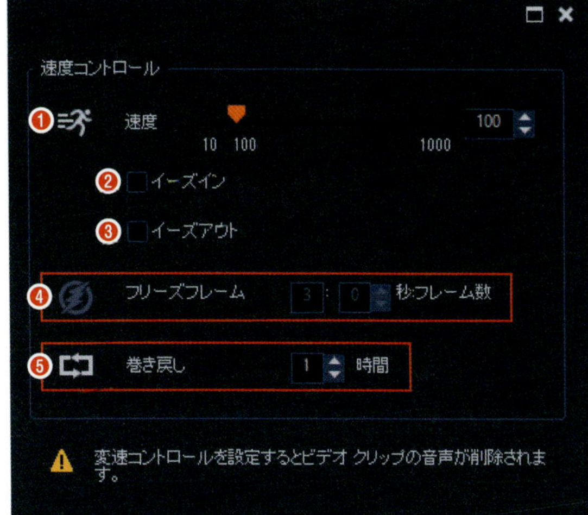

Point!

タイムリマップの設定（速度の変更）をした箇所の音声は自動的に削除されます。

④ここでは冒頭のシーンをスロー再生したいので、速度を「100」→「10」に変更しています。

Reference

設定を確認する

適用した設定を確認するには、下段にある「タイムリマップ結果を再生」をクリックします。

「ゴミ箱」アイコンは設定した範囲のクリップを一覧から削除します。

「巻き戻し」でリピート再生する

①マークイン／マークアウトで範囲指定します。

②「巻き戻し」で逆再生をリピートする回数を指定します。

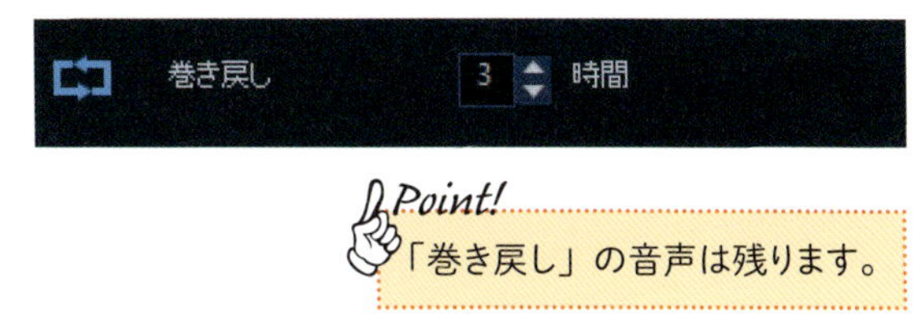

Point!

「巻き戻し」の音声は残ります。

「フリーズフレーム」を設定する

動画の中の決定的瞬間の画像を冷凍（フリーズ）保存します。

①ジョグ スライダーを動かすか、再生をして保存したいフレームを見つけます。

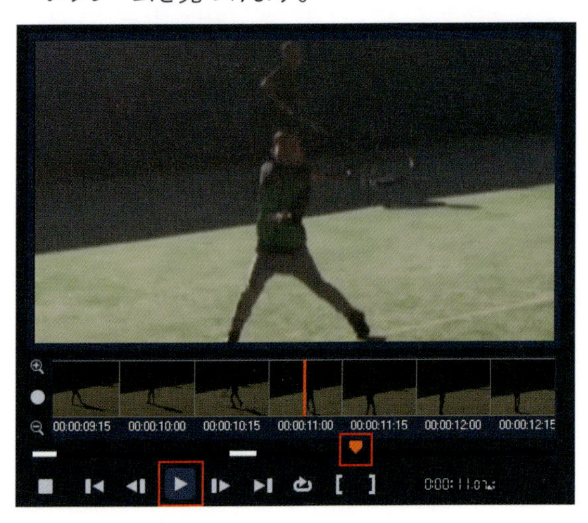

②フリーズフレームのアイコンをクリックします。右にある秒：フレームで表示時間の長さを調整します。

一覧で設定を確認する

設定は下に並んだフレームで確認できます。

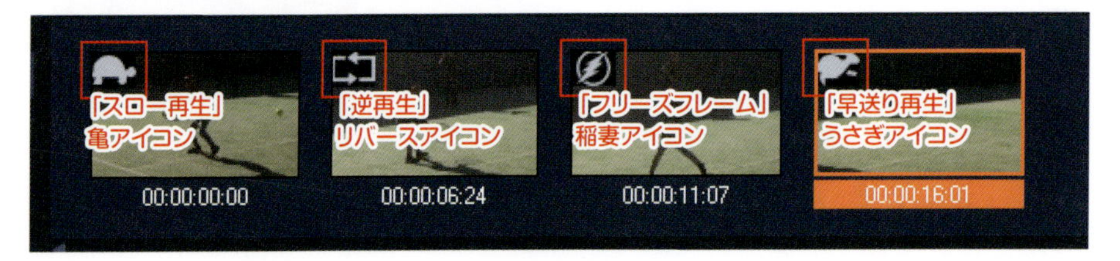

タイムラインのクリップがプロジェクトに変化

すべての設定が終わったら「OK」をクリックして、ウィンドウを閉じます。

① 「OK」をクリック。

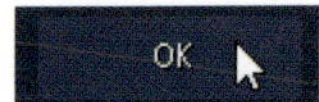

②タイムラインのクリップの表示が「プロジェクト（.VSP）」に変わります。ライブラリにもプロジェクトとして登録されます。

Reference そのほかの再生速度を変える方法

いずれもトラックのビデオクリップをダブルクリックして、オプションパネルの「編集」タブを表示してそれぞれ変更します。

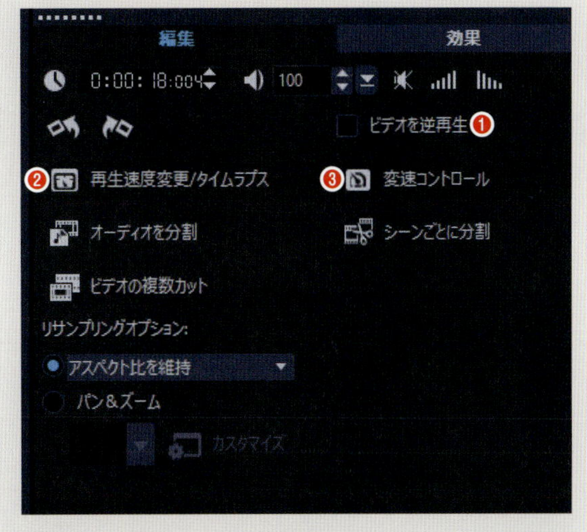

❶ビデオを逆再生

ビデオ全体を逆再生します。チェックを入れるだけで適用されます。音声も逆再生されます。

❷再生速度変更 / タイムラプス

「1 秒間のフレーム数」や「変更後のクリップの長さ」など、いろいろな条件で指定して再生速度を調整することができます。音声は残ります。

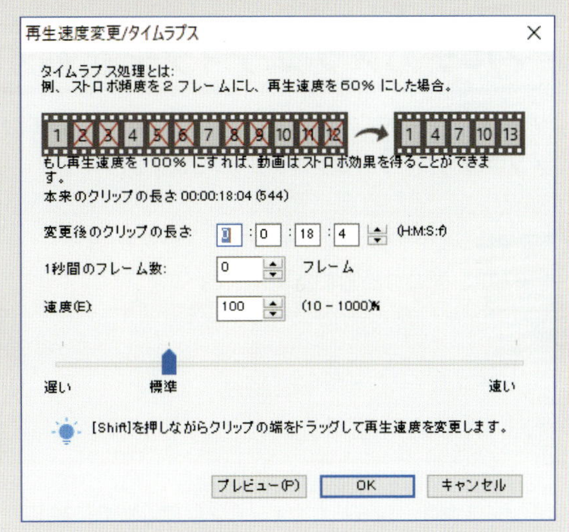

❸変速コントロール

「タイムリマップ」と似ていますが、キーフレームを設定して再生速度の調整をします。音声は削除されます。

Chapter1
Chapter2
Chapter3
Chapter4
Chapter5

03 「マルチカメラ エディタ」でアングルを切り替える

複数のカメラで撮影した動画を、VideoStudio 2019で同時に再生しながら編集します。

複数のカメラで撮影した動画を取り込んで、タイムラインに並べ、テレビ局のカメラのスイッチングのように、アングルを変えながら編集していきます。作業の手順を図にしてみました。

step1
ソースマネージャーで
動画データを
マルチカメラエディタに
読み込む

step2
各クリップを**同期**する
・音声で同期
・選択範囲
・マーカーで同期
・撮影日時で同期

step3
再生しながら、
カメラを切り替えて、
アングルを決めていく

マルチカメラ エディタを起動する

①「編集」ワークスペースのツールバーの「マルチカメラ エディタ」アイコンをクリックします。

Point!
ここではライブラリに「マルチカメラ」というフォルダーを追加し、すでに動画を読み込んでいます。

Reference
メニューバーから起動
メニューバーの「マルチカメラエディタ」からも起動できます。

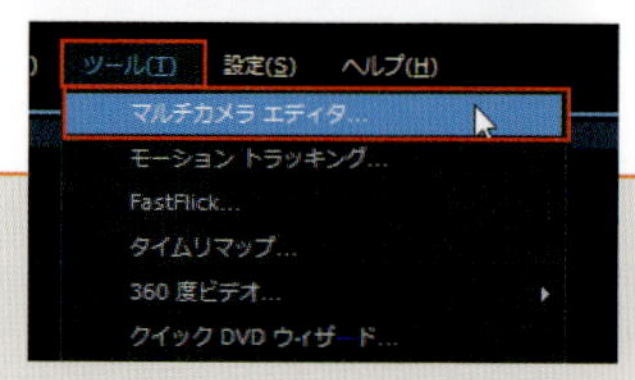

②「ソースマネージャー」ウィンドウが開くので、編集したいビデオがあるフォルダーを開きます。

Point!
削除したい場合は右クリックして「削除」を選択します。

③ドラッグアンドドロップでフォルダーからクリップを読み込み、「OK」をクリックして次に進みます。

Point!
カメラ4台まで取り込めます。ULTIMATE は6台まで編集可能です。

マルチカメラ エディタの概要

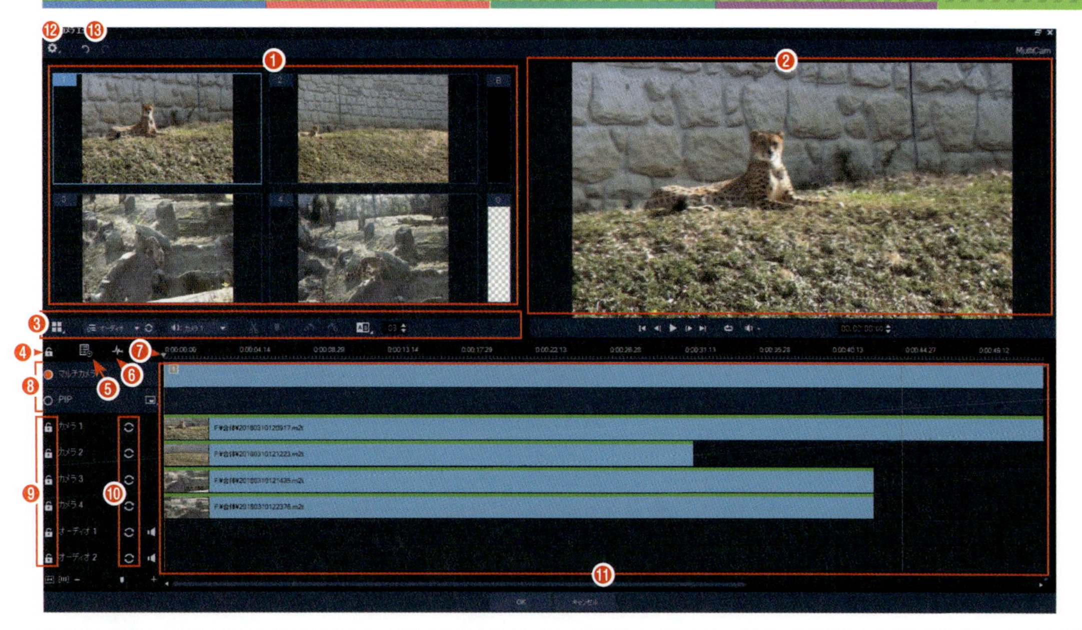

❶ マルチビュー	各カメラの映像を表示する。
❷ メインプレビュー	マルチカメラのタイムラインの映像が表示される※。
❸ ツールバー	カメラの台数の切り替え、ソース同期タイプ、同期アイコンなどのツール。
❹ すべてのトラックをロック / ロック解除	同期後のトラック上のクリップの位置がずれないようにロックする。
❺ ソースマネージャー	読み込んだ動画データの詳細を表示して、クリップの追加 / 削除ができる。
❻ 音声波形ビューを表示 / 非表示	クリップの音声の波形ビューの表示を切り替える。
❼ ジョグ スライダー	メインプレビューの表示を高速で切り替える。
❽ マルチカメラ /PIP	マルチカメラ機能と PIP（ピクチャー・イン・ピクチャー機能）を切り替える。
❾ このトラックをロック / ロック解除	鍵マークをクリックしてトラックごとにロックとロック解除を切り替える。
❿ 同期のために有効にする	トラックごとに同期に含めるか、除外するかをクリックして指定できる。
⓫ タイムライン	取り込んだ動画データやオーディオデータが並ぶ。
⓬ 設定	ファイルの保存、スマートプロキシ マネージャーの設定ができる。
⓭ 元に戻す / やり直す	クリックして手順を元に戻す / やり直す

※マルチビューの映像を選択していないと表示されません。

Point!

双方向の矢印を表示してドラッグすると、各セクションのレイアウトの大きさを変更することができます。

Reference

スマートプロキシファイルを自動生成

タイムラインにクリップが取り込まれたときに、スマートプロキシの設定が有効になっているとファイルの作成が自動で開始されます。完了するとクリップ上部のオレンジのラインが緑色に変わります。スマートプロキシについては→ P.79

オレンジから緑色へ

音声で同期する

各クリップは編集を開始する前に、同期（タイミングを合わせる）をする必要があります。まずクリップに収録されている音声で同期します。

Point! クリップに音声が含まれている必要があります。

①ツールバーの「ソース同期タイプ」が「オーディオ」であることを確認して､「同期します」をクリックします。

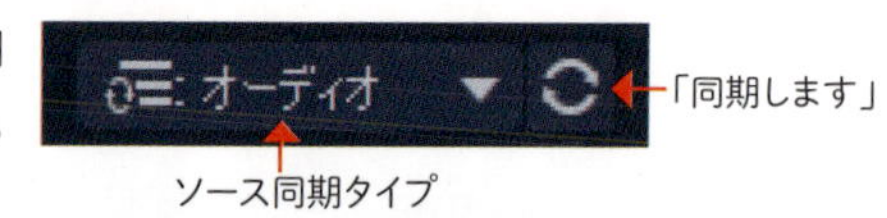

②分析が開始されるので待ちます。

③同期されました。

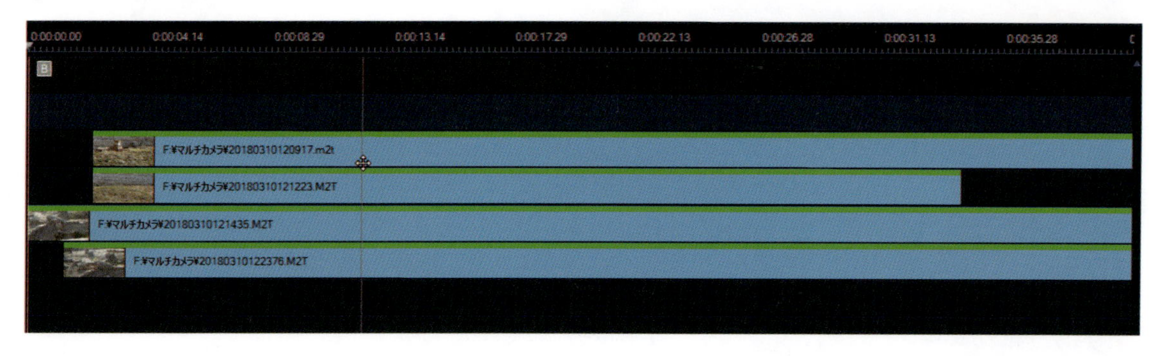

Reference そのほかの同期の方法

音声で同期する方法以外に以下のタイプがあります。

選択範囲	ビデオの範囲を指定して解析し、同期を図ります。
マーカー	ビデオを再生して映像を見ながら、同期を取りたい箇所に手動でそれぞれのクリップにマーカーを打ち、そのマーカーでクリップを揃えます。
撮影日時	ビデオのファイルが持っている撮影日時などのメタデータを根拠に同期を図ります。

Point! クリップの中で同期から除外したいものがある場合は⑩のアイコンをクリックします。

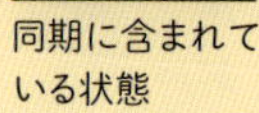

同期に含まれている状態

同期から除外されている状態

カメラアングルを選択する

再生またはジョグ スライダーを操作して、アングルを決めていきます。

①最初のカメラをマルチビューで選択します。作例では「カメラ 3」の映像しかありませんので、それをクリックしています。

②基本的にはビデオを再生してメインプレビューに映像を流しながら、マルチビューでカメラのアングルを確認しつつ、2つから4つのカメラの映像を切り替えていきます。もしくはジョグ スライダーを動かして細かく切り替えていくのもいいでしょう。
メインプレビュー下の「再生」をクリックします。

「再生」をクリックして、作業開始

③メインプレビューの映像を見ながら、マルチビューの各カメラの映像をチェックして、画面内をクリックして随時指定していき、カメラアングルを決定していきます。

指定したアングルを変更する

指定したアングルをほかのカメラに変更したい場合は、マルチカメラトラックのクリップを選択します。

①変更したいクリップを選択します。

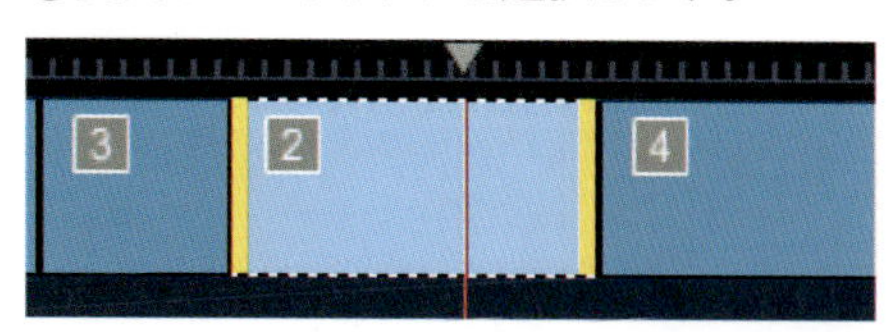

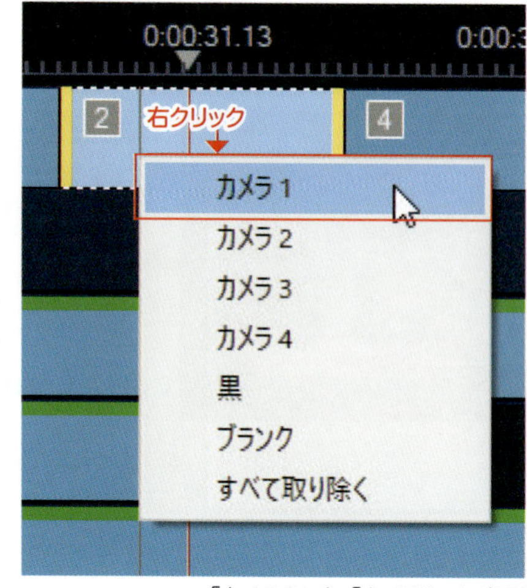

「カメラ2」を「カメラ1」に変更

②クリップ上で右クリックをして、表示されるメニューからカメラ番号を選択します。

③反映されました。

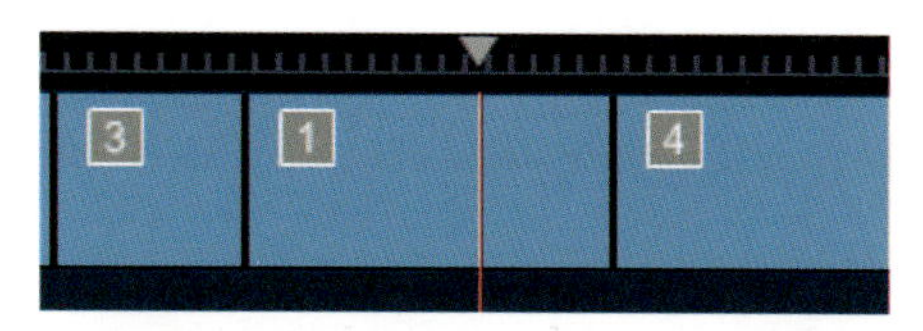

Point!

長さの調整も通常と同じようにクリップを選択して、両端をドラッグすれば可能です。またそれに連動して前後のクリップの長さが自動で調整されます。

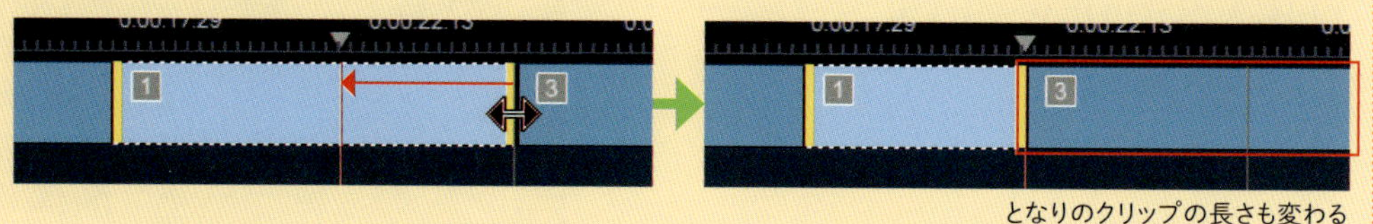

となりのクリップの長さも変わる

トランジションを挿入する

アングルを切り替えた場所にトランジションを、挿入することができます。

①アングルの切り替え付近まで、ジョグ スライダーを移動します。

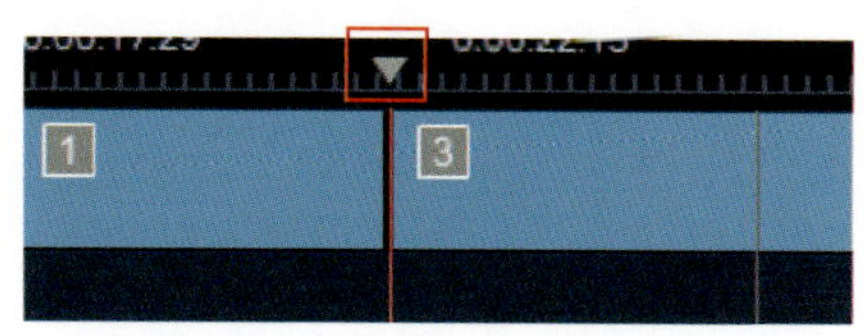

②挿入可能な場所に来ると、「トランジション」ボタンがアクティブになるので、クリックします。

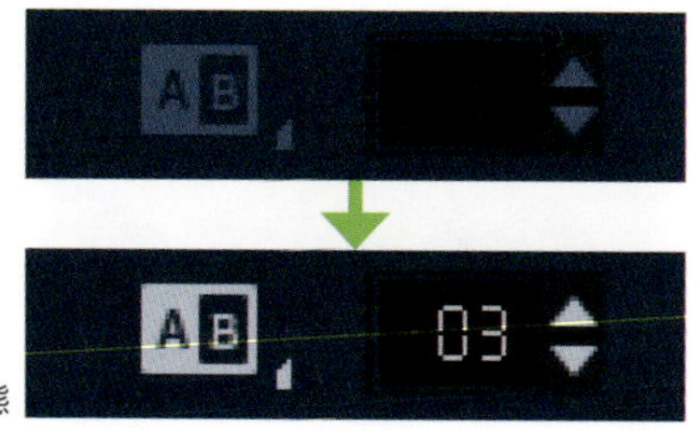

アクティブな状態

③トランジション「クロスフェード」が追加されます。

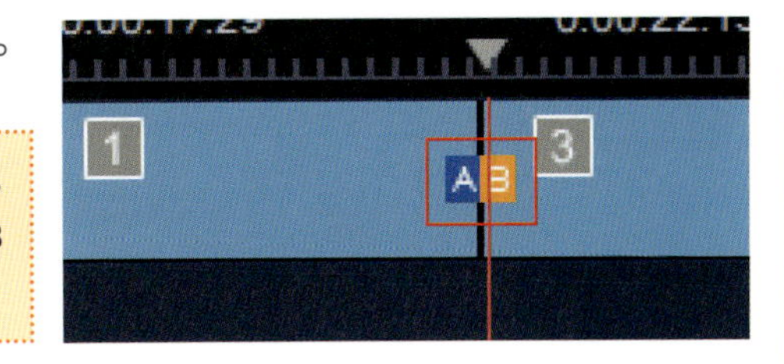

Point!
ここで挿入できるのは「クロスフェード」のみです。また長さはとなりの数字を変更します。初期設定は3秒です。

Reference

「黒」または「空白」を挿入する

アングルを選択するときに、カメラではなく「B」または「0」をそれぞれ挿入することができます。「B」を挿入した場合は、その部分は真っ暗な動画として再生され、「0」を挿入した場合はその部分はなかったこととなり、これを動画として書き出すとその部分は次に指定したカメラの映像が表示されます。

音声の指定

音声は初期設定では「カメラ1」が使用されますが、これを切り替えることができます。

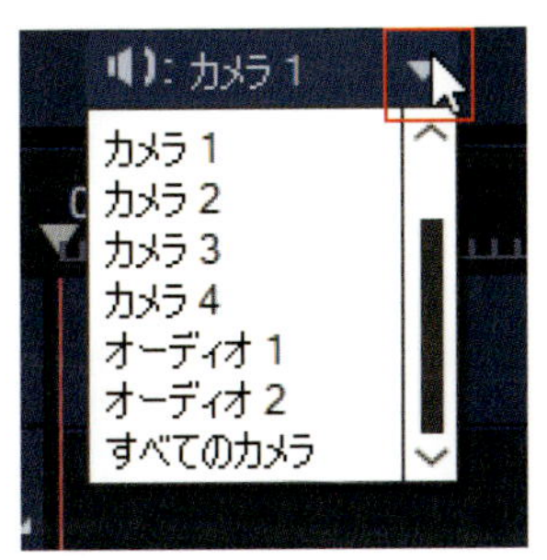

①「メインオーディオ」のプルダウンメニューを表示して、カメラ番号で切り替えます。

②「自動」を選択すると、そのとき選択されている映像の音声が再生されます。「なし」を選択すると無音になります。

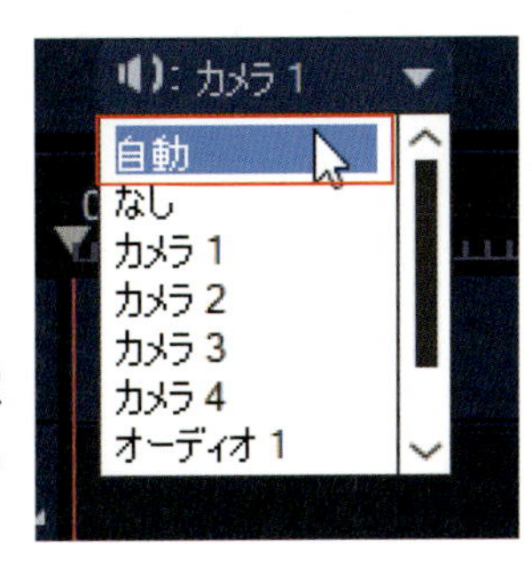

編集を終了する

①編集が終了したら最下段の「OK」をクリックします。

②ライブラリに登録されます。

ライブラリに登録される

③プロジェクトファイルなのでタイムラインにドラッグすれば、そのまま詳細な編集ができます。

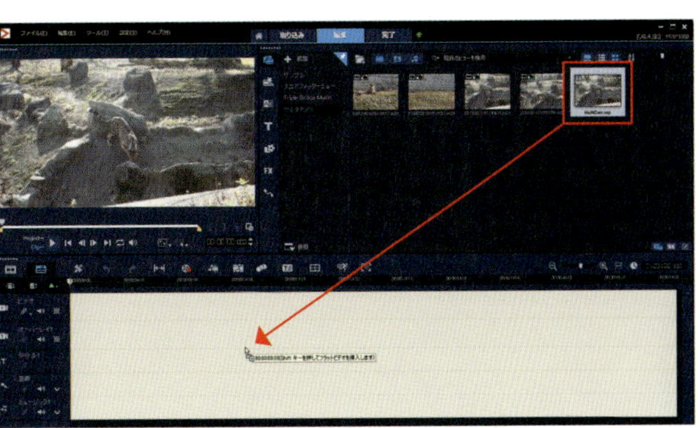

名前を付けて保存

「設定」から「名前付けて保存」を選択して、プロジェクトファイルとして保存することも可能ですが、編集を終え「OK」をクリックした時点で **162 ページ**にある「ソースマネージャー」に表示されている名前でライブラリに自動で登録されます。

プロジェクト名: MultiCam

Point!

保存先は初期設定では「ドキュメント」→「Corel VideoStudio Pro」→「22.0」→「MultiCam」フォルダーです。

ライブラリでクリップを指定する

ライブラリで先に複数のクリップを指定してからマルチカメラエディタを起動すると、自動でソースマネージャーに指定したクリップが取り込まれます。

マルチカメラの撮影のコツ

- 基本的には複数のカメラで、いろいろな角度から被写体を撮影します。
- 同じ方向から撮影する場合でも、一台は顔の表情のアップだけを、もう一台は全体像をといった工夫でこれまでにない動画をつくることが可能です。
- 収録されている音声で動画同士を同期させるので、撮影のときからたとえば映画撮影のカチンコのように、何かきっかけとなる音を意識しておくといいでしょう。
- 複数のカメラの内蔵時計の時間を合わせておけば、撮影日時のデータでも同期が可能です。
- 一台のカメラで違う角度から撮影した動画でも、映像を見て手動でタイミングを合わせることができるので、映像内に目印となるようなものを置いたり、被写体の動きをリピートしたりといろいろ工夫をしてみてください。
- VideoStudio 2019 で扱える動画形式であれば、撮影するカメラの動画保存形式が揃っていなくても問題ありません。
- 最大 4 台（ULTIMATE は 6 台）までの、カメラの映像を編集可能です。

運動会や結婚式などのイベント、コンサートのライブ会場などで複数のカメラで同時に撮影すれば、臨場感あふれる動画を残すことができます。

Point!

次項の「MultiCam Capture Lite（マルチカム キャプチャー ライト）」new で録画した動画を活用するのもおすすめです。

04 「MultiCam Capture Lite」で同時録画する new

新しくなったモニター画面録画アプリ。しかもカメラをつないで同時録画もできるようになりました。

これまで付属していたアプリに変わって、今バージョンから搭載された新しいモニター画面録画アプリ「MultiCam Capture Lite（マルチカム キャプチャー ライト）」の使い方を解説します。

起動する

デスクトップのアイコンをダブルクリックするか、「スタート」の「すべてのアプリ」から「MultiCam Capture Lite」のフォルダーを開き「MultiCam Capture Lite」を選択してクリックします。

デスクトップのアイコン

アプリ一覧のアイコン

Point!
すべてのアプリの「Corel VideoStudio2019」のフォルダーではなく、独立した「MultiCam Capture Lite」フォルダー内にあります。

パソコンの性能チェック

はじめて起動したときは使用しているパソコンの性能チェックのウィンドウが開き、分析が始まります。

性能チェック

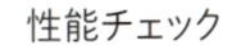

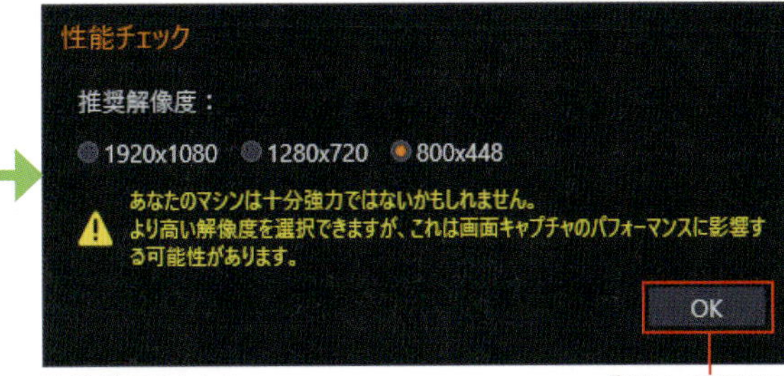

結果が表示される

「OK」で閉じます

Point!
推奨より上の解像度を選択することもできますが、映像の遅延が発生する可能性があります。

二つのウィンドウ

起動すると「ソースビューウィンドウ」と「録画ウィンドウ」が開きます。それぞれ見てみましょう。

録画ウィンドウ

録画開始やプロジェクトの名前の入力など、このアプリのコントロールを担うウィンドウです。

❶「ソースビューウィンドウ」の表示 / 非表示を切り替える。
❷ 録画開始 / 停止
❸ 録画の一時停止
❹ プロジェクト名を入力
❺ プロジェクトの保存先。フォルダーアイコンをクリックで変更できる。
❻ ビデオファイルを生成する（変更不可）
❼ チェックを入れると終了時に VideoSutdio のプロジェクトを書き出す。
❽ チェックを入れると録画中にウィンドウを非表示にする。
❾ ショートカットキーの表示 / 非表示
❿ 本アプリを終了する。

ソースビューウィンドウ

キャプチャーする範囲や色補正などいろいろな設定をするウィンドウです。

Point!

Lite は 1 台のカメラとデスクトップ画面の映像しか録画できませんが、上位版の「MultiCam Capture」はカメラを複数つなげて同時録画することができます。

録画する

テストもかねて早速録画してみましょう。

①録画ウィンドウの録画ボタンをクリックします。

録画開始

②「MultiCam Capture Lite」のウィンドウが隠れて、3 秒のカウントが表示された後、録画がスタートします。

Point!

録画が開始されるとウィンドウは二つとも隠れます。これを表示したままにするには録画ウィンドウの「録画中は最小化」のチェックをはずします。

③通常はウィンドウが隠れていて「停止ボタン」がクリックできないので、キーボードのファンクションキーを使います。

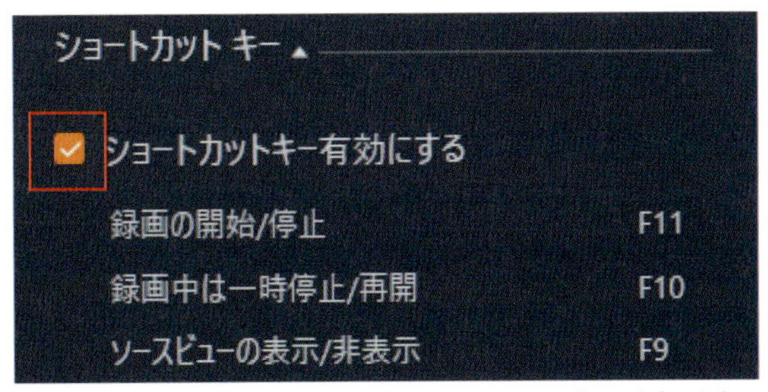

ショートカットキー

④「F11」キーを押して録画を停止します。

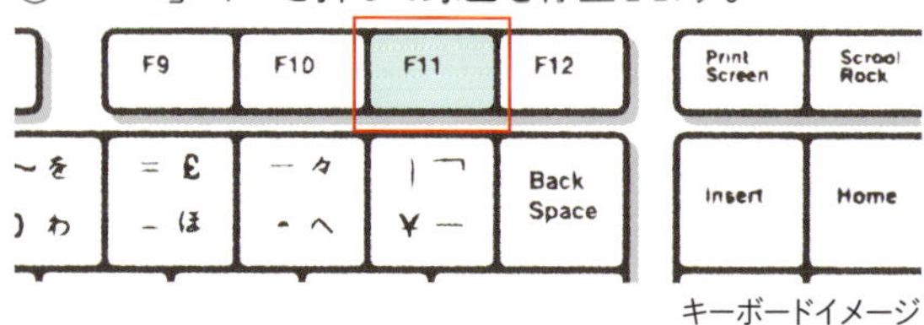

キーボードイメージ

⑤終了するとビデオファイルとして書き出されます。出力が完了すると保存されたフォルダーが開きます。

ビデオファイルを生成しています。お待ちください...

保存先は初期設定では以下になります。「ビデオ」→「MultiCam Capture Lite」→「プロジェクト名」

Reference

VideoStudio2019 のプロジェクトファイル

録画ウィンドウの設定で「VideoStudio プロジェクト」にチェックを入れておくと、同じフォルダーに VideoStudio のプロジェクトファイル（.vsp）が保存されます。

キャプチャーの詳細な設定

ソースウィンドウビューでキャプチャーする際の設定を説明します。

MultiCam 領域

❶キャプチャーの有効 / 無効を切り替えます。

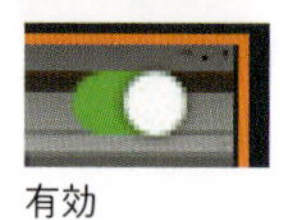
有効

無効

❷初期設定では「スクリーン」と「ソース 1」ですが、文字入力の要領で、クリックしてから好きな名前に変更できます。

スクリーン → 操作画面

クリックする　変更できる

Point!
この名称が書き出されたファイル名になります。

❸音声の有無を確認できます。

設定領域

まずスクリーン（デスクトップ画面）の設定です。「設定」タブと「詳細」タブがあります。

「設定」タブ

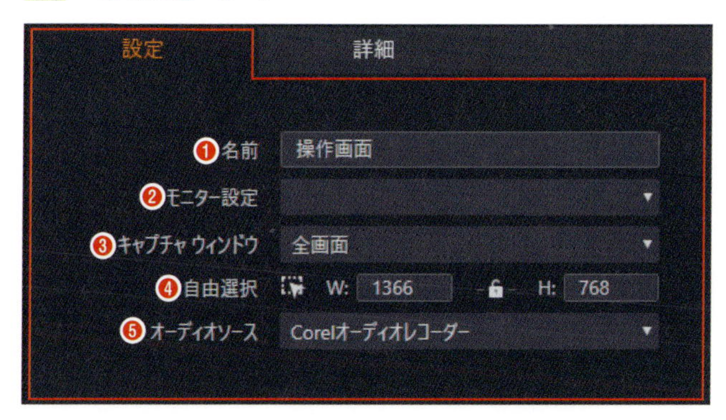

❶ここでも名前の変更ができます。

❷複数のモニターを使用する場合に、どのモニターをキャプチャーするかをプルダウンメニューで選択します。

モニター設定　PHL 246E7

Point!
ノートパソコンなど外部モニターを使用していないときは、何も表示されないことがあります。

❸プルダウンメニューで、モニターのどの範囲をキャプチャーするのかを決めることができます。ほかのアプリを先に起動しておけば、一覧にそのアプリ名が表示されるので、選択して範囲を決めることができます。

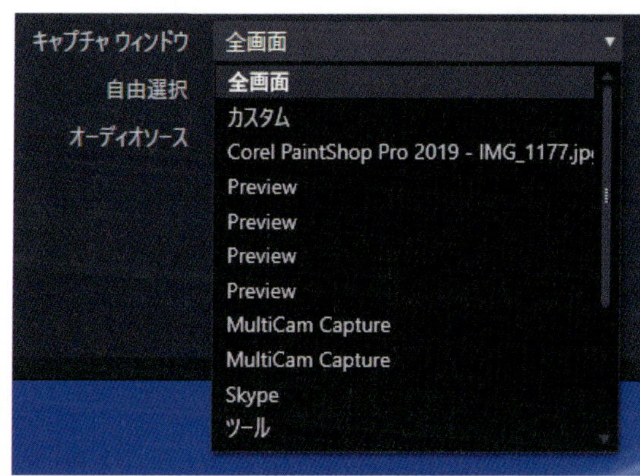

❹モニターをフリーハンドでドラッグして自由に範囲を決定、もしくは数字を入力して決めます。

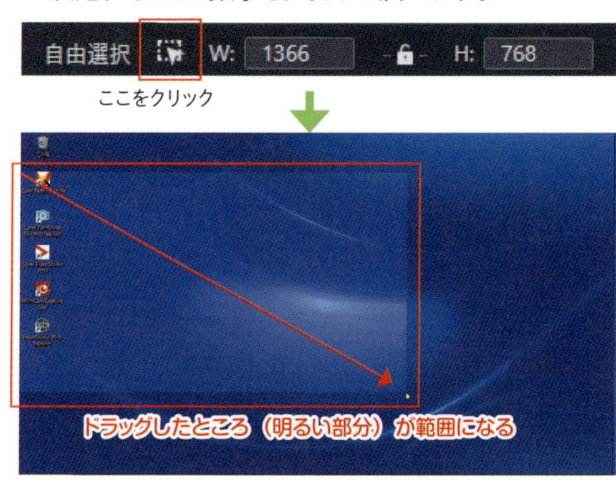

❺音声はカメラではなく、モニターの録画であれば「Corel オーディオレコーダー」のままでいいでしょう。

Chapter1
Chapter2
Chapter3
Chapter4
Chapter5

「詳細」タブ

「詳細」タブに切り替えて設定を続けます。

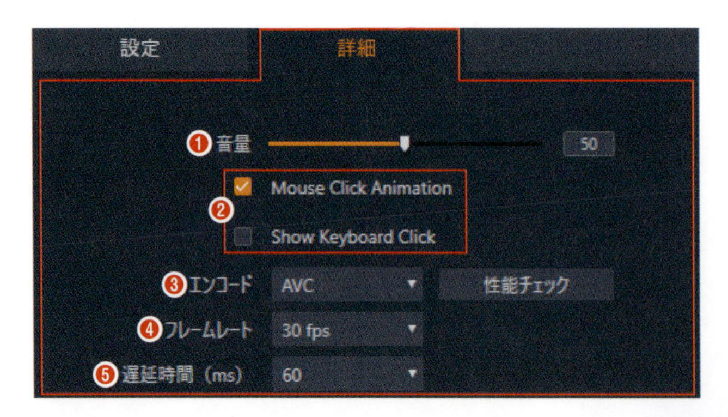

❶音量レベルを調整します。音声が有効になっていないと使用できません。

❷チェックすると「Mouse Click Animation（マウス クリック アニメーション）」は動画内にマウスをクリックしたときに波紋のような残像が現れます。「Show Keyboard Click（ショー キーボード クリック）」はキーボードを操作したときに、何のキーを押しているかが表示されます。

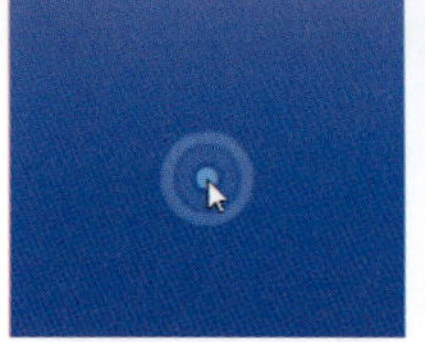

Mouse Click Animation

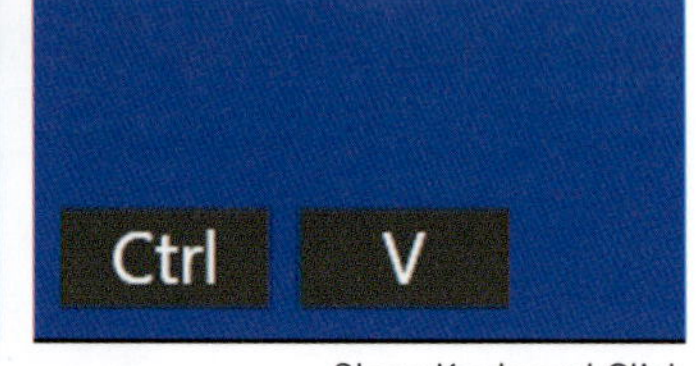

Show Keyboard Click

❸保存形式（エンコード）は自動で決められますが、プルダウンメニューから選択することができます。ただし選択肢が表示されないこともあります。

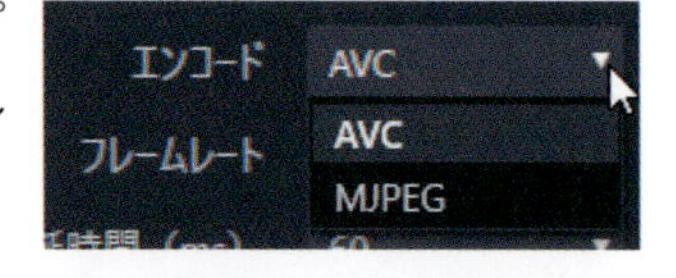

❹フレームレートは１秒間に何枚の画像（フレーム）を表示して動画として見せるかの単位です。通常は30fpsでいいでしょう。

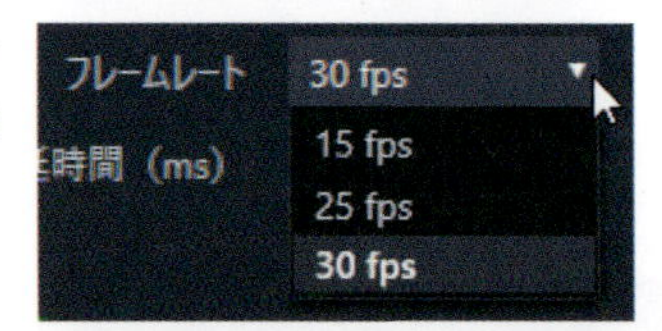

❺音声または動作に実際の動きと著しいズレが発生したときに調整できますが、通常はそのままでいいでしょう。

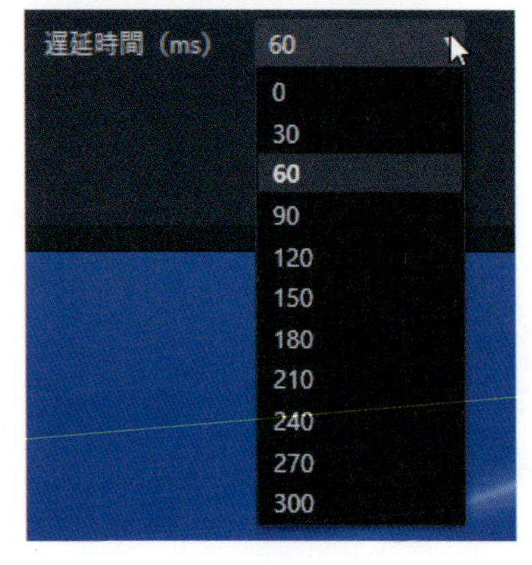

ソース1（カメラ）の設定

画面（スクリーン）の設定と似たような項目が並びます。特に違うものだけ説明します。こちらはカメラの性能に負うところが大きく各項目の数値や変更できる項目も変わってきます。

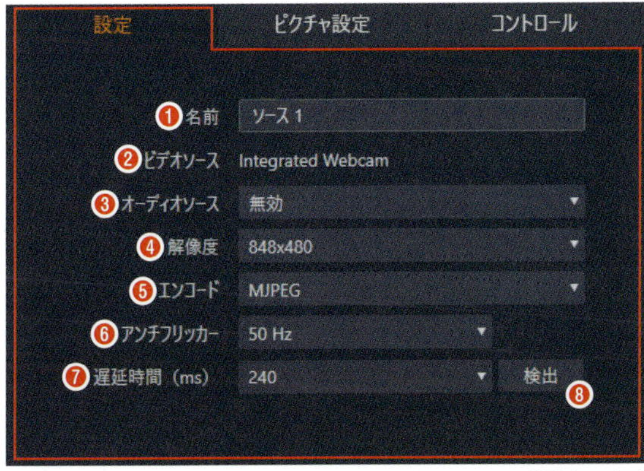

ソース1の「設定」タブ

❶ 名前	ソース 1 の名前を変更できる。
❷ ビデオソース	ノートパソコンの Web カメラが表示されている。
❸ オーディオソース	プルダウンメニューでマイクの項目を選択する。
❹ 解像度	最初の「性能チェック」で算出された数字
❺ エンコード	通常はそのままでよい。
❻ アンチフリッカー	室内の照明のちらつきを抑制する。ちらつきの少ない方を選択する。
❼ 遅延時間	内蔵 Web カメラであれば特に調整しなくてもよい。
❽ 検出	外付けのデバイス（カメラ等）で遅延時間を測定する。

「ピクチャー設定」は色味や明るさなどをプレビュー（領域）を見ながら、好みに合うものを設定します。

「ピクチャー設定」タブ

使用しているデバイスによっては、パンやチルトなどを設定できるものがあります。

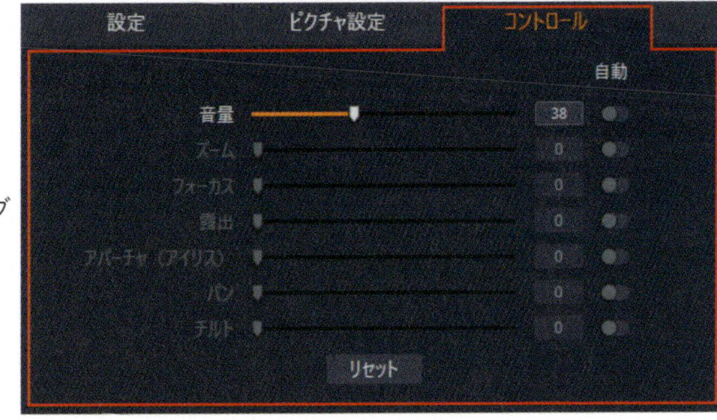

「コントロール」タブ

Reference

おすすめの活用法

キャプチャーが完了したら、VideoStudio2019 本体の「マルチカメラ エディタ」を利用して編集してみましょう。複数の映像を再生させながら適宜カメラを切り替えて見せる動画が簡単に作成できます。同時に録画されたクリップですから同期も特に必要なくすぐに編集が始められます。プレゼンテーション用やマニュアル用ビデオに大いに力を発揮することができるでしょう。

05 「カラーグレーディング」new と「レンズ補正」

クリップの色補正とレンズのゆがみを修正します。

VideoStudioには以前から映像の色味を調整する「色補正」やレンズ特有のゆがみを補正する「レンズ補正」という機能がありましたが、今バージョンで大幅に強化されました。特に色の補正は「カラーグレーディング」と呼ばれる上位の動画編集ソフトに搭載されているものと同じ機能を実装しました。

カラーグレーディングで色を補正

①タイムラインに配置したクリップを選択、ダブルクリックしてオプションパネルを表示します。

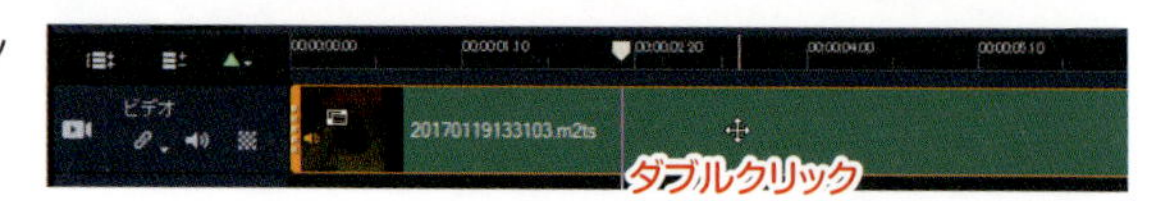

②ライブラリパネルにオプションが表示されました。

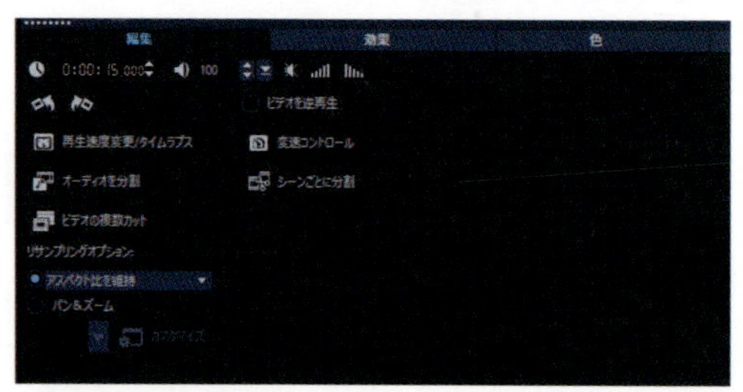

③「色」タブをクリックします。

カラーグレーディングの「色」タブ

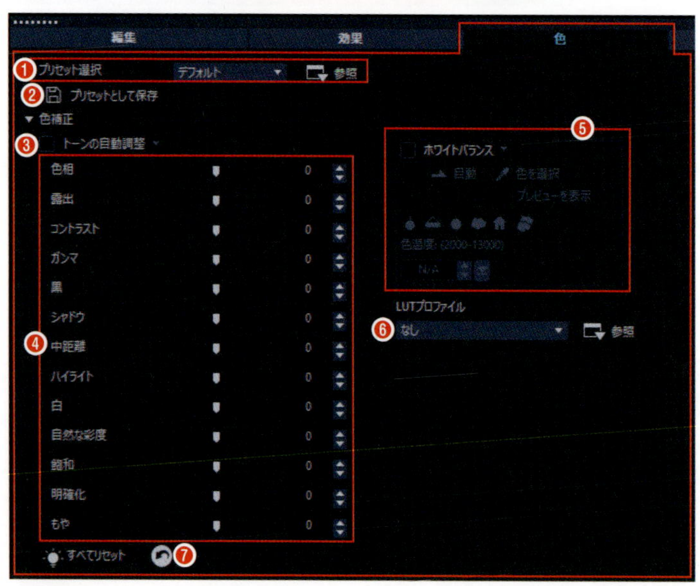

❶ 調整をプリセットの中から選択する。
❷ 調整した内容をプリセットとして保存できる。
❸ チェックを入れると「トーンの自動調整」ができる。
❹ 調整できる項目。
❺ ホワイトバランの調整。色温度の調整。
❻ LUT プロファイルを適用する。
❼「すべてのリセット」アイコン

Point!

❹の項目は 13 個あります。表示されていない場合はオプションパネルとタイムラインパネルの間にマウスを持っていきカーソルの形が変わるのを確認して、ドラッグで調整してください。

プリセット選択

あらかじめ用意されている内容で調整されます。プルダウンメニューから選択、クリックします。

Point!

プリセットを選択すると、プレビューにその調整がすぐに表示されます。また❹のパラメーターもスライダーが即座に移動します。「デフォルト」を選択すると最初の状態に戻ります。

トーンの自動調整

「トーンの自動調整」にチェックを入れると、ある程度色合いが補正されます。

Point!

チェックすると、適用の度合いをプルダウンメニューから選べるようになります。

元の画像

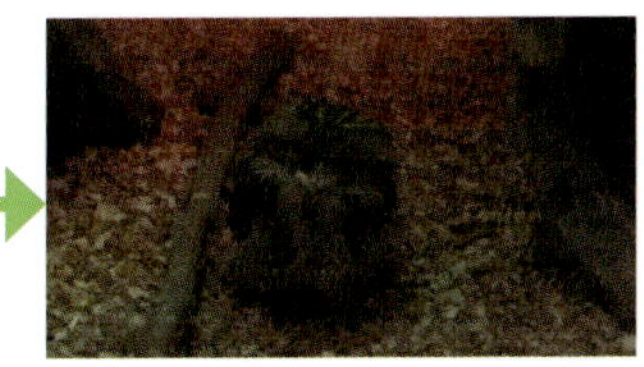

「トーンの自動調整　普通」を適用

項目を詳細に調整する

13ある項目をプレビューで確認しながら詳細に調整します。

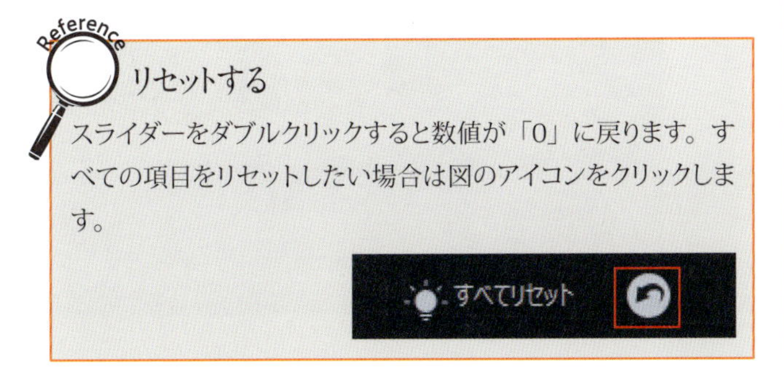

Reference

リセットする

スライダーをダブルクリックすると数値が「0」に戻ります。すべての項目をリセットしたい場合は図のアイコンをクリックします。

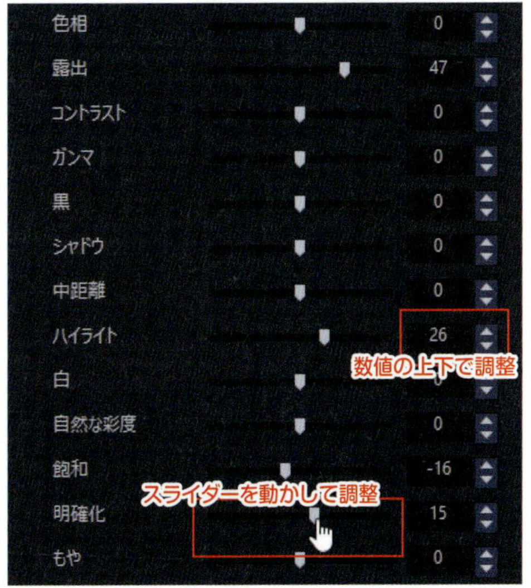

プリセットとして保存

オリジナルの調整結果は名前を付けて「プリセットして保存する」ことができます。

①「プリセットとして保存」をクリックします。

②「名前を付けて保存」ウィンドウが開くので、名前を入力します。

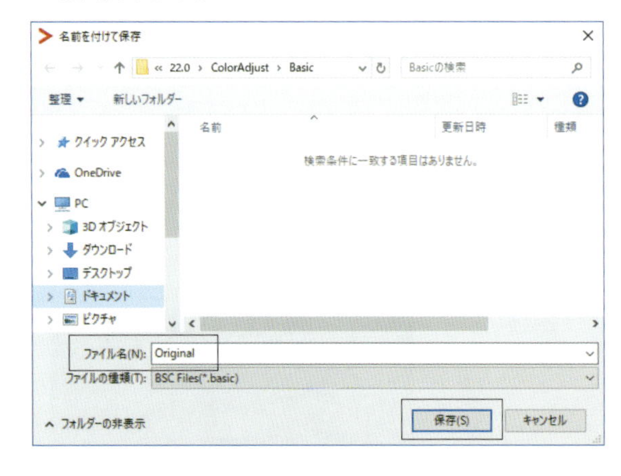

③保存に成功するとウィンドウが表示されます。

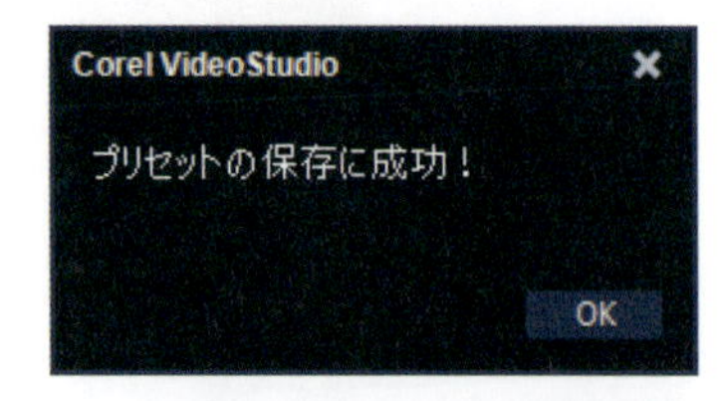

登録すると「プリセット選択」の項目に表示されるようになります。

調整した画像

元の画像

明るさと色味を調整した

小さい鳥がいることがはっきりわかるようになりました。

ホワイトバランス

ビデオや写真の中の白い部分を基本として全体の色を調整する機能です。

元の映像

自動で調整

ホワイトバランスをチェックします。

自動で調整

画像の中の白を選択して調整

①スポイトアイコン（色を選択）をクリックします。

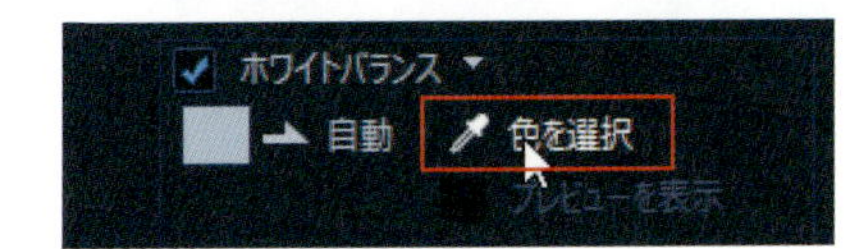

②自動で「プレビューを表示」にチェックが入り、下にプレビュー画像が表示されます。

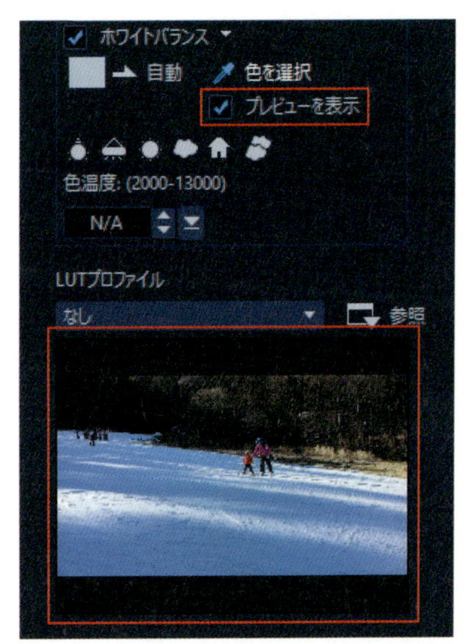

③プレビュー画像内の白い部分をクリックします。

④色味が変わりました。

色温度を調整する

色温度とは太陽光や自然光、照明などの光源が発する光の色を表すための尺度のことです。その尺度を基に色を調整します。

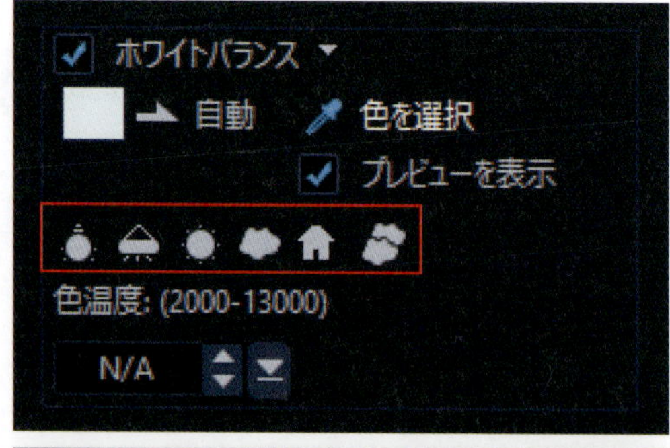

左から「電球」「蛍光灯」「日光」「曇り」「日蔭」「厚い雲」で、クリックするとその光源下で撮影された場合の色を計算して色味が変化します。それぞれクリックすると、色温度の設定値が変わり、映像の色味が変化します。

電球	2800
蛍光灯	3800
日光	5500
曇り	6500
日陰	7500
厚い雲	13000

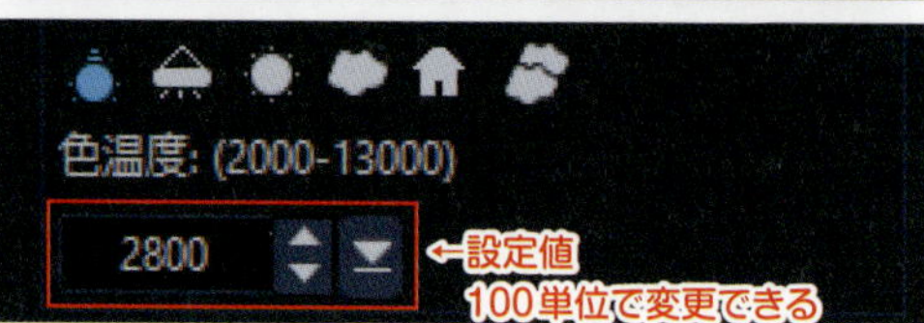

Reference

LUT プロファイル

LUT とは Look Up Table の略語で訳すと「参照表」のことです。LUT プロファイルとはあらかじめ色の設定などを記載したテンプレートのようなファイルのことです。インターネットなどで検索するとフリーで提供されているものもあるので、活用してみるのもいいでしょう。使用するには「参照」から読み込みます。

「カラーグレーディング」上位版 ULTIMATE

上位版であるULTIMATEでは「色調曲線（トーンカーブ）」や「HSLチューニング」などの機能があり、さらに充実した調整が可能です。

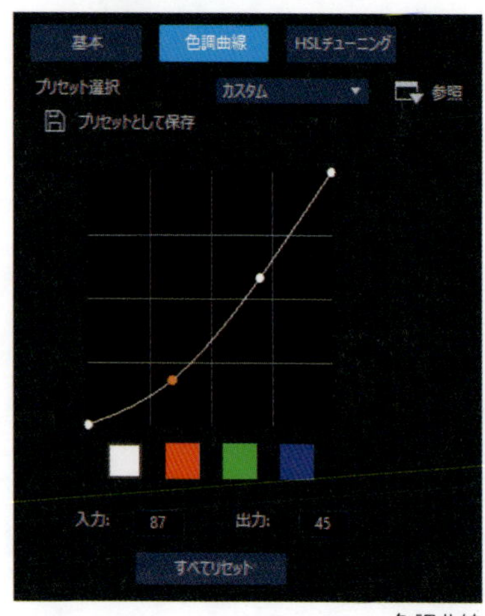

色調曲線

HSLチューニング

レンズ補正

最近はアクションカメラと呼ばれる「GoPro」やドライブレコーダーなど、ワイドレンズや魚眼レンズで撮影するカメラが増えています。そういった特殊なカメラで撮影した映像はときにレンズの歪みが目立ってしまうことがあります。それを解消してくれるのが「レンズ補正」です。

①タイムラインに配置したクリップを選択、ダブルクリックしてオプションパネルを表示します。

②ライブラリパネルにオプションが表示されました。

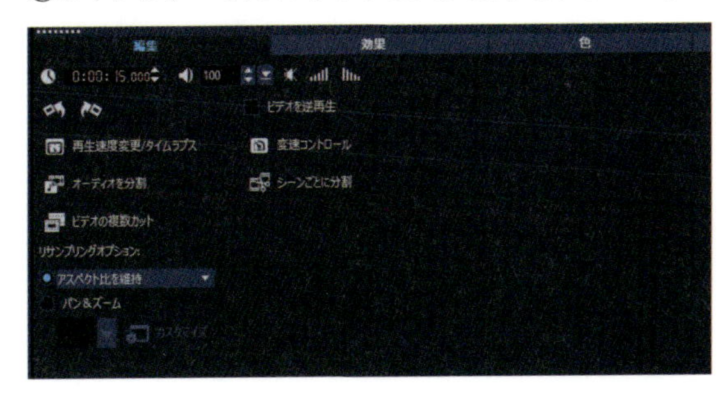

③「レンズ」タブをクリックします。

④「GoPro」には機種別にプロファイルが用意されているので、「初期設定」のプルダウンメニューを開き、機種名を選択して適用します。

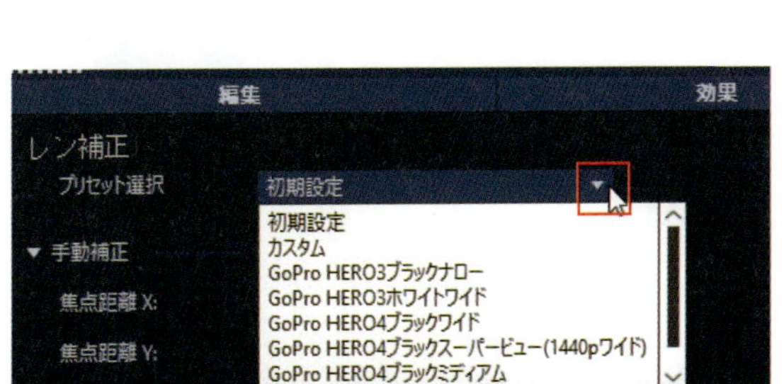

手動で補正する

Reference

プロファイルを使用しないまたは合致した機種名が見当たらない場合は詳細なプレビューで確認しながら、スライダーや数値を調整して補正します。

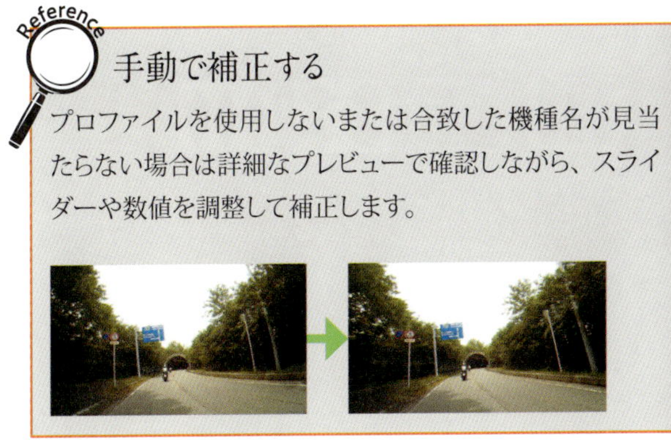

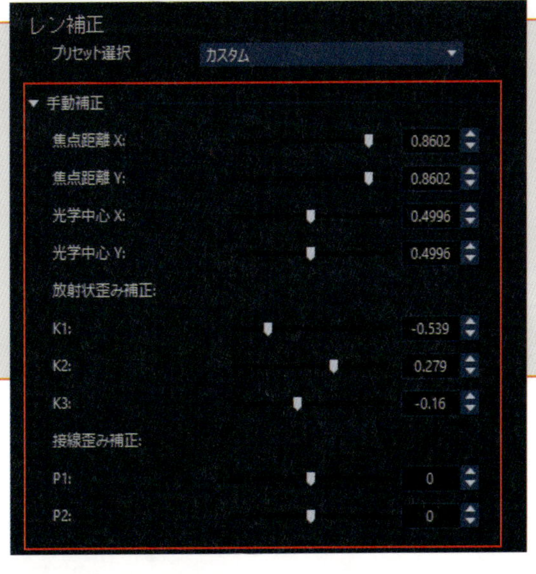

Point!

「初期設定」を選択すれば、すぐに元の映像に戻せるのでいろいろ試してみましょう。最後は好みもあるので「これが正解」というものはありません。

06 「分割画面テンプレート」で複数の映像を同時に映す

画面を分割してそれぞれに別の映像をはめ込みます。

ひとつの画面に境界線を引いて、複数の映像を同時に再生します。演出によっては緊迫感を醸し出す名シーンを作ることができる面白い機能です。

インスタントプロジェクトを開く

「分割画面テンプレート」は「インスタントプロジェクト」に収められています。

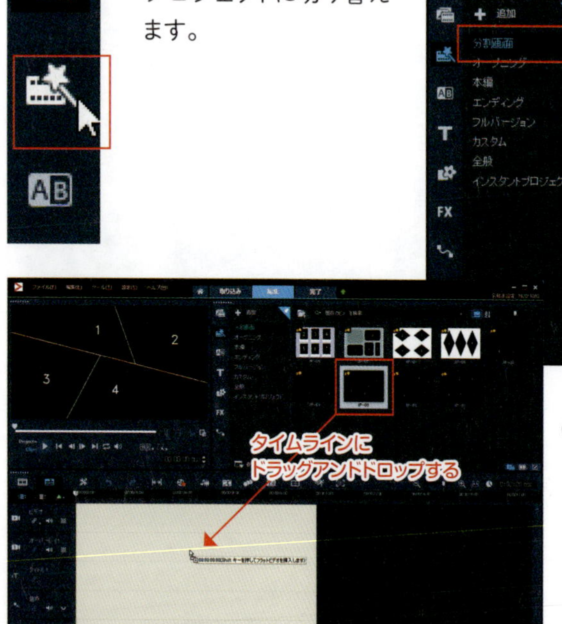

①ライブラリをインスタントプロジェクトに切り替えます。

②ライブラリに「分割画面テンプレート」が表示されます。

③気に入ったテンプレートをライブラリからタイムラインにドラッグアンドドロップします。ここでは IP-03 を選択しています。

④タイムラインに配置されました。

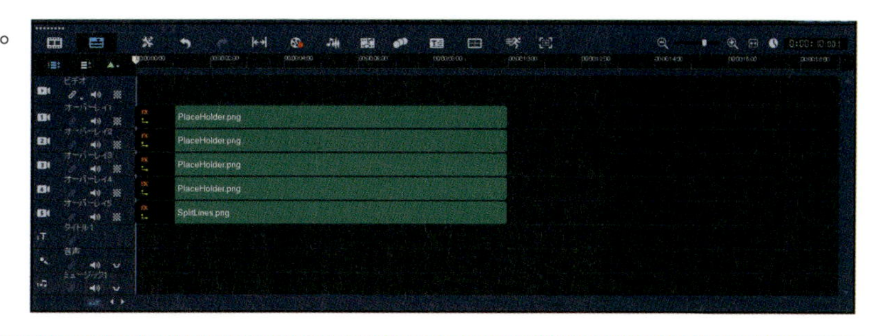

Point!
トラックを見るとわかりますが、ビデオトラックには何もなく、オーバーレイトラックの1から4に仮のクリップが追加されています。またオーバーレイ5には境界線の画像が追加されています。

Point!
もちろんビデオトラックにクリップを配置することも可能です。

オーバーレイトラックの画像を置き換える

オーバーレイトラックの仮のクリップを動画や写真に置き換えます。

⑤ライブラリから置き換えたい画像もしくは動画をドラッグアンドドロップします。プレビューに表示された番号とオーバーレイトラックの番号はリンクしています。

Point!
必ずキーボードの「Ctrl」キーを押しながらドロップします。そうしないと設定が崩れてしまいます。

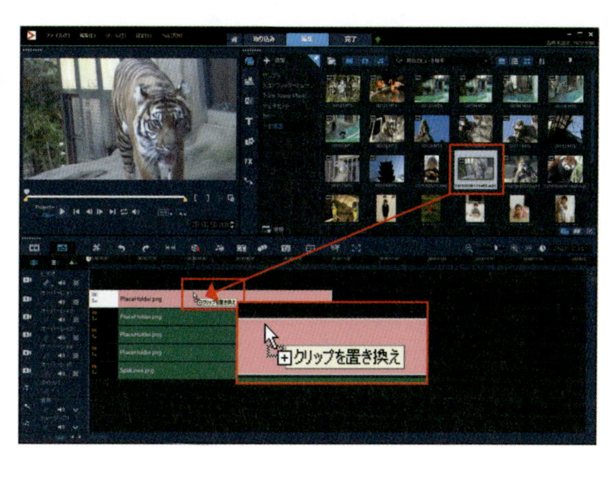

Reference
クリップの長さ

初期設定でオーバーレイトラックの仮の画像のクリップの長さは 10 秒です。写真であれば簡単に置き換えることができますが、動画は置き換えるものが 10 秒より短いと実行できません。クリップが 10 秒より短いときは、先にオーバーレイトラックのクリップの時間を調整しましょう。

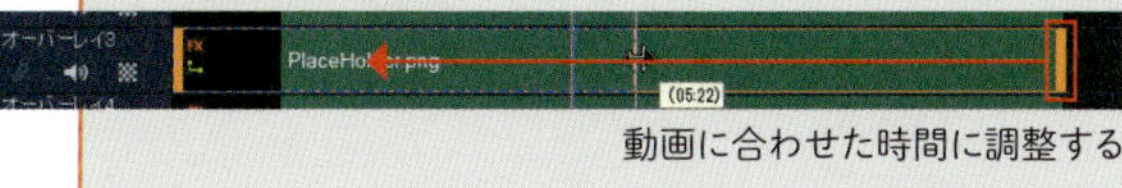

動画に合わせた時間に調整する

⑥同じようにして残りの動画を置き換えます。

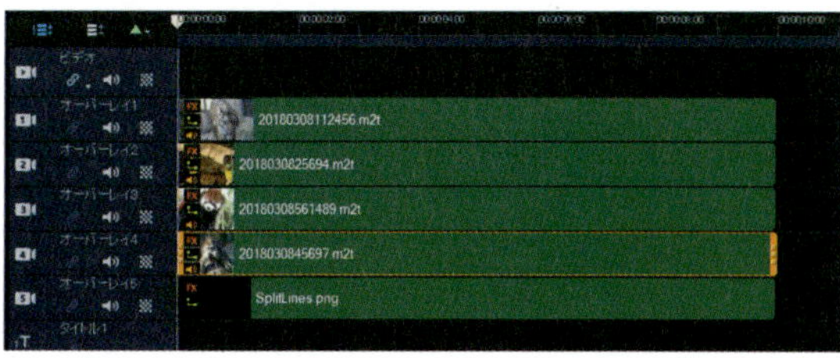

残りの動画も置き換える

クリップの大きさを調整する

これでは単にクリップが重なっただけなので、動物たちの顔が画面に出るように、調整します。

⑦調整したいクリップを選択します。

⑧プレビューで■をドラッグして、調整します。

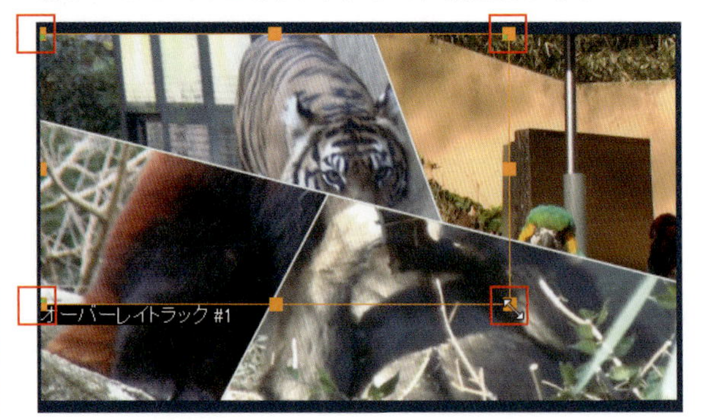

Point!

四隅の■の中の小さい■をドラッグすると拡大／縮小ではなく個別に変形します。

⑨同じ手順でトラックのそれぞれのクリップの大きさも調整します。

Reference

パン／ズームも併用できる

調整するときにツールバーの「パン／ズーム」を起動して併用することが可能です。詳しくは5-09（→P.207）を参照してください。

もっとアップにする

⑩プレビューの「Project」モードで再生して確認します。問題がなければ「完成」ワークスペースに切り替えて書き出してみましょう。

動画が10秒より長い

動画が10秒より長く、もっと活用したい場合はタイムラインのクリップを通常のときと同じように伸ばすことが可能です。

時間差で表示させる

トラックのクリップは通常の編集と同じで自由に動かせるので、図のようにずらせば映像を時間差で表示することも可能です。

音声はどうなる?

音声はそのままだとすべて再生されます。不要な音声は各トラックのミュート／ミュート解除を利用しましょう。

ミュート（無音）状態

ミュート解除状態

分割画面テンプレートクリエーター ULTIMATE

上位版のULTIMATEにはオリジナルテンプレートを作る機能が搭載されています。作成したテンプレートはファイルとして書き出すことができ、PROでも読み込んで使用することができます。

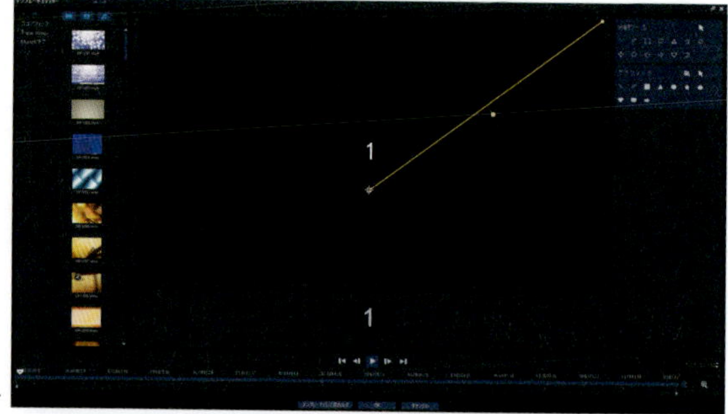

分割画面テンプレートクリエーター

曲線も作れる

いろいろな図形で分割できる

Reference インスタントプロジェクト

「分割画面」が収納されているインスタントプロジェクトですが、そこにはほかにもいろいろなテンプレートがあります。手順は「分割画面」とほぼ同じで、テンプレートをタイムラインにドラッグアンドドロップして動画や写真を入れ替えていくと立派な動画が完成します。

カテゴリー別にまとめられている

07 「マスククリエーター」で一部だけ色を残す ULTIMATE

動画のある部分を隠すことを「マスク合成」といいます。

VideoStudio 2019には通常版のPROと、エフェクトや様々なテンプレートのプラグインが追加された上位版のULTIMATE（アルティメット）があります。ここではULTIMATEのみに搭載されている「マスククリエーター」を紹介します。

「マスク合成」を簡単に実現

「マスク合成」は動画の一部を隠して通常ではありえない世界をつくりだすことができます。

元の映像

主役を目立たせるために、子供にだけ色を残し、背景を白黒にしました。

マスククリエーターを起動する

タイムラインに「マスク合成」したいクリップを配置して、ツールバーの「マスククリエーター」アイコンをクリックします。

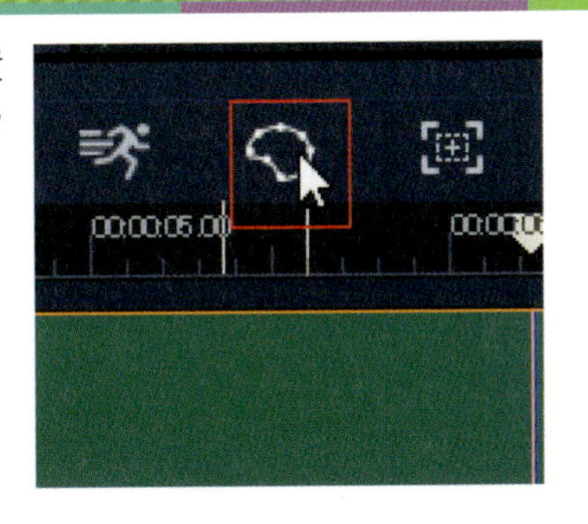

「マスククリエーター」ウィンドウ

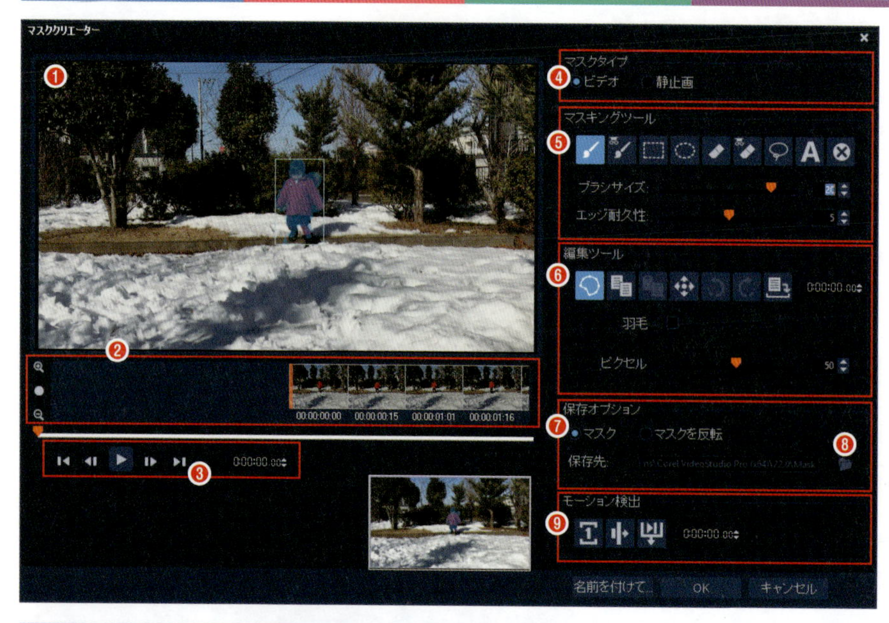

❶ **プレビュー**	現在作業中のビデオを表示します。
❷ **ビデオを表示**	ビデオをフレームに分けて表示します。
❸ **ナビゲーション**	ビデオを再生などの操作ができる。
❹ **マスクタイプ**	作業中のクリップの形式
❺ **マスキングツール**	マスクを指定するツール（後述）
❻ **編集ツール**	マスクの表示 / 非表示を切り替えたり「元に戻す」などの操作ボタン
❼ **保存オプション**	現在作業しているマスクを反転※することができる。
❽ **保存先**	作成したマスクの保存先。変更したい場合は「フォルダー」アイコンをクリックします。
❾ **モーション検出**	指定したマスクをビデオの内容に合わせて分析、検出します。（後述）

※「マスクの反転」はタイムラインに戻ったときに実行されます。

マスキングツールで指定する

マスキングツールでマスクを設定したい部分を、塗っていきます。

❶ **マスクブラシ**	フリーハンドでマスク部分を指定します。
❷ **スマートマスクブラシ**	エッジを検出しながら指定できます。
❸ **長方形ツール**	マスク部分を長方形で指定します。
❹ **楕円形ツール**	マスク部分を円形で指定します。
❺ **消しゴム**	指定したマスクを除去します。
❻ **スマート消しゴム**	エッジを検出しながら除去します。
❼ **自由選択ツール**	クリックしながら輪郭を指定して塗りつぶします。
❽ **テキスト マスク ツール** new	テキストのマスクを作成できます。

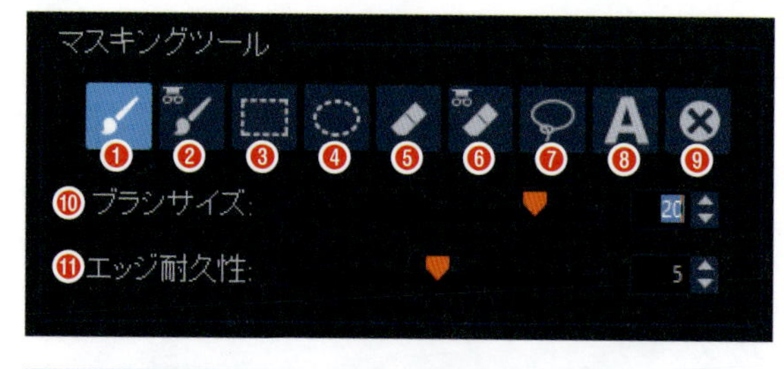

❾ **マスクを削除**	マスクの指定を一度に解除できます。
❿ **ブラシサイズ**	ブラシと消しゴム（スマートも含む）の直径を変更します。
⓫ **エッジ耐久性**	ブラシと消しゴム（スマートも含む）使用時のエッジの検出度を変更します。

①「マスクブラシ（またはスマートブラシ）」を選択します。

②ブラシのサイズを調整して、マスクを指定したい部分を、プレビュー内でドラッグしながら塗っていきます。ここではブラシのサイズを「10」に設定して「エッジ耐久性」を「1」にしています。

Point!

「自由選択ツール」でも輪郭をクリックしていくことで指定できる。

Reference

エッジの耐久性とは?

指定したマスクの部分と隣接した部分をピクセルの一致度合いで分析して、マスクに含めるかどうかを判断してくれます。低い数値ほど近いピクセルのみがマスクに取り入れられます。また「スマートブラシ（スマート消しゴム）」はその精度をさらに高めてくれます。

③「消しゴム」、「スマートブラシ」なども駆使しながら、指定しました。

Point!

「編集ツール」の「羽毛」はチェックを入れるとブラシのエッジ部分をぼかします。
その度合いは「ピクセル」で指定します。

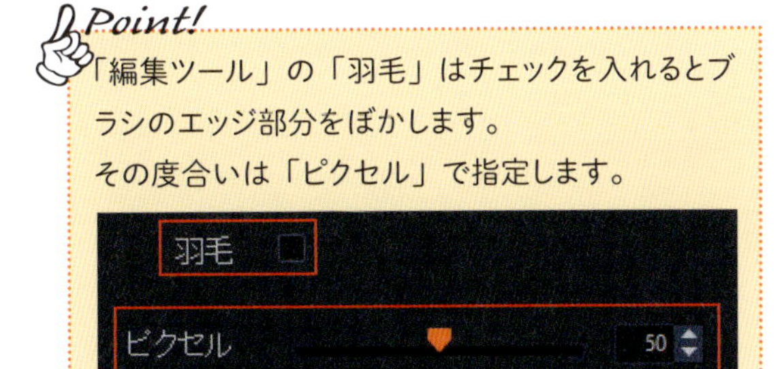

モーション検出

これはビデオのみで使用できる機能ですが、「モーション検出」でマスクを自動で適用します。

❶	**次のフレーム**	動きを検出して、次のフレームまでのマスクを調整します。
❷	**クリップの終わり**	動きを検出して、現在のフレーム位置からビデオの最後まで全フレームのマスクを調整します。
❸	**指定したタイムコード**	動きを検出して、現在のフレーム位置から、タイムコードで指定した位置までのマスクを調整します。

①「クリップの終わり」をクリックします。

Point!
クリップの長さや品質によって、処理の時間は異なります。

②検出が始まり、全フレームのマスクが調整されます。

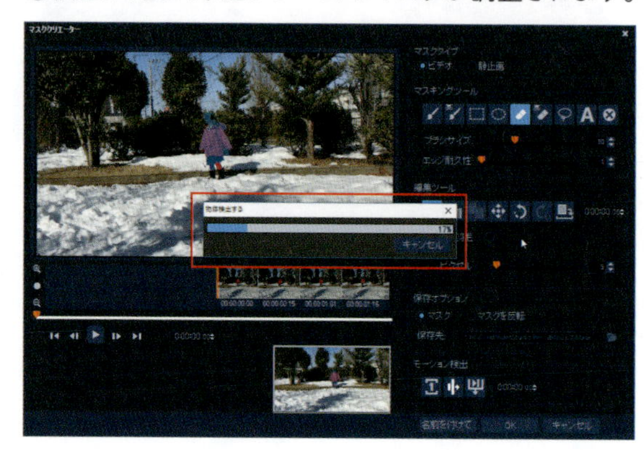

③検出が完了したら「OK」をクリックしてウィンドウを閉じます。

④作成したマスクはオーバーレイトラックに配置されます。

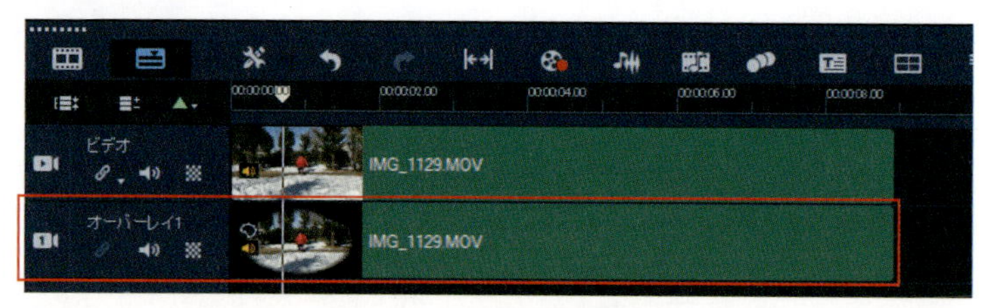

Point!
作成されたマスクのクリップは、ライブラリに登録することも可能です。オーバーレイトラックにあるクリップをライブラリにドラッグアンドドロップすれば完了です。

マスクを修正する

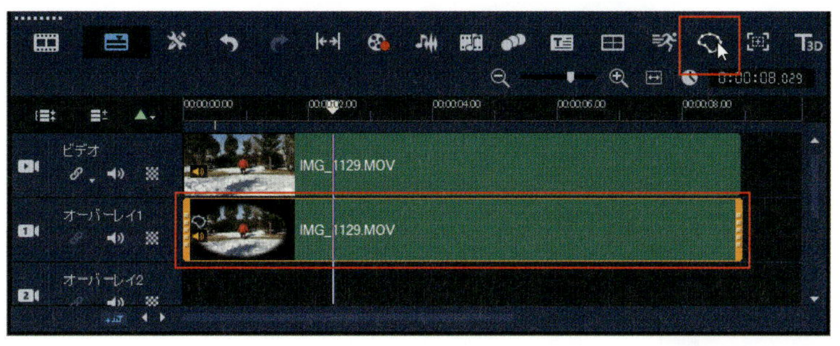

①オーバーレイトラックにあるマスクのクリップを選択して、ツールバーの「マスククリエーター」をクリックします。

②再び「マスククリエーター」が起動するので、塗りの部分を修正します。

テキスト マスクツール new

今バージョンから動画にテキストを入力して、そのテキスト部分のみをタイトルに使用できる機能が追加されました。

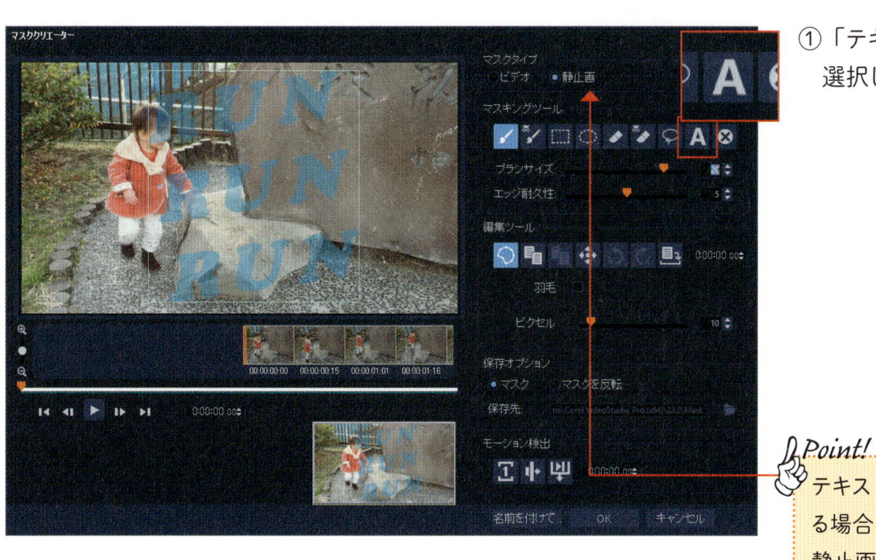

①「テキスト マスクツール」を選択して、文字を入力します。

Point!
テキスト マスクを作成する場合はマスクタイプで静止画を選択します。

②位置やフォントを決めて、最後に「OK」をクリックします。

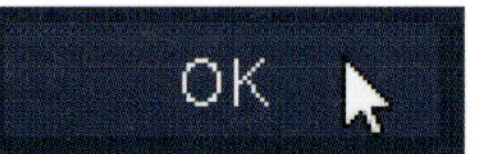

これだけで完成

③ほかの動画のオーバーレイトラックに配置します。

字の中も動いている

Point!

動画にテキスト マスクがかぶさっているので、その動画に音声があれば再生されます。不要ならば、ミュート（消音）しましょう。

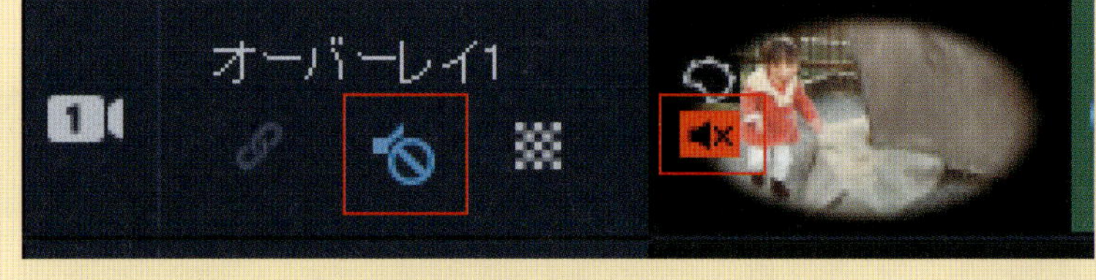

Point!

作成したテキストマスクはオーバーレイオプションの「フレームをマスク」のテンプレートに追加されています。

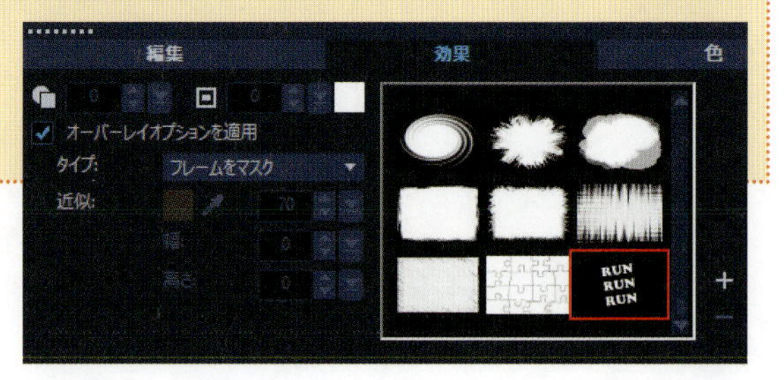

08 「Corel FastFlick 2019」ですぐに完成

おしゃれなテンプレートに動画や写真を当てはめるだけで、素敵な作品が完成します。

Corel FastFlick 2019を起動する

Corel FastFlick 2019（以下FastFlick 2019）の起動はデスクトップのアイコンをダブルクリックするか、スタート画面のアプリ一覧のアイコンをクリックします。

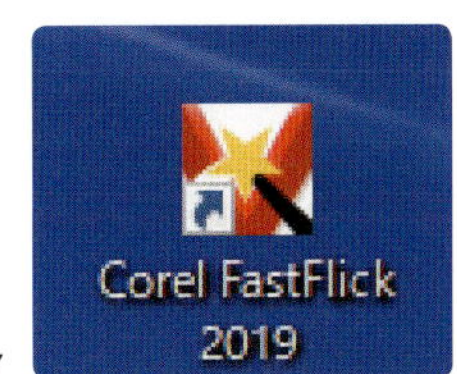

デスクトップアイコン

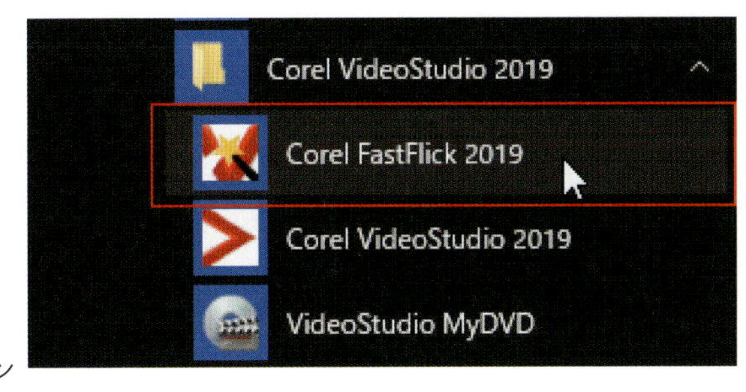

アプリ一覧のアイコン

【ステップ1】テンプレートを選択

①起動した画面です。

右側に21種類のテンプレートが並んでいます。選択して再生ボタンをクリックすると、テンプレートの内容を確認することができます。

②テンプレートを選択して、次のステップに進みます。ここでは1番上の中央にあるテンプレートを選んでいます。

【ステップ2】メディアの追加

③テンプレートを選択したら、下段にある「2　メディアの追加」をクリックします。

④画面が切り替わるので、右側にある「+」をクリックします。

Point!

直接この場所へファイルをドラッグアンドドロップして、追加することも可能です。また写真と動画が混在していても、同時に取り込めます。

⑤「メディアの追加」ウィンドウが開くので、パソコンに保存してある写真または動画を選択して「開く」をクリックします。

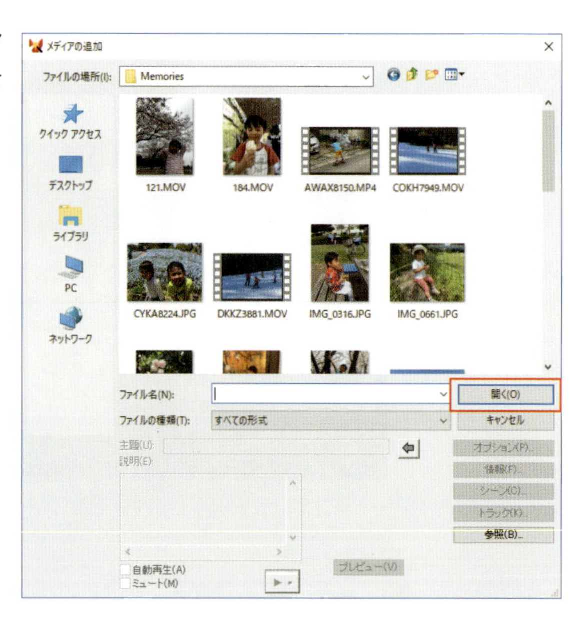

⑥再生して確認します。

【ステップ3】保存して共有する

⑦「3　保存して共有する」をクリックします。

⑧画面が切り替わります。書き出す設定は通常の「完了」ワークスペース（→ P.132）とほぼ同じです。

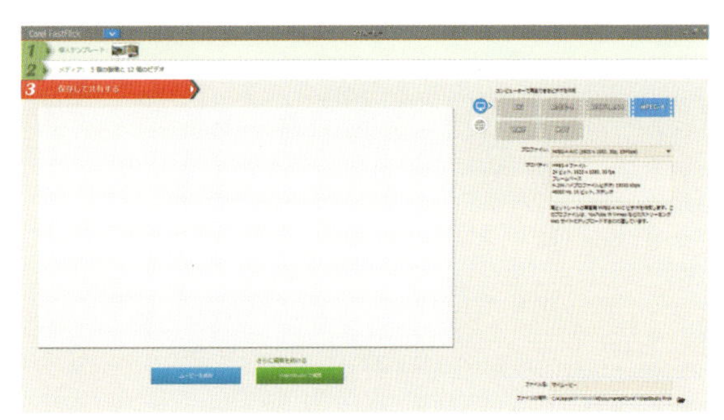

⑨「ムービーを保存」をクリックすると書き出しがスタートします。

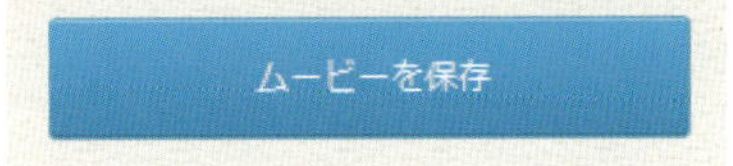

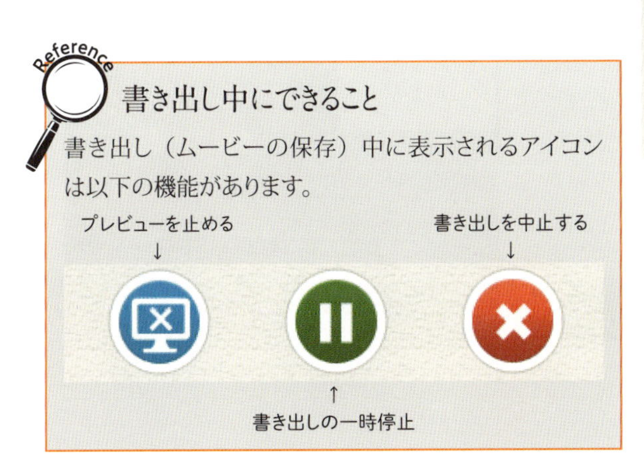

⑩書き出しが終了するとウィンドウが表示されます。「OK」をクリックします。

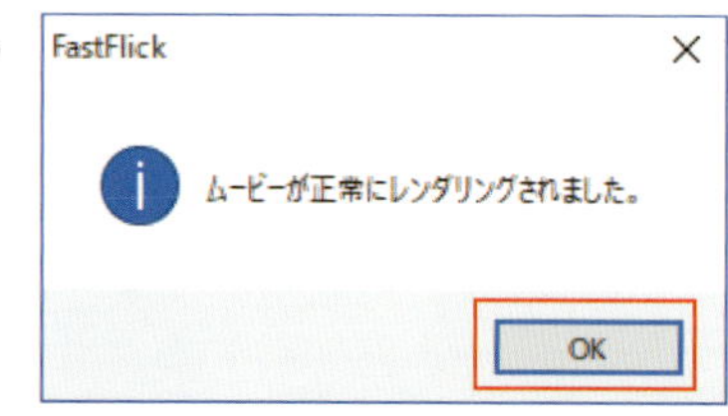

⑪手順⑧の画面に戻り、ファイルがあることが表示されます。

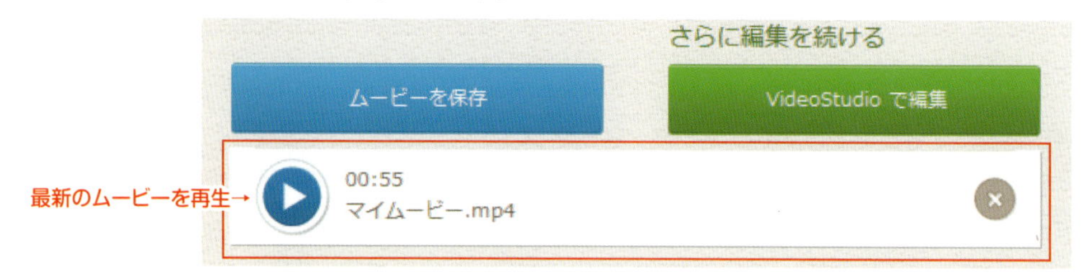

⑫「最新のムービーを再生」をクリックすると、専用のプレーヤーが起動して、内容を見ることができます。

ここまでがFastFlick 2019の基本的な使い方です。

Reference

「VideoStudioで編集」

「VideoStudio で編集」ボタンをクリックすると VideoStudio 2019 が起動し、今「FastFlick 2019」で編集している内容がそのまま、VideoStudio 2019 のタイムラインに反映されます。さらに詳細に編集したいときに使用します。

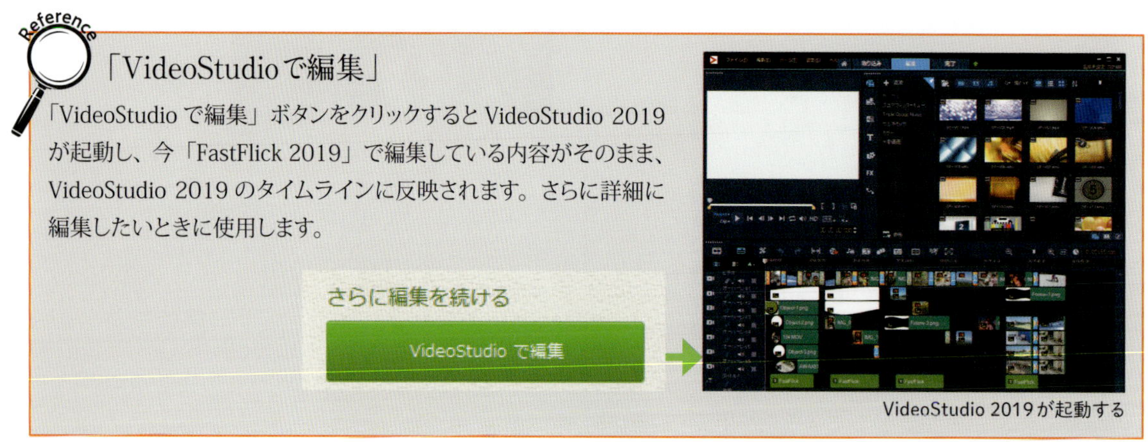

VideoStudio 2019が起動する

クリップの順番を入れ替える

ここからはカスタマイズの方法です。作業はすべて「2　メディアの追加」で行います。

①クリップの位置を入れ替えると、ムービーの内容も変わります。

②入れ替わりました。

クリップを編集する

読み込んだ写真や動画を簡易的に編集することができます。

①写真を選択してクリップ上で右クリックすると、メニューが表示されます。

写真を選択

②「補正 / 調整」は■を操作することで、ズームによるトリミングなどがおこなえます。

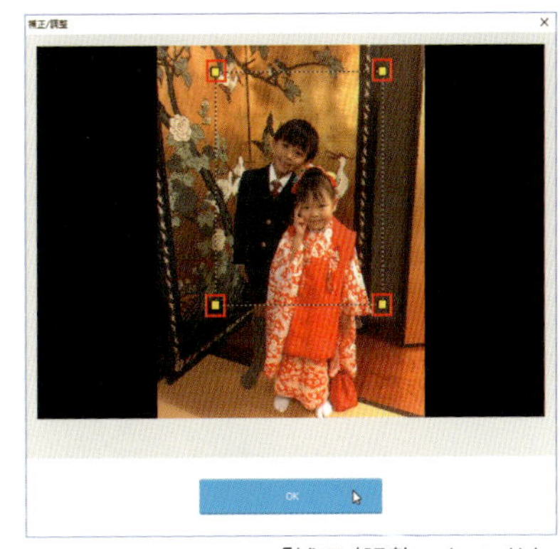

「補正 / 調整」ウィンドウ

Reference

動画もトリミング

読み込んだクリップが動画の場合も再生範囲の指定（トリミング）やパン & ズームがおこなえます。

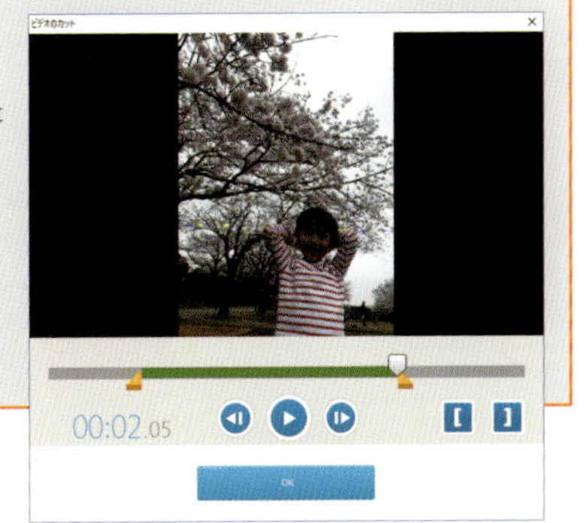

タイトルを変更する

ムービーの中で表示されるタイトルは、ジョグ スライダー下に紫色のバーで表示されます。

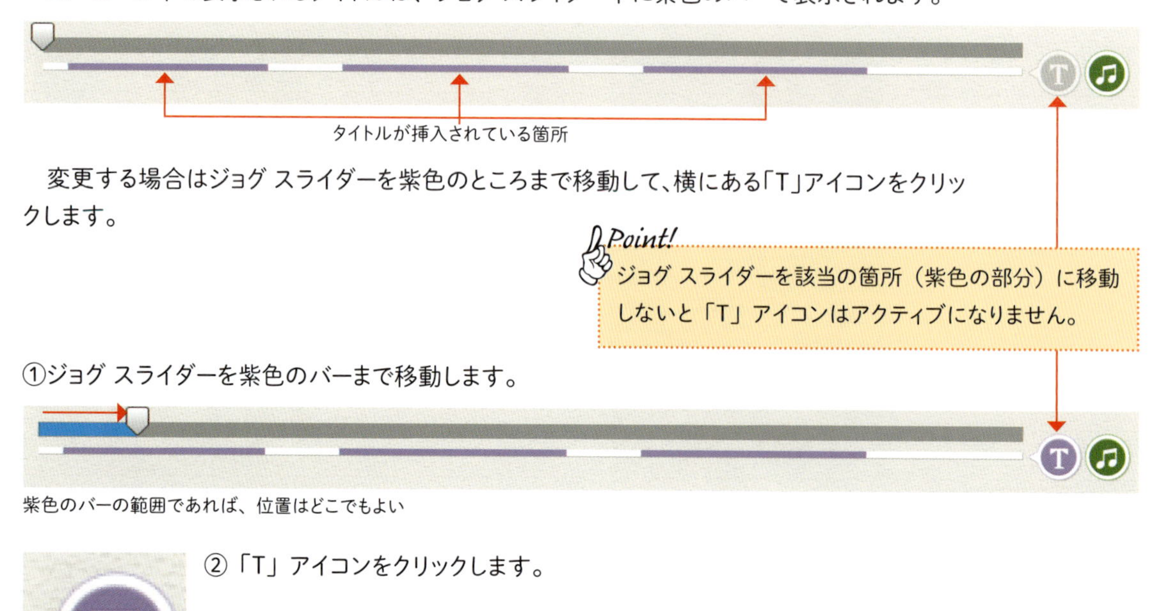

変更する場合はジョグ スライダーを紫色のところまで移動して、横にある「T」アイコンをクリックします。

Point!
ジョグ スライダーを該当の箇所（紫色の部分）に移動しないと「T」アイコンはアクティブになりません。

①ジョグ スライダーを紫色のバーまで移動します。

紫色のバーの範囲であれば、位置はどこでもよい

②「T」アイコンをクリックします。

③右側に設定用のオプションメニューが開き、プレビューのタイトルが選択された状態になります。

④プレビューで「FastFlick」をクリックして、タイトルを変更します。ここでは「Memories」と入力しています。

⑤入力した文字を確定する場合は、文字の枠の外側をクリックします。

枠の外をクリックする

⑥枠の形が変わり、●や○が表示されます。

⑦●をドラッグすれば文字を回転、○をドラッグすれば拡大 / 縮小することができます。

Reference

縦型の映像にも対応

スマホなどで撮影した縦型の写真や動画はテンプレートによっては、横に引き伸ばされてしまうものもありますが、自動で縦長の映像に調整されるものも数多くあります。いろいろ試してみましょう。
引き伸ばされてしまうテンプレートも VideoStudio 2019 本体に読み込めば、映像の比率（アスペクト比）を自由に調整できます。

オプションメニューでさらにカスタマイズ

オプションメニューではフォントやBGMを変更したり、ムービーの長さを調整したり、さらにいろいろなカスタマイズができます。

タイトルオプション

フォント（書体）や文字色の変更ができます。

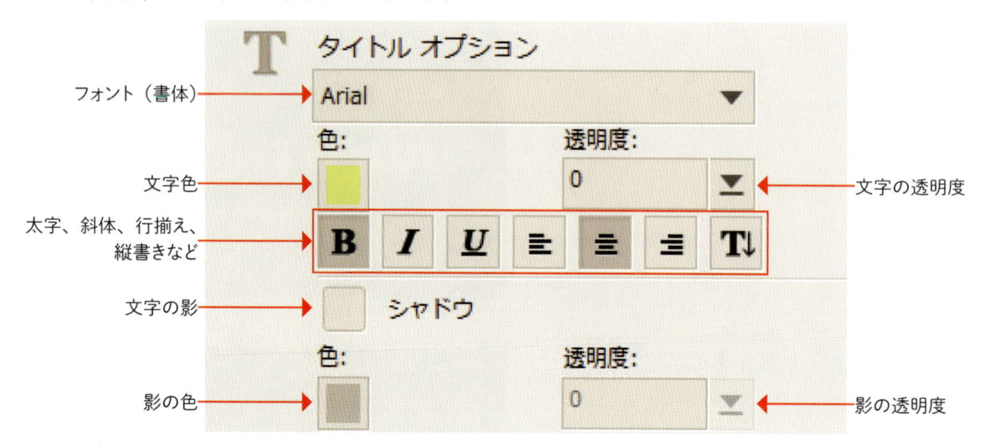

ミュージックオプション

曲の変更やミュージックとビデオの音声のバランスなどを調整できます。

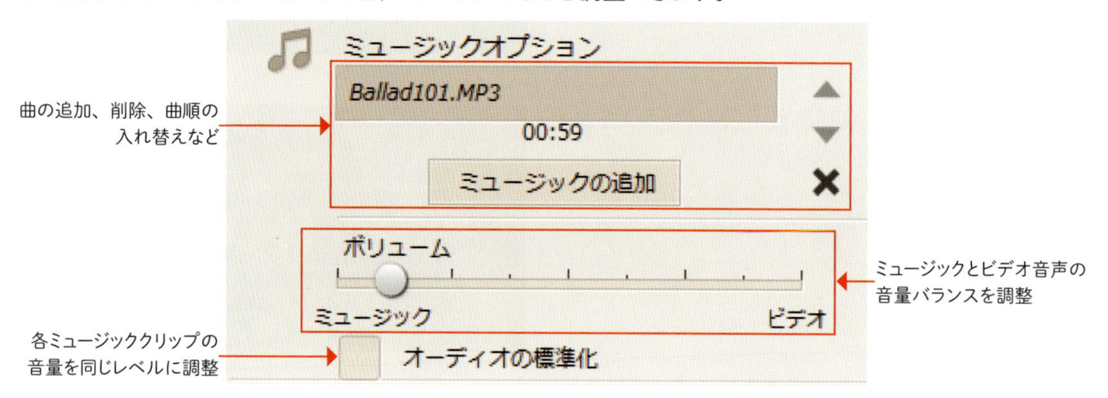

画像のパン&ズームオプション

チェックを入れると画像のパン（カメラを左右に振る）とズーム（拡大/縮小）を、自動調整してくれます。

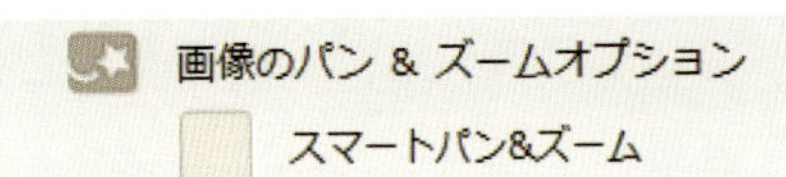

ムービーの長さ

ミュージックとムービーの長さが異なる場合、どちらに合わせるかを選択します。

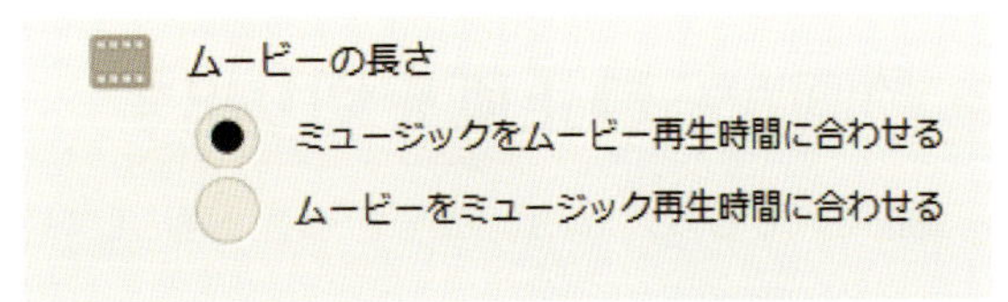

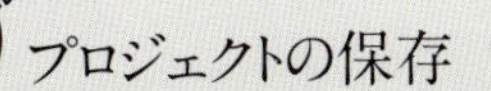

プロジェクトの保存

FastFlick 2019を終了するときに、「プロジェクトを保存しますか」というアラートが表示されます。保存する場合は「はい」をクリックします。拡張子がVideoStudio 2019のプロジェクトは.VSPですが、FastFlick 2019は.vfpとなっているので、ファイルのアイコンをクリックするとFastFlick 2019が起動します。また途中で保存したい場合は図のメニューをクリックして保存します。

マイムービー.vfp

FastFlick 2019のプロジェクトファイル

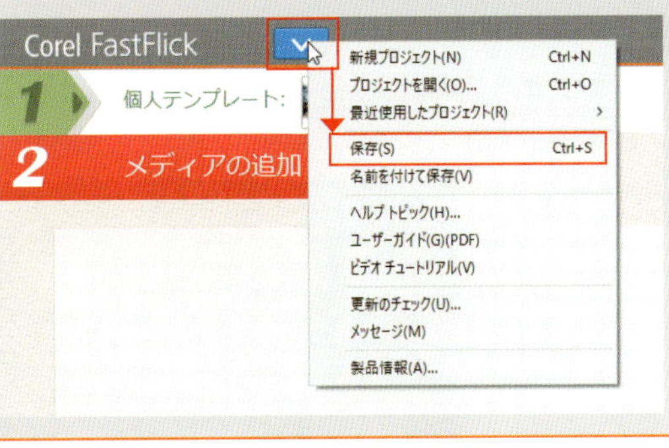

プロジェクトファイルを保存する

09 オリジナルフォトムービーをつくる

写真を使ったオリジナルフォトムービーをつくります。

撮りためた画像を使って、オリジナルのフォトムービーを作ります。パン&ズームなども駆使して、見栄えのよい動画に仕上げていきます。

動画から静止画を切り出す

動画の中からベストショットを一枚の静止画として切り出して保存します。

①ビデオトラックにクリップ（動画）を配置します。

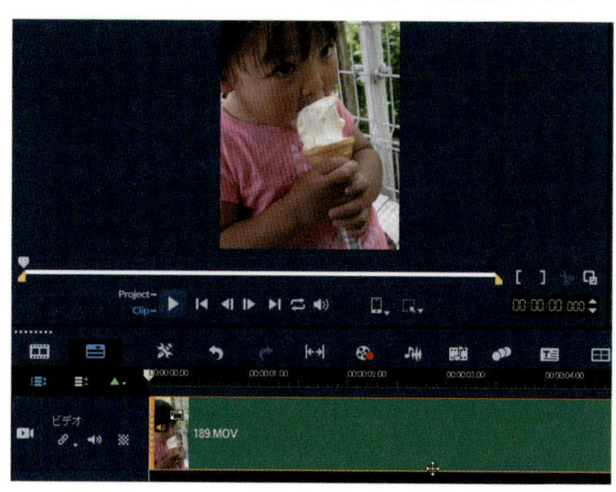

②再生やジョグ スライダーを操作して、気に入ったショットを見つけたら、ツールバーの「記録／取り込みオプション」をクリックします。

③「記録／取り込みオプション」ウィンドウが開くので、「静止画」をクリックします。

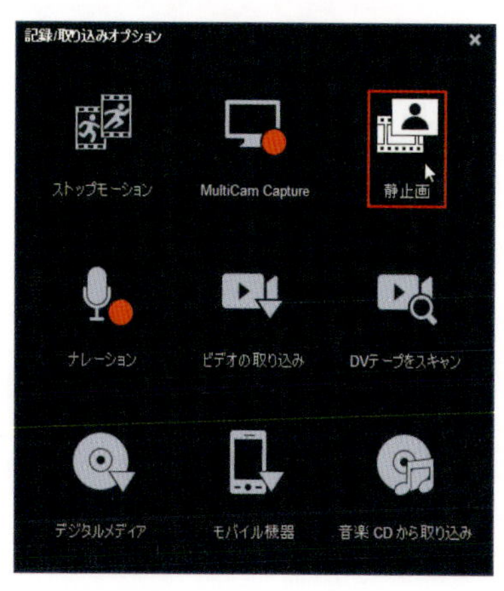

Point!
静止画を切り出す際は「Project」モードになっていることを確認してください。

④画像としてライブラリに登録されます。

Reference

フリーズフレームを利用する

クリップ上で右クリックしてメニュー→「スピード」→「フリーズフレーム」を使用して保存することもできます。

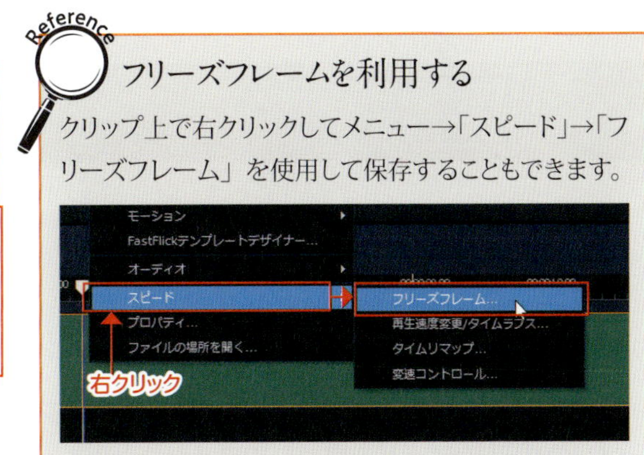

Reference

保存形式を変更する

静止画の保存形式は初期設定で.BMP（BITMAP）ですが.JPG（JPEG）形式に変更することができます。

メニューバーの「設定」から「環境設定」を選択、クリックするか、キーボードの「F6」キーを押して「環境設定」ウィンドウを開きます。タブを「取り込み」に切り替えて、静止画形式のプルダウンメニューで決定します。最後に下段にある「OK」をクリックしてウィンドウを閉じます。

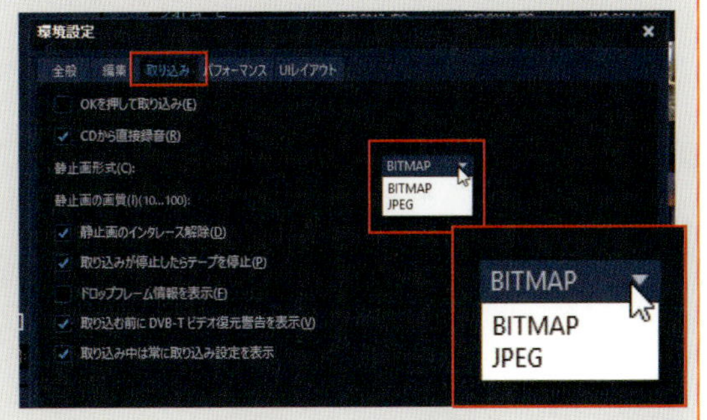

アスペクト比を調整する

画像をトラックに配置する前の準備をします。最近はスマホをはじめいろいろなデバイスで写真を撮ることが多くなりました。それにつれて画像自体もいろいろな形式や画角のものがあります。編集に入る前にそれらを調整することで、作業をスムーズに進めることができます。

Point!

アスペクト比とは縦と横の辺の長さの比率です。AVCHDカメラなどのフルハイビジョンは16：9、昔のアナログテレビなどは4：3です。デジタルカメラも大概の機種は4：3、一眼レフのカメラは3：2が主流なので、アスペクト比の違いで仕上がりに差が出ます。

①一眼レフカメラで撮影した写真を読み込むと、両側に黒い部分が生じます。

②タイムライン上のクリップをダブルクリックして、オプションパネルを開きます。

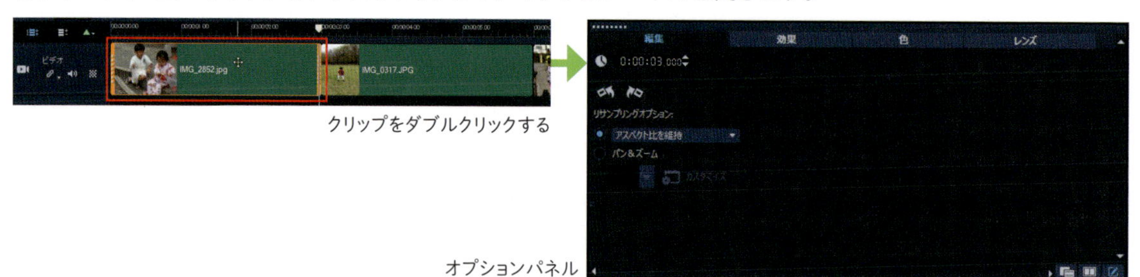

クリップをダブルクリックする

オプションパネル

③プレビューで確認しながら、「リサンプリングオプション」の「アスペクト比を維持」のプルダウンメニューから選択します。

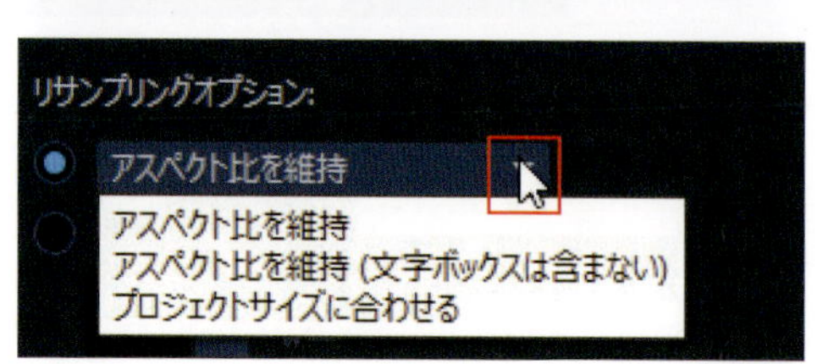

画像の比較

アスペクト比を維持

現状維持

アスペクト比を維持（文字ボックスは含まない）

両側の黒い部分が取り除かれ、寄りの画になる。

プロジェクトに合わせる

プロジェクトの比率16：9に合うように左右に引き伸ばされる。

画像の回転

本来はVideostudio2019で自動判別されるのですが、まれに縦で撮った画像が横に読みこまれる場合があります。それを正しい位置に修正します。

①縦に表示したい画像が横向きに読み込まれてしまった。

②タイムラインのクリップをダブルクリックしてオプションパネルを表示します。画像の回転をクリックして修正します。

左右に90°回転

Point!

そのほか、色の修正やレンズのゆがみの補正ついては5-05「カラーグレーディング」(→ P.176)の項を参照してください。

③縦に修正されました。

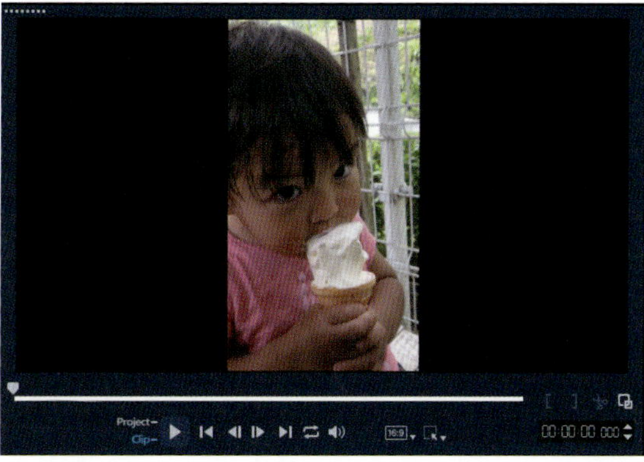

タイムラインに画像を配置する

動画から切り出した画像も揃えて、ライブラリに必要な画像を取り込んで、フォトムービーを編集します。タイムラインにクリップを配置します。

Point!

画像の並べ替えはストーリーボードビューに切り替えての作業が便利です。

表示時間を変更する

写真をタイムラインに配置したときは、初期設定で表示する時間が3秒です。これを変更したい場合にはいくつか方法があるのですが、手軽なのはタイムラインにあるクリップを選択して、両端を伸縮させて調整する方法です。

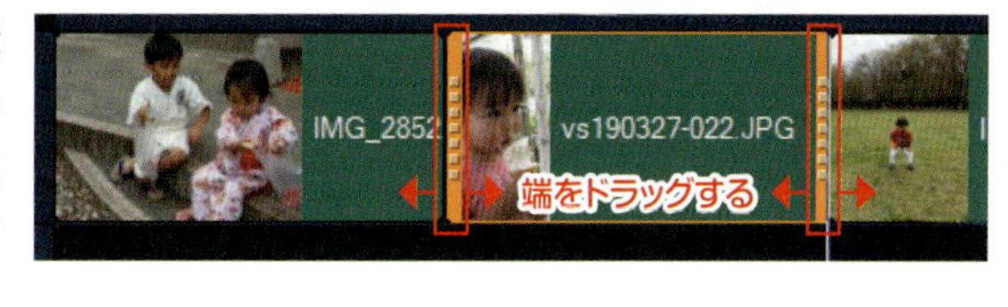

Reference

タイムコードで変更

オプションパネルの「編集」タブにあるタイムコードの数値で変更することもできます。

Chapter1 Chapter2 Chapter3 Chapter4 Chapter5

モーションの生成

写真はそのままでは動かないので、変化に乏しく地味なムービーになってしまうのを避けるために、いろいろな効果をつけていきます。

①効果をつけたいクリップ上で右クリックしてメニューから「モーションの生成」を選択、クリックします。

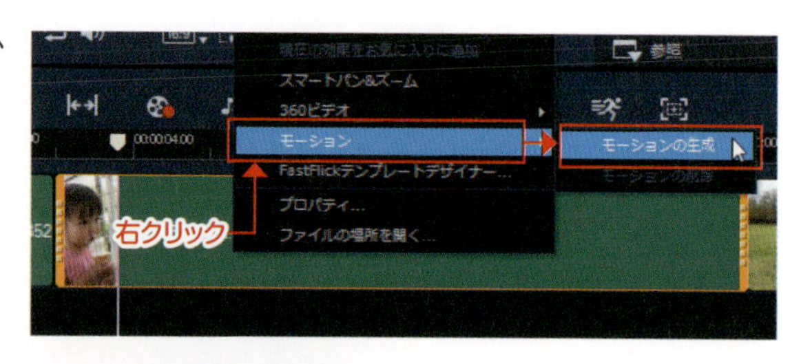

②「モーションの生成」ウィンドウが開きます。

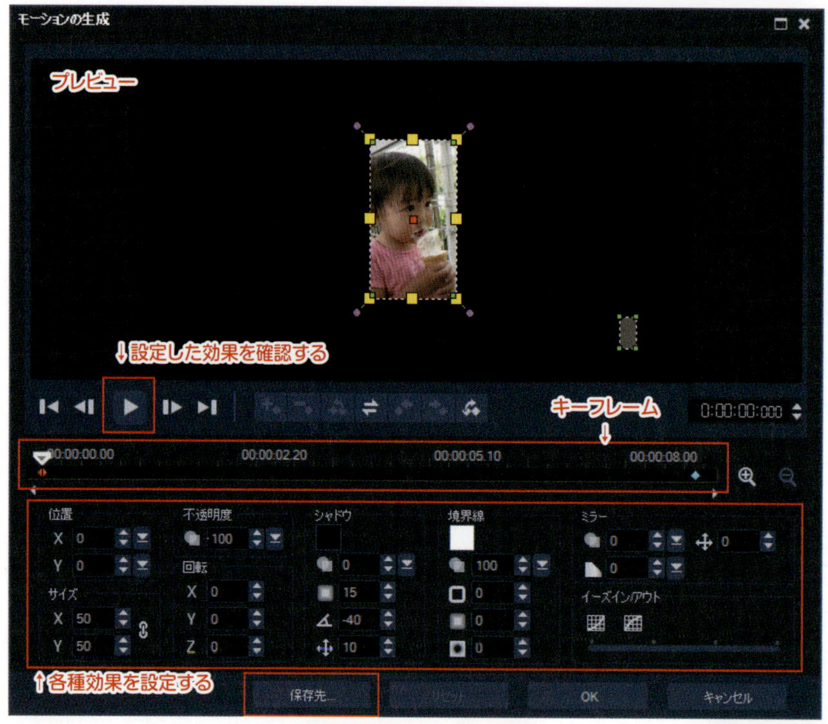

↑設定に名前を付けて保存する

③画像の「不透明度」や「境界線」など、各種設定をします。「再生」をクリックするとすぐに効果を確認できます。

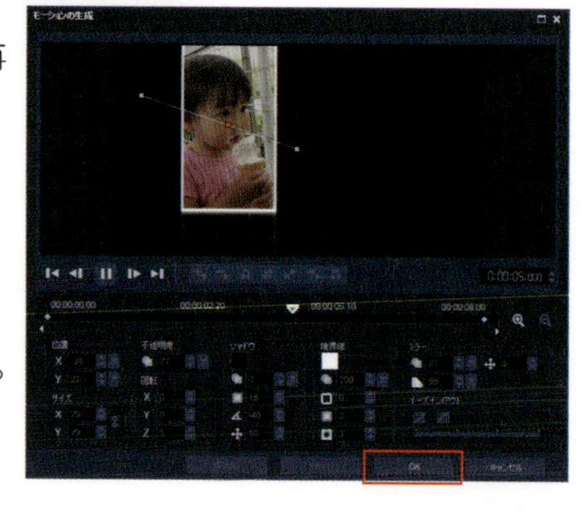

④「OK」をクリックして終了します。

パス ライブラリーへ保存

設定したモーションを保存する場合は「保存先」をクリックして必要事項を入力して、「OK」をクリックします。

パスライブラリーへ保存
パス名を指定して、パス ライブラリーのパス フォルダーへ保存してください。
パス名:
モーション01
オプショ
パス (すべての属性あり)
パスのみ
保存先:
カスタム
OK キャンセル

保存したモーションは「パス」のフォルダーに収納されます。

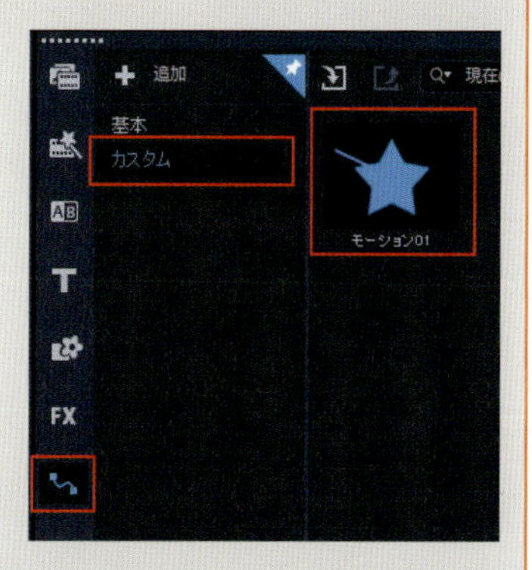

ほかのクリップに適用する場合はライブラリからタイムライン上のクリップにドラッグアンドドロップします。写真だけでなく動画にも適用できます。

⑤設定したモーションを削除したい場合は、クリップ上で右クリックしてメニューから「モーションの削除」を選択、クリックします。

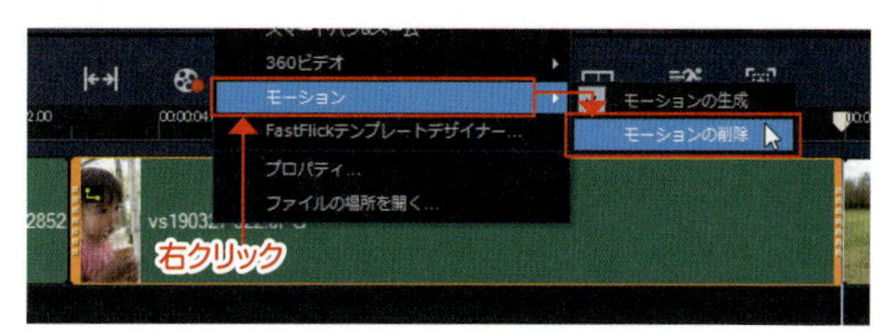

「パン&ズーム」を設定する

撮影用語でパンは固定したカメラを左右に振ること、ズームは被写体を拡大することをいいます。パンやズームを設定してビデオのように動きをつけます。

①タイムラインのクリップを選択してツールバーの「パン / ズーム」アイコンをクリックします。

②「パンとズーム」ウィンドウが開きます。

Point!

オプションパネルの「編集」タブのパン&ズームを選択してカスタイズをクリックしても呼び出せます。

「パンとズーム」ウィンドウのおもな機能

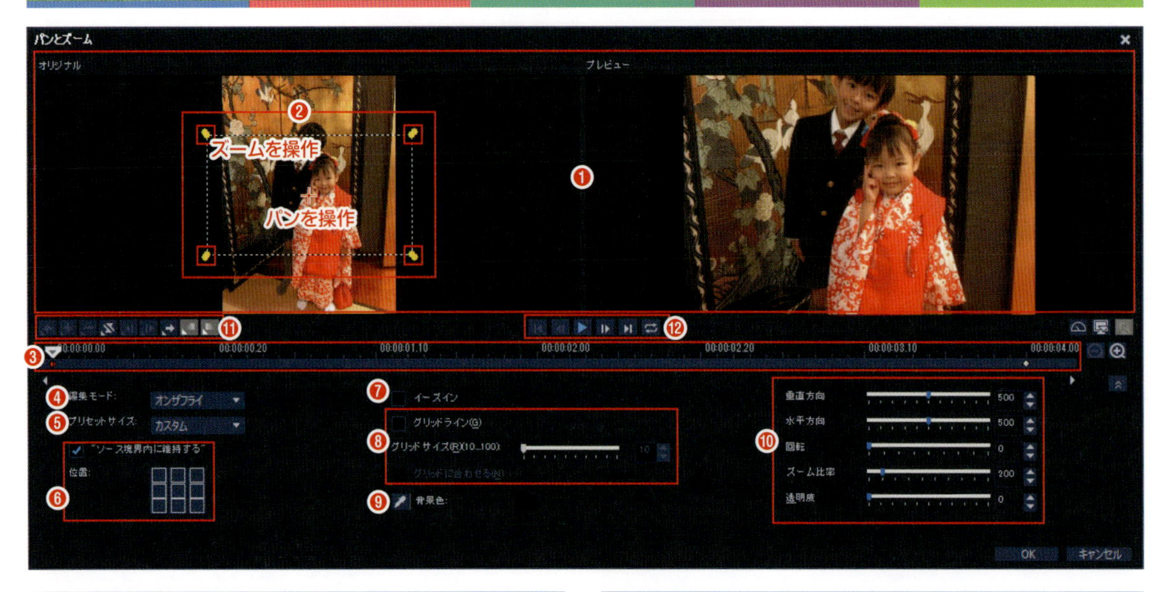

❶ 左がオリジナルで右が適用後の画面	❼ イーズイン。チェックを入れると設定した動きを徐々に加速させる。
❷ 設定ツール。中心の＋でパンを操作。四つの角でズームを操作する。	❽ グリッドラインの表示 / 非表示とその設定
❸ ジョグ スライダーとバー。キーフレームを追加するとバーに表示される。	❾ 画像がフレームより小さいときに表示される背景色を変更する。
❹ 編集モード。「アニメーション」「オンザフライ」「静止」を選択する。	❿ 設定を数値またはスライダーで調整する。
❺ プリセットサイズ。❷の大きさを変更する。	⓫ キーフレームの操作ボタン
❻ 画像を９分割してすばやく動作する方向を決定できる。	⓬ 再生、１フレーム左右に移動、繰り返し再生などの操作ボタン

基本の設定

設定は「オリジナル」の画面で❷を動かすか、❿の数値を操作して決めていきます。

①キーフレームの最初を選択して、❷を動かしてプレビューで確認しながら画像の動きを決めます。

②最後のキーフレームを選択して、再び❷を動かして最後のアングルを決定します。

Point!
キーフレームを使用すればさらに細かい動作を指定することができます。
キーフレームについては Chapter3-12 を参照してください。

編集モードの違い

編集モードによって仕上がりに違いがあります。

アニメーション	ゆるやかに画像が推移していきます。
オンザフライ	途中にキーフレームを設定すると、自動で別のキーフレームが追加され極端な動きをするようになります。
静止	設定したまま最初から最後まで動きません。キーフレームも使用できません。

そのほかの要素

これで画像の動作に関連する設定は完了しました。次は画像と画像をきれいにつないでくれるトランジションをはじめ、タイトルや、BGMを設定してムービーを完成させましょう。

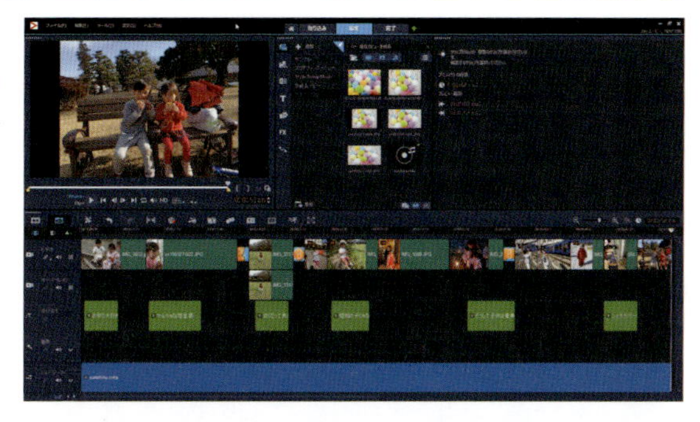

すべての設定が終わったら「完了」ワークスペースに切り替えて、書き出します。

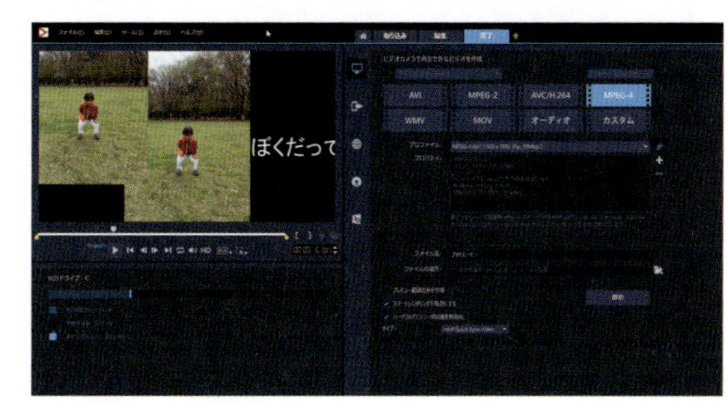

10 レイアウトをカスタマイズする

プレビューやライブラリパネルは配置を変更することができます。

作業効率を考えてプレビュー画面を中央に配置したり、タイムラインパネルを上部に移動したり、レイアウトを変更することが可能です。

変更のしかた

①変更したいパネルの左上にある図の部分をクリックして、ドラッグします。

②ドラッグすると薄いブルーで表示されます。

③移動中に方向を示すアイコンが表示されるので、いずれかを選択してドロップします。

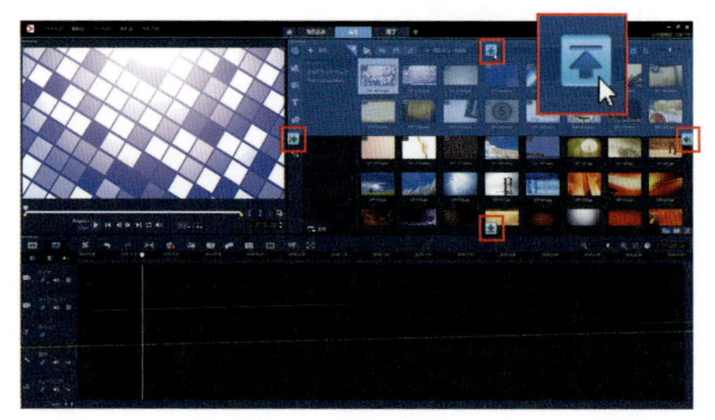

Point!

パネルの大きさはマウスを各パネルの境目に持っていくと、カーソルの形が変わるので、ドラッグして調整できます。

レイアウトを保存する

レイアウトは3つまで保存することができます。

メニューバーから「設定」をクリックしてメニューを表示して図の「保存先」で指定します。

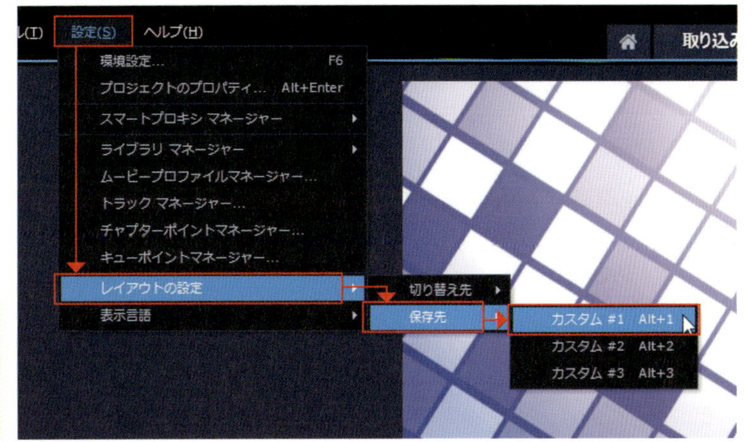

Point!
保存したレイアウトはキーボードのショートカットキー「Ctrl+ 数字」ですぐに呼び出すことができます。

レイアウトの初期化

最初のレイアウトに戻したい場合はキーボードの「F7」キーを押すか、メニューバーの「設定」をクリックしてメニューを開き、図のデフォルトを選択、クリックします。

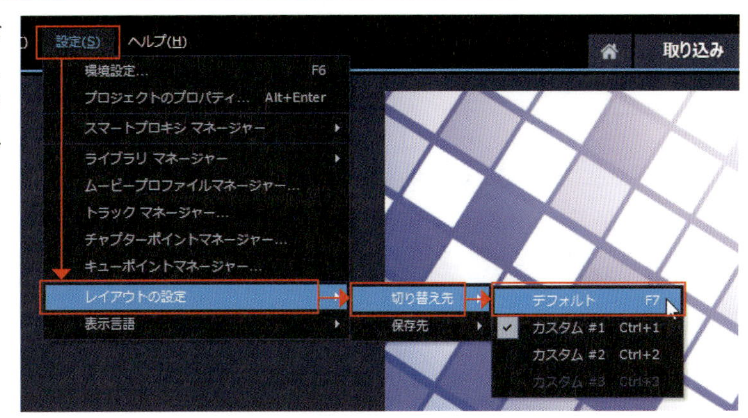

Reference

ツールバーのアイコンが消えた

まれに起動した際にツールバーのアイコンが表示されないことがあります。その場合はツールバーの「ツールバーをカスタマイズ」をクリックして表示したい項目にチェックを入れて、もう一度「ツールバーをカスタマイズ」をクリックします。

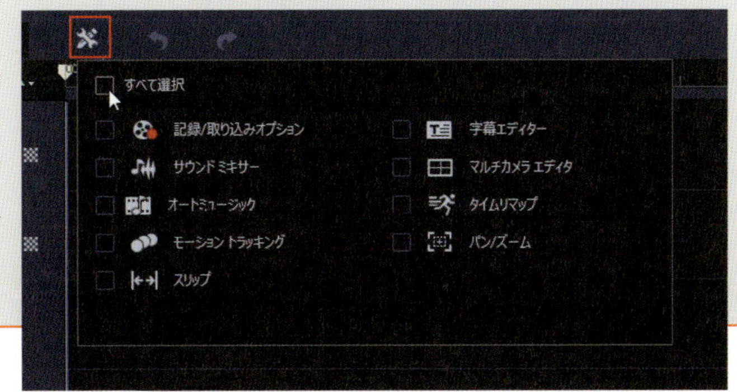

索引

ま行

ら行

わ行

購読者特典！ VideoStudio 2019 フィルター・トランジションカタログブック

このたびは本書をお買い上げいただき誠にありがとうございます。特典として「VideoStudio 2019フィルター・トランジションカタログブック」（非売品）をご提供します。

手順

1. 弊社サイトにアクセスします。
グリーン・プレスの Web ページ

https://greenpress1.com/

2. トップページのアイコンをクリック

購入特典
VideoStudio 2019
オフィシャルガイドブック
カタログブックのダウンロード

3. 「ユーザー ID」と「パスワード」※を入力し「ログイン」をクリックします

購入特典
VideoStudio2019購入特典ダウンロードページ
ユーザーID：
パスワード：
ログイン
※VideoStudio2018のカタログのダウンロードはこちら

4. 利用にあたっての注意事項を確認の上、「同意してダウンロード」をクリックします。

同意してダウンロード

5. ページが遷移するので「ダウンロードする」をクリックします。

ダウンロードする

6. 表示される指示に従ってダウンロードしてください。

閲覧にはアドビ社の「Acrobat Reader」が必要です。お持ちでない場合は以下からダウンロードしてください。

https://get.adobe.com/jp/reader/

※ユーザー ID ／パスワードは本書の使い方 （→ P.3）に掲載しております。

Blu-ray Discのご利用について

Blu-ray Disc（読み込み／書き出し）をご利用いただくには別売りのプラグインの購入が必要です。

- 購入方法：VideoStudio 2019 プログラム内のメニュー［ ヘルプ ］－［Blu-ray オーサリングの購入 ］を選択、または［ 完了 ］タブ－［ ディスク ］－［ ブルーレイ ］を選択。（購人にはインターネット接続が必要です）
- 支払方法：クレジットカードまたは PayPal
- 販売価格：900 円前後（為替レートによって変動します）

・著者略歴・

山口 正太郎（やまぐち・しょうたろう）

エディター＆ライター。
ソフトウエア解説関連・IT・医療・コミックス・生活全般等にわたって幅広いフィールドで編集，著作に携わり続けている。その編集、著作内容のわかりやすさときめ細かさには定評がある。1962年生まれ。主な編集刊行物に、『PaintShop Proガイドブックシリーズ』『Parallels Desktop ガイドブックシリーズ』(グリーン・プレス)など。著作に『VideoStudio 2018 オフィシャルガイドブック』などがある。映画・ドラマの劇作批評家としての活動歴も長く、鋭い寄稿が多い。

モデル：清 水 秀 真
清水優里菜

装丁・本文デザイン：八 木 秀 美

グリーン・プレス デジタルライブラリー 50

Corel VideoStudio 2019 オフィシャルガイドブック（ビデオスタジオ）

2019年5月24日　初版第1刷発行

著　者　山口正太郎

発行人　清 水 光 昭

発行所　グリーン・プレス
〒156-0044
東京都世田谷区赤堤4-36-19　UKビル2階
TEL03-5678-7177/FAX 03-5678-7178

**※上記の電話番号はソフトウェア製品に関するご質問等には対応しておりません。
製品についてのご質問はソフトウェアの製造元・販売元のサポート等にお問い合わせ下さいますようお願い致します。**

http://greenpress1.com

印刷・製本　シナノ印刷株式会社

2019 Green Press,Inc. Printed in Japan
ISBN978-4-907804-41-1